深挖方膨胀土边坡破坏机理
与预测技术

Failure Mechanisms and Prediction Techniques for Deeply Excavated Expansive Soil Slopes

胡 江 李 星 著

南京水利科学研究院出版基金资助

科 学 出 版 社

北 京

内 容 简 介

《国家水网建设规划纲要》指出"推动建设高质量、高标准、强韧性的安全水网","发挥水网运行整体效能，增强系统安全韧性和抗风险能力"。作为调水工程的主要建筑物，输水渠道具有线路长及工程地质、运行环境条件复杂等特点，运行期存在特殊岩土渠段边坡失稳破坏风险，渠道边坡安全监控、稳定性态诊断和滑坡预测预警是亟待解决的难题。为此，本书聚焦深挖方膨胀土边坡破坏机理与预测技术，系统地介绍了深挖方膨胀土边坡施工期滑坡模式与成因、深挖方膨胀土渠坡运行期变形时空演化规律、高地下水膨胀土边坡变形破坏机理、深挖方膨胀土渠坡运行期稳定性的数值模拟分析方法、基于机器学习算法的深挖方膨胀土渠坡变形预测模型与失稳预测方法等。

本书可作为水利水电工程安全监控、地质灾害防治等领域的科研人员和工程技术人员的参考书，也可供相关专业本科生与研究生参考。

图书在版编目(CIP)数据

深挖方膨胀土边坡破坏机理与预测技术 / 胡江，李星著. — 北京：科学出版社，2025.6. — ISBN 978-7-03-081172-1

Ⅰ. TU475

中国国家版本馆 CIP 数据核字第 2025HR1880 号

责任编辑：惠 雪 / 责任校对：郝璐璐
责任印制：张 伟 / 封面设计：许 瑞

科学出版社 出版

北京东黄城根北街 16 号
邮政编码：100717
http://www.sciencep.com

北京建宏印刷有限公司印刷

科学出版社发行 各地新华书店经销

*

2025 年 6 月第 一 版 开本：720×1000 1/16
2025 年 6 月第一次印刷 印张：15
字数：300 000

定价：139.00 元
(如有印装质量问题，我社负责调换)

前　　言

加快构建国家水网，建设现代化高质量水利基础设施网络，是国家的重大战略部署。我国已建、在建南水北调东中线、引汉济渭、滇中引水、引江济淮等140余项引调水工程。《国家水网建设规划纲要》要求"以南水北调工程东、中、西三线为重点，科学推进一批重大引调排水工程规划建设"。国家水网建设目标之一是"水网工程安全性和可靠性显著提升"。输水渠道作为调水工程的主要建筑物形式，具有线路长及工程地质、环境条件复杂等特点，运行期存在特殊岩土渠段渗漏和边坡失稳等工程安全风险，特殊岩土渠道边坡实时安全监控、稳定性态诊断和灾害预测预警是亟待解决的难题。

我国膨胀土分布广泛，主要分布于从云贵高原到华北平原之间各流域形成的平原、盆地、河谷阶地，以及河间地块和丘陵等地，包括珠江流域、长江流域、黄河流域、淮河流域等各干支流水系地区，以广西、云南、湖北、河南等省分布最为广泛。涉及《国家水网建设规划纲要》中引调水工程战略部署的陕豫鄂皖冀等多省都存在连片膨胀土。随着国家水网的大规模建设，大量水网工程不可避免地穿越成片膨胀土地区。例如，南水北调中线工程在豫冀两省内挖深超10m的膨胀土渠段达144.4km，最大坡高超40m。开挖不仅为滑坡提供了临空条件，还在卸荷与近地表强烈大气作用的共同影响下，激活了膨胀土胀缩特性，改变了原本相对稳定的湿度场、温度场和地下水赋存状态，形成了胀缩活动带。挖方膨胀土边坡滑坡具有渐进性、季节性、滞后性和反复性等特征，深挖方膨胀土渠坡开挖卸荷效应更明显、受大气影响更显著。部分深挖方膨胀土渠道运行多年后仍遭遇滑坡破坏，例如，渼史杭灌区运行后的前30年发生干渠滑坡195处，驷马山分洪道深切岭渠段运行期已发生滑坡11处。南水北调中线工程膨胀土渠道虽采取表层换填处理，但仍未隔绝膨胀土与大气的水气交换，运行以来部分深挖方渠段渠坡产生了显著蠕动变形和浅层滑坡迹象，变形体深度2~8m，是影响渠道安全输水和高效运行的隐患。

深挖方膨胀土渠坡变形破坏除由膨胀土自身胀缩特性决定外，还与地形和气候等因素有关。陕豫鄂皖冀等省6~9月降水量、蒸发量均很大，干湿交替频繁，气候环境不利于深挖方膨胀土渠坡长期稳定。加之全球变暖，长时间干旱、短时间强降雨等极端气象事件频发，进一步加剧了对深挖方膨胀土渠坡的不利影响。例如，2016年"7·19"特大暴雨诱发了南水北调中线豫冀数处深挖方膨胀土渠道边坡严重变形，幸好通过巡检及时发现并应急处置，防止了灾害发展。因此，开展深挖方膨胀土边坡破坏机理与预测技术研究是保障渠道长期安全运行的关键。然而，由于多因素耦合作用下的膨胀土边坡变形破坏机理尚不明确，极大地增加了气候敏感区深挖方膨胀土渠坡运行期安全监控和滑坡预测预警的难度。

在这一背景下，作者考虑降水、渠道和地下水位等多因素耦合影响，通过理论分析和模型试验，研究深挖方膨胀土渠坡变形和破坏机理，揭示渠坡变形时空演变规律；考虑多因素影响，建立基于机器学习算法的深挖方膨胀土渠坡变形安全监控模型，探讨其合理性和适用性；提出考虑多环境变量多测点变形的深挖方膨胀土渠坡变形异常诊断方法，以及基于多变量局部异常系数的滑坡预警方法，验证其可靠性。

本书主要由胡江、李星撰写，参与撰写的还有王春红、蒋晗、鲁洋、马福恒、张妤涵、任杰、王文磊等。本书共 6 章，第 1 章总结膨胀土边坡滑坡破坏机理与特点、边坡变形时空演变规律、预测方法、失稳预警方法与边坡稳定分析等；第 2 章分析了深挖方膨胀土边坡施工期滑坡破坏模式、特征与主要诱发因素，列举了典型案例；第 3 章针对深挖方膨胀土渠坡变形潜在破坏模式，基于安全监测数据，阐释了渠坡运行初期变形体分布及病害特征、渠坡运行期变形时空演变机理；第 4 章采用室内物理模型试验，研究了干湿循环、持续降水等工况下高地下水位膨胀土边坡变形破坏机理，揭示了边坡表面变形和裂隙，以及边坡含水率和边坡内部变形的时空演化规律；第 5 章针对严重变形深挖方膨胀土渠坡案例，构建了包含裂隙、加固处置措施的概化模型，分析了设计、运行与加固处置等不同工况条件下的渠坡稳定性；第 6 章建立了基于机器学习算法的渠坡变形预测模型，提出了基于多变量局部异常系数的渠坡失稳预警方法。

本书得到国家自然科学基金面上项目"深挖方膨胀土渠坡变形安全监控模型与滑坡预警方法研究"(项目编号：52179138) 与青年科学基金项目"寒区水工混凝土结构拉应力区冻融损伤机理和模型研究"(项目编号：52209165)、南京水利科学研究院中央级公益性科研院所基本科研业务费专项资金项目"涉水边坡变形破坏预测及风险防控"(项目编号：Y724004) 与南京水利科学研究院出版基金的支持。中国南水北调集团中线有限公司等单位相关人员为本书的撰写提供大量帮助，在此一并向他们表示衷心感谢！作者撰写本书过程中参阅一些工程报告和文献，已列入文后参考文献中，在此向有关作者表示感谢。

作者希望本书的出版，能促进膨胀土边坡安全监控和灾害防治研究领域的发展。由于作者水平有限，书中难免存在不当之处，恳请读者批评指正。

作　者

2024 年 10 月于南京

目　　录

第 1 章　绪　　论

1.1　深挖方膨胀土边坡安全保障研究背景与意义

加快构建国家水网，建设现代化高质量水利基础设施网络，是国家的重大战略部署。我国已建在建南水北调东中线、引汉济渭、滇中引水、引江济淮等 140 余项引调水工程。国家水网建设主要任务之一是构建国家水网之"纲"，即科学推进一批重大引调水工程规划建设。《国家水网建设规划纲要》明确要求"充分考虑气候变化引发的极端天气影响和防洪形势变化，科学提高防洪工程标准，增强全社会安全风险意识，有效应对超标洪水威胁"。"强化底线思维，增强水安全风险防控的主动性和有效性"。针对调水工程的突出风险点，加强风险防控，建立风险全链条管控机制，增强系统安全韧性和抗风险能力，是保障调水工程安全运行的重要技术手段。作为调水工程的主要建筑物，输水渠道具有线路长及工程地质、环境条件复杂等特点，运行期存在特殊岩土渠段边坡渗漏和失稳等安全风险，安全管理难度大，特殊岩土渠坡安全监控、稳定性态诊断和滑坡预测预警是亟待解决的难题。

膨胀土是一种"问题多的特殊土"。我国是世界上膨胀土分布最广的国家之一，迄今已有 26 个省、自治区和直辖市发现有膨胀土，主要分布于从云贵高原到华北平原之间各流域形成的平原、盆地、河谷阶地，以及河间地块和丘陵等地，包括珠江流域、长江流域、黄河流域、淮河流域等各干支流水系地区，其中，广西、湖北、河南等省分布有成片膨胀土。随着国家水网的建设，大量水网工程不可避免地要穿越成片膨胀土地区 [1-3]。国家水网的南水北调中线与东线工程、引江济淮工程、引江济汉工程，新疆水网的引额工程，西南水网的黔中、滇中调水工程，东北水网的大运河工程，均存在穿越成片膨胀土的工程段 [4-6]。因膨胀土具有胀缩性、超固结性和裂隙性等特性，对天气变化和人类工程活动敏感，导致膨胀土地区出现"逢堑必滑、无堤不塌"的现象。部分已建成调水工程通水运行后出现了不同程度由膨胀土所引起渗漏、变形破坏等工程安全问题。膨胀土渗漏、滑坡灾害危及重大工程的安全运行，成为灾害防治工作的难题。尤其是在穿越成片膨胀土地区兴修水网工程时，受限于地形地貌，不可避免地存在挖方膨胀土渠道边坡。例如，南水北调中线工程在豫冀两省分布有挖深超 10m 膨胀土渠段达 144.4km，最大坡高超 40m。我国膨胀土分布典型区域的工程地质调研表明，挖方边坡失稳破坏仍然是我国膨胀土地区基础设施建设中面临的最主要的工程地质问题，更值得关注和重视。

开挖不但为渠道边坡滑坡失稳提供了临空条件，还联合卸荷与近地表强烈大气作用、渠道水位波动等激活了膨胀土胀缩特性，改变了原本相对稳定的湿度场、温度场和地下水赋存状态，形成胀缩活动带[7]。深挖方膨胀土渠坡卸荷效应更明显、受大气影响更显著，深挖方膨胀土渠道边坡滑坡具有渐进性、季节性、滞后性和反复性等特征。例如，引丹灌区、淠史杭灌区深切岭渠段等自建成以来均发生过膨胀土滑坡，部分深挖方膨胀土渠道运行多年后仍遭遇了滑坡破坏。淠史杭灌区运行前 30 年干渠滑坡 195 处，驷马山分洪道深切岭渠段运行期已滑坡 11 处。2020 年汛期，位于瓦东干渠刘岗电灌站左岸桩号约 25+050 处发生滑坡 (2# 滑坡)，2020 年 5 月 15 日现场量测滑坡长度 75m，顺坡长 26m，滑坎高 1.3m；6 月 4 日测量长度 96m，斜坡长 42m，滑坎高度 3.2m，滑舌伸入水中 4.5m (图 1.1.1)[8-11]。为了掌握挖方膨胀土边坡失稳破坏的机理和应力变形的变化过程，优化南水北调中线南阳段渠道的设计，更好保障渠道边坡安全，在刁南灌区中选择了一段长为 860m 的构林渠道作为试验段，其中 B 段为挖方段，坡高 10m，坡比 1:2.0～1:2.5。试验渠段为中更新统冲积的膨胀土，具中等膨胀性，裂隙发育。试验段渠道于 1984 年 2 月底开始开挖，5 月竣工，随开挖深度的增加，两侧边坡的变形相继增加并发生滑坡。滑坡过程如图 1.1.2 所示，1984 年 6 月 1 日暴雨后，右岸下游发生滑坡，随后坡腰出现间断性纵向裂缝；7 月 29 日发生第二次滑坡并逐渐向坡顶扩大；9 月初连续大雨，坡顶出现弧状裂缝，28 日渠坡发生第三次

图 1.1.1　瓦东干渠刘岗电灌站 2# 滑坡[10]

整体滑坡。滑坡的滑移面主要发生在次生灰白色黏土充填的缓倾角裂隙面上。南水北调中线工程中将挖深超 15m 的渠道边坡定义为深挖方边坡，并将深挖方膨胀土边坡的稳定作为运行期安全管理的重点。然而，从南水北调中线工程运行表现看，虽采取了表层改性土换填处理措施，但仍未隔绝膨胀土与大气的水汽交换，部分深挖方渠段渠坡运行以来产生了较显著蠕动变形和浅层滑坡迹象 (图 1.1.3)，变形体深度 2~8m [12]，成为影响渠道长期安全输水和高效运行的隐患。

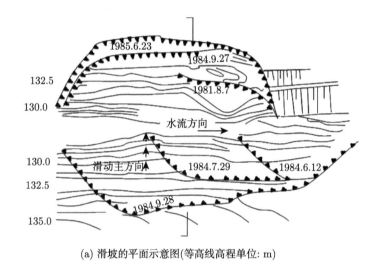

(a) 滑坡的平面示意图(等高线高程单位: m)

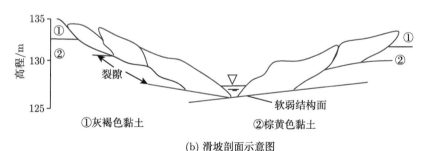

(b) 滑坡剖面示意图

图 1.1.2 构林渠道试验段 B 段滑坡发展过程

膨胀土渠坡变形破坏除了由本身胀缩特性决定外，还与地形和气候等因素有关。陕豫鄂皖冀等省的气候环境不利于深挖方膨胀土渠坡长期稳定，例如河南省南阳市夏季炎热多雨，多年平均蒸发量、降水量分别为 1725.7~1879.5mm、815mm，6~9 月降水量、蒸发量均很大，干湿交替频繁 [13]。加之全球气候变暖，长时间干旱、短时间强降水等极端气象事件趋多趋频趋强，进一步加剧了对深挖方膨胀土渠坡长期稳定性的不利影响。这都使得膨胀土边坡变形破坏具有易发性、群发性等特点，例如 2016 年 "7·19" 特大暴雨诱发了某重大调水工程豫冀段数处严

(a) 坡脚隆起、拱骨架断裂

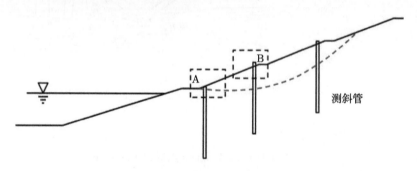

(b) 增设测斜管

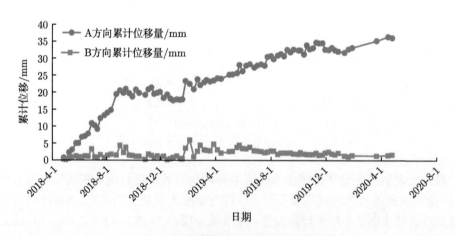

(c) 新增测斜管管口测点的变形过程线

图 1.1.3 　存在剪切变形的深挖方膨胀土渠段

重变形和滑坡 (图 1.1.4), 幸好巡检及时发现并应急处置, 保障了工程安全和供水安全[14]。然而, 由于多因素耦合作用下的膨胀土边坡变形破坏机理尚不明确, 极大增加了气候敏感区深挖方膨胀土渠坡运行期安全监控和滑坡预警的难度。因此, 开展深挖方膨胀土边坡破坏机理与预测技术研究是保障深挖方膨胀土渠坡长期安全运行的关键。

图 1.1.4　2016 年 "7·19" 特大暴雨诱发某渠段渠坡浅层滑坡

在这一背景下, 考虑降水、气温、渠道和地下水位变化等多因素耦合作用的影响, 通过理论分析、模型试验和数值模拟等手段, 研究深挖方膨胀土渠坡运行期变形和破坏机理, 揭示渠坡变形演变规律; 建立考虑多因素影响的深挖方膨胀土渠坡变形安全监控模型, 探讨其合理性和适用性; 提出考虑多环境变量多测点变形的深挖方膨胀土渠坡变形异常诊断方法, 以及基于数据驱动的滑坡预警方法, 验证其可靠性, 为膨胀土边坡安全监控和灾害防治提供有力技术支撑, 具有重要的理论意义和实践价值。

1.2　膨胀土边坡变形破坏机理与分析

天然状态下的膨胀土常处于较坚硬的状态, 但是对气候变化敏感。膨胀土的气候敏感性会给膨胀土边坡工程造成严重的危害, 这种危害具有长期性、反复性和潜在性。随着膨胀土工程灾害的逐渐增多，膨胀土工程特性与灾害防治受到广泛关注。国内外学者开展了大量的膨胀土边坡破坏机理的理论研究、模型试验和数值模拟，积累了丰硕成果。此外，不少膨胀土边坡已布置了较为完善的安全监测设施，包含大气环境量 (降水、蒸发、气温、太阳辐射等)、膨胀因素量 (含水率、吸力、土体温度等)、土体应力 (土压力和孔隙水压力) 及渠坡变形量 (表面和内部变形) 等监测项目，为数据驱动的时空演变规律识别、失稳预警等提供了数据支持，促进了膨胀土边坡安全监控、变形预测与失稳预警方法的研究。

1.2.1　膨胀土特性介绍

膨胀土主要是由强亲水性黏土矿物蒙脱石和伊利石组成的，是具有膨胀结构、多裂隙性、强胀缩性和强度衰减性的高塑性黏性土 [15]。膨胀土的峰值强度高，但是从失稳的膨胀土边坡反算得到的抗剪强度却往往低于其峰值。普遍认为，导致膨胀土强度衰减的主要原因是胀缩性、裂隙性、超固结性。而膨胀土的胀缩性、裂隙性、超固结性是其基本特性，一般称之为 "三性"。

1.2.1.1　胀缩性

胀缩性是膨胀土最典型、最显著的特性，是膨胀土水敏性和气候敏感性的突出表现，是膨胀土地区常见工程地质问题的直接原因。膨胀土的胀缩性主要表现在含水量发生变化时引起的膨胀或收缩变形，在往复的干湿循环作用下，土体结构趋于松散，强度发生衰减。膨胀土的胀缩性、强度特性以及变形性质在很大程度上取决于膨胀土的结构特征 [16]。膨胀土的微结构主要由细小的蒙脱石、伊利石和高岭石黏土矿物颗粒组成。膨胀土普遍发育有微孔隙和微裂隙，是多孔隙裂隙黏性土。其孔隙、裂隙的大小与形状各异，微裂隙是膨胀土特有的微结构特征的重要组成部分，不仅确定了膨胀土裂隙介质不连续性，而且直接影响膨胀土的重要工程特性。膨胀土的微结构又与其含水量大小、矿物成分及所处的地理环境有关，其中影响最大的是膨胀土的含水量，含水量变化不仅会引起膨胀土体中的矿物发生物理—化学作用，使矿物元素之间的结合力发生变化，同时还会导致土体的结构产生变化。当含水量变化时，会引起膨胀土的膨胀或收缩变形，导致土体强度降低，随着干湿循环次数增加，强度衰减幅度增大。裂隙的存在破坏了土体的整体性，导致强度降低，同时促进水分的入渗和蒸发，天气变化时将导致裂隙的进一步扩展和向内部发展。

近年来，随着国家水网建设和国家综合立体交通网大规模建设，大量学者以实际膨胀土工程为研究对象，对膨胀变形在工程上的影响开展了大量研究。黏土矿物晶格扩张理论和双电层理论都认为，黏土颗粒间并不是直接接触的，而是通过相邻土体颗粒的水化膜相互连接。当颗粒的外界条件发生改变时，水化膜厚度发生变化，使得黏土颗粒间的距离发生改变，引起土体体积的变化 [17](图 1.2.1)。

另一方面，水溶液与土体颗粒之间的离子交换也会破坏土体颗粒之间的接触关系，降低土体强度。膨胀土发生胀缩现象的本质是自由水渗入到土体颗粒之间形成结合水或引起水化膜厚度发生变化，这是土颗粒骨架吸附水分子以后的宏观现象。当结合水或水化膜达到一定厚度时，土体颗粒之间会形成一种张力，这种张力增加了颗粒与颗粒之间的距离，导致膨胀土体积增加。膨胀土胀缩性的影响因素很多，已有研究主要从初始含水率、初始干密度和上覆荷载等方面开展了膨胀土胀缩特性的研究。

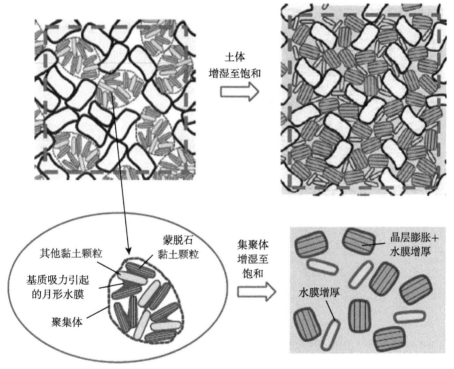

图 1.2.1 膨胀土中黏土集聚体增湿过程[17]

1.2.1.2 裂隙性

裂隙性是指自然界中的膨胀土中常常发育有大量干缩裂隙或原生裂隙，裂隙性是膨胀土的三大基本特性之一，也是膨胀土中最直观、最明显的特性。裂隙的存在极大破坏了土体的整体性，加剧了降水的入渗和蒸发，使膨胀土强度特性变得错综复杂，裂隙也是导致膨胀土工程性质弱化和滑坡灾害的重要因素之一（图 1.2.2）[18,19]。原生裂隙是指在成土过程中由于温度、湿度、不均匀胀缩效应等地质营力作用而产生的裂隙，裂隙面呈蜡状光泽，多充填黏土。次生裂隙是指受风化和干湿循环等气候变化影响而新近产生的裂隙。次生裂隙又可分为风化裂隙、

减荷裂隙、斜坡裂隙和滑坡裂隙等。原生裂隙具有隐蔽特征，多为闭合状。次生
裂隙则具有张开状特征，多为宏观裂隙。膨胀土由于卸荷作用也能引起土体裂隙

(a) 剖面上的原生裂隙

(b) 单条原生裂隙

(c) 次生裂隙

图 1.2.2　膨胀土中的裂隙 [18,19]

的发展，卸荷裂隙的扩展与膨胀土的超固结特性密切相关。边坡的开挖对土体产生卸荷作用，这种卸荷会促进土体中隐蔽微裂隙的张开和扩展，尤其是在边坡底部的剪应力集中区域，裂隙面的扩展更为严重。这些区域往往是滑动开始发生的部位。裂隙的发展大大降低了土体的强度，造成裂隙张开、延伸、扩展贯通，导致滑坡。

裂隙对边坡稳定性的影响极大，一是破坏了边坡的完整性，二是为雨水渗入边坡内部提供了便利通道，造成裂隙带土体迅速软化，大大降低了土体裂隙面的抗剪强度，使边坡容易沿裂隙面滑动。裂隙还暴露了深层土体，显著增加气候影响的深度。可见，裂隙的存在及其发展变化对膨胀土边坡稳定有着重要的影响，膨胀土边坡失稳时主要沿内部的裂隙面或层理结构面滑动。

1.2.1.3 超固结性

超固结性也是膨胀土的重要特性之一，超固结性使膨胀土具有较正常黏土更大的结构强度和水平应力。膨胀土在沉积过程中，在重力的作用下逐渐堆积，土体将随着堆积物的加厚产生固结压密。超固结是指土体在地质历史过程中曾经承受过比当前应力水平更高的荷载作用，其固结状态通常用超固结比来描述。膨胀土的应力历史和广义应力历史决定了膨胀土具有超固结性，沉积的膨胀土在历史上往往经受过上部土层侵蚀的作用形成超固结土。由于膨胀土中含有大量细小黏土颗粒，处于非饱和状态时吸力最高可达 100~200MPa，导致土颗粒间的有效应力显著增加，土体发生显著的收缩变形，固结度增加，而此过程并不完全可逆，从而导致膨胀土呈现明显的超固结性。一旦开挖暴露，因其超固结应力释放而失去平衡，裂隙就会发展，使强度降低，容易使边坡发生失稳破坏。超固结性带来的隐患不容忽视，开展超固结性对膨胀土抗剪强度的影响研究，可为膨胀土地区工程建设提供一定的理论依据。然而，尽管超固结性也是膨胀土的典型"三性"之一，但相比于胀缩性和裂隙性，相关研究要薄弱得多，且主要以定性描述为主，缺乏系统性。

膨胀土的上述"三性"是其造成工程地质问题的根源，"三性"在本质上是相互关联相互影响的。正是由于"三性"复杂的共同作用，使得膨胀土的工程性质差，常对各类工程建设造成巨大的危害。例如当膨胀土作为渠道的填筑材料时，可能在渠道表面产生滑动，或因为裂隙存在导致渠道渗漏；当膨胀土作为开挖介质时，可能使得挖方边坡产生严重变形甚至滑坡失稳现象。由于膨胀土的"三性"对工程建设的危害往往具多发性、反复性和长期潜在性，因此，需要从根本上掌握其膨胀土特性，才能系统地揭示膨胀土边坡滑坡灾变机理，同时，还应综合水文工程地质条件和气候环境条件进行研究。

1.2.2 膨胀土边坡滑坡破坏机理与特点研究现状

以非饱和膨胀土为主要组成材料的边坡发生灾变,除受到土体自身"三性"内在因素影响外,降水、地震、气温变化、人类活动等也是重要的外界诱发因素。其中,降水是最主要也是最常见的自然因素,直接关系到膨胀土边坡的非饱和性质,决定着浅层土体含水量的变化、边坡地下水位的变动规律及膨胀土胀缩发展情况。在自然环境中,由于经受反复降水作用,膨胀土体会发生一定程度的不可逆的胀缩变形,强度会持续衰减,整体赋存状态将最终由量变转变为质变阶段,在宏观层面上即表现为滑坡的产生。工程建设更加关注膨胀土因环境变化导致吸水膨胀失水收缩产生的宏观变形和破坏规律。

20 世纪 90 年代以来,随着多个涉及膨胀土的重大基础设施建设和相继投入运行,我国在膨胀土胀缩特性、膨胀土边坡变形破坏机理、稳定分析方法等方面开展了大量的理论分析、物理模型试验和数值分析研究。同时,随着非饱和土理论的发展,国际上兴起了非饱和土研究热潮,膨胀土作为一类典型的非饱和土而受到关注。膨胀土边坡物理模型试验主要有现场试验和室内模型试验两种。室内模型试验又分为框架式模型、底面摩擦模型和土工离心模型试验等,目前应用最多的是框架式模型试验与土工离心模型试验。框架式模型试验利用相似原理,在框架式模型槽内搭建边坡模型使其在满足边界条件的要求下进行室内试验。通过在边坡模型中埋设传感器进行监测试验过程中的应力、含水率、变形等参数的变化,根据监测结果进一步分析边坡的失稳破坏机理。

通过理论分析、物理模型试验、数值分析研究和工程实践发现,裂隙对膨胀土的强度影响显著,一般认为膨胀土边坡失稳主要是由土体内的裂隙发展造成的。因此,多认为造成裂隙张开、延伸、扩展、贯通的各种因素就是导致膨胀土边坡滑坡的因素。膨胀土的"三性"是相互联系、互相促进的,其中胀缩性是根本的内在因素,裂隙性是关键的控制因素,超固结性是促进因素。气候变化引起的土体含水量变化和开挖卸荷是外部诱发条件和主导因素。浅层的次生裂隙面和深部的原生裂隙面构成了膨胀土边坡失稳破坏的潜在滑动面。受岩土矿物成分、结构特性的控制,膨胀土挖方边坡破坏主要有浅表层蠕动变形、较深层–深层结构面控制型滑动破坏、坍塌破坏 3 种类型 [19-21] (图 1.2.3)。

调查发现,常年潮湿地区的膨胀土滑坡并不发育,而干湿季节明显、干湿循环强烈地区的膨胀土滑坡灾害较多。干湿季节明显地区的深挖方膨胀土边坡承受复杂的环境作用,以渠道边坡为例,其所受的环境作用示意如图 1.2.4。对于膨胀土边坡的浅表层蠕动变形,已有大量模型试验研究,普遍认为浅表层蠕动变形是由干湿循环作用引起的。具体地,膨胀土边坡开挖后暴露于大气环境中,发生失水干裂、吸水膨胀的周期性变化。随干湿循环次数增加,表面裂缝变宽变深,土

(a) 浅表层蠕动变形

(b) 较深层—深层结构面控制型滑动破坏

(c) 坍塌破坏

图 1.2.3   典型膨胀土挖方边坡破坏

体强度降低，导致边坡结构破坏，反复干湿循环中，边坡累积了向坡下的不可逆的胀缩变形，使得边坡渐进破坏[22,23]。随干湿循环次数增加，表层吸力和孔隙水压力在降水下变幅增大，顺坡向位移递增，垂直位移表现出胀缩性。当胀缩裂隙带发育至一定深度 (1m 左右)，若遇持续降水或暴雨，就会在膨胀力、重力共同作用下，坡体向坡下蠕动变形，坡脚和坡底隆起变形，外表呈现出滑坡特征和渐进性破坏趋势 (图 1.2.5) [24]。在天然气候作用下，膨胀土的循环胀缩特性导致滑坡具有反复性。已沉寂多年的老旧滑坡都有可能再次复活、滑动。这类变形破坏的形成速度与岩土微小裂隙发育密度、气候条件相关。裂隙的存在对膨胀土边坡浅层稳定性影响主要体现在以下两方面：一方面，裂隙存在导致膨胀土的抗剪强度降低；另一方面，裂隙存在有利于雨水入渗，并容易导致雨水滞留，从而可能形成不利于边坡稳定的渗流力。这类变形底边界较模糊，无明显的滑动面。这类变形的成因及机理与一般均质黏性土圆弧状滑坡具有本质的差别。

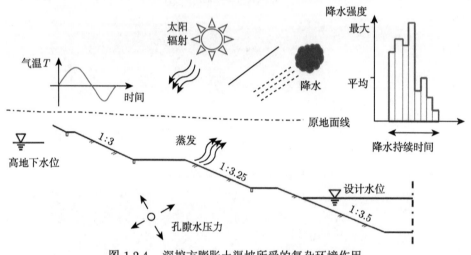

图 1.2.4   深挖方膨胀土渠坡所受的复杂环境作用

    南水北调中线工程南阳试验段膨胀土渠道的原位观测表明，边坡变形经历了"蠕变—突变—暂时稳定"过程，部分边坡在经历 2~3 个干湿循环后在雨季发生破坏；土体含水率、温度在深度方向上存在 1.7~2.3m、5.2~6.2m 两个特征范围，分别对应大气剧烈影响和影响深度 [25,26]。膨胀土挖方边坡现场测试也得到了类似结果，大气剧烈影响和影响深度分别为 2.3~2.4m、5.1~5.3m；坡肩大气影响带最深，当渠坡挖深 48m，坡肩影响带深度达 10m 以上；大气影响造成的浅层滑坡深度一般为 3~6m，为大气影响带深度。此外，滑坡还受地下水位波动影响 [27]。物理模型和现场试验表明，大气影响下的挖方膨胀土边坡产生不可逆、时空分布不均的胀缩变形响应，干湿循环重复作用使得边坡浅层强度持续衰减，导致产生渐进式滑坡。南水北调中线工程的膨胀土渠道边坡运行期安全监测数据也表明，深挖方膨胀土渠道边坡各测点变形存在很强的关联性，但不同级边坡变形量、变形趋势又具有不均一性。如对于一级—四级边坡，一级边坡即过水断面边坡受抗滑桩等支护措施作用，变形较小，二三级边坡变形量较大，二级边坡坡脚呈现出上抬变形现象。

(a) 陶岔傅营滑坡后缘陷落带拉裂隙[22]

(b) 镇江南徐大道渐进式滑坡[7]

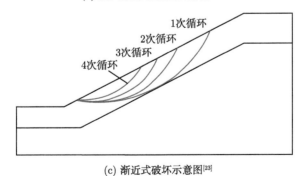

(c) 渐近式破坏示意图[23]

图 1.2.5 膨胀土边坡渐进式破坏示意图

受结构面控制的滑动破坏坡受土体中的缓倾角结构面控制,滑坡要素发育健全。缓倾角结构面包括长大裂隙、裂隙密集带、弱膨胀土中的中–强膨胀土夹层、部分土岩界面 4 种类型。该类滑坡从成因上可分为两类：一类是受当前大气环境作用形成的缓倾角裂隙，其埋深 3~12m，以 5~10m 最发育；另一类是在地质历史时期形成的结构面，其深度变化大，在渠道开挖的不同深度均可能遇到。前者可称为较深层滑坡，后者可称为深层滑坡。南水北调中线工程渠坡出现的最大滑面深度达到 20m 左右。受土体中结构面的控制，该类滑坡剖面形态均为折线形，而不是传统认为的均质土坡的圆弧形，后缘拉裂面倾角通常大于 60°，底滑面迁就或追踪已有的结构面，近于水平，少部分剪断土体。此外，这类滑坡在边坡开挖后并不立即发生，而是有一个滞后过程。在这一滞后期内，边坡内将发生两个重要的改造作用，一是裂隙面逐步贯通，二是结构面强度逐渐衰减。通过室内物理模型试验、现场大剪及滑坡反分析，对膨胀土强度和裂隙面强度的对比研究发现，裂隙面强度不仅远低于膨胀土土块峰值强度，甚至还明显小于土块的残余强度。裂隙、夹层、岩性软弱界面等是膨胀土内部最薄弱的部分，其对土体强度和边坡稳定性均具有控制性作用。这一结构面强度控制特性可以很好地解释膨胀土中未出现圆弧状滑坡。结构面控制型滑坡的内因是坡体存在缓倾角结构面，也是产生这类滑坡的重要条件。

膨胀土具有超固结性，在天然状态下土体内存在较高的水平应力，实测的水平应力可以达到自重应力的 1.0~1.5 倍。边坡开挖不但为滑坡提供了临空条件，更为结构面贯通、强度衰减创造了条件。随着渠道开挖，土体产生强烈卸荷，缓倾角裂隙在剪切–扩容机理下趋于贯通，沿结构面的剪切位移导致矿物定向排列和强度衰减，同时在缓倾角结构面和坡顶出现张拉，地下水活动趋于活跃。南水北调中线工程施工期约 80%的滑坡由降水触发，剩余的滑坡也明显受到地下水或地表水的作用。地下水不仅可以加快结构面软化，更能在底滑面上提供扬压力、在后缘拉裂面提供静水压力，直接导致滑坡启动。降水不仅改变浅层土体含水率，还会影响地下水位。

坍塌型破坏按其成因可进一步分为块体破坏和坡脚浸水软化两类。当土体中陡倾角裂隙发育，且边坡开挖面陡于 1:1 时，容易产生受结构面控制的块体破坏。开挖基坑积水易引发中–强膨胀土边坡坍滑型破坏。其单个规模一般以数十至数百立方米常见，厚度多在 1m 左右。

直到现在，膨胀土工程边坡仍时常发生失稳，对其破坏现象的描述和破坏机理的分析也莫衷一是。究其原因，可归结为对膨胀土边坡失稳的内在机理尚未完全掌握。已有研究将关注的重点放在膨胀土的强度理论上，而忽视了土性及地质条件、环境因素对边坡稳定的影响。例如只关注到含水率变化对膨胀土强度的影响，却忽视了膨胀变形对边坡稳定的影响及地质条件的控制作用等。工程中岩土体的破坏往往不是简单的强度问题，而是土性及其特定地质条件与环境因素共同作用的结果，膨胀土边坡的破坏尤为如此。

1.2.3　膨胀土边坡变形时空演变规律研究现状

据调查统计，约 32％的膨胀土渠道在施工期发生滑坡，约 96％的渠道建成运行后发生变形破坏，仅少量渠道运行后未发生滑坡。例如，新疆引额济克工程总干渠采用"白砂岩"换填、复合土工膜、混凝土板衬砌等处理方案，2006 年通水运行后，每年都会出现渠坡变形破坏现象。南水北调中线总干渠膨胀土渠段尽管采取表层换填措施，但在通水运行两年后多处仍发生了较大变形，采取了布设伞形锚和增设排水孔等加固处理措施。膨胀土的工程性质受土质、土体结构、地质条件和环境气候条件等多种因素的耦合影响，膨胀土边坡变形和稳定性也受到热、水、力甚至化学等多场耦合作用的影响。

地质环境的复杂性和多样性决定了边坡变形特征和演化过程的复杂性和多样性，掌握膨胀土在多场耦合作用下的变形响应特征，是滑坡预测和防治的基础。如滑坡往往从底部首先开始，因为那里是应力集中区。滑坡的发展是从底部向上发展，逐渐形成渐进性滑坡。滑坡过程的观测数据表明，滑动时水平向的位移在底部及坡腰处位移大，坡顶部位较小。

海量的监测数据为掌握边坡变形机理、分析演化过程提供了数据支撑，但由于监测数据量庞大、来源数据多样，给传统的变形分析带来了困难。数据挖掘技术可以从大量数据集中发现和提取有效信息，近些年，一些学者针对边坡工程中的数据挖掘理论和方法做了一些有益的尝试 [28-31]。

如对于库区边坡变形的分析，库区边坡受库水位、库水位波动速率与降水强度等因素的多重影响，水位下降、强降水与变形密切相关。边坡在不同空间位置处的变形影响因素存在差异，由坡脚至坡顶，库水位波动的影响水平依次降低，降水强度的影响水平逐渐增强 [29]。开挖完成后的深挖方膨胀土边坡变形呈现显著的趋势性变化，还表现出季节性和间歇性。下部变形值较大，往上逐渐减少。上部显著变形区深度为 3m，位于大气影响层内；中部受地下水波动和裂隙密集带影响，显著变形区较深，达 11m；下部受支护体系限制，变形主要位于浅层。上层滞水受雨水补给，波动范围大，导致中上部变形深度较深，在 16.5m 深度内仍存在一定变形。潜在滑动面呈折线形，前缘受地下水、裂隙密集带和边坡支护体系影响，近似水平 [30]。丹江口库区膨胀土广泛分布，其中金岗村大型膨胀土滑坡粉质黏土的自由膨胀率为 40％～60％。随着丹江口大坝加高、库水位的上升，与水库相关的膨胀土滑坡逐渐成为该地区一个严重的问题。安全监测数据表明，随着地下水位和孔隙水压力上升，金岗村大型膨胀土滑坡变形从坡脚处开始逐步延伸至滑坡中后缘，呈现典型的牵引式变形破坏模式，最大位移达到 41mm/月。滑动面的深度在 In01 处为 13～15m，在 In02 处为 19～22m(图 1.2.6)。

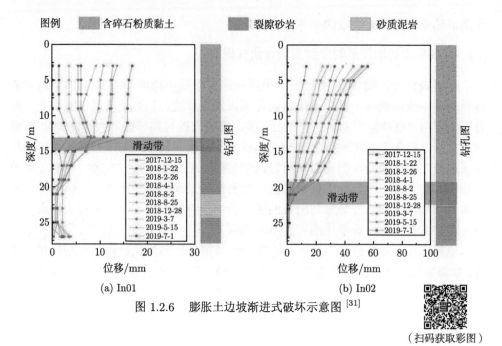

(a) In01　　　　　　　　　　　　　　　　　　(b) In02

图 1.2.6　膨胀土边坡渐进式破坏示意图 [31]

（扫码获取彩图）

　　时空数据挖掘主要可以分为时空模式发现、时空聚类、时空异常检测和时空预测等。时空模式发现是指挖掘时空数据中有价值的模式，时空数据聚类是指将时空相似度较高的对象划分到同一类别中。如采用 K-均值 (K-means) 算法度量测点间的相似程度，实现边坡的变形区域划分，并用遗传算法优化的投影聚类算法筛选得到重点关注的测点和压缩数据量。在边坡安全监控领域进行时空数据挖掘的研究较少，挖掘方法的工程应用还处于初步发展的阶段。如何深入挖掘边坡监测数据中有价值的时空信息，建立基于时空数据挖掘的边坡安全监控模型，仍有待探究。

1.2.4　膨胀土边坡变形预测与失稳预警方法研究现状

　　滑坡具有复杂性、随机性与不确定性，边坡变形安全监控和预测一直是难点。
　　边坡变形统计预报模型主要有 Verhulst 模型、指数平滑法和时间序列预报模型等。部分研究参照已有成果确定各因素表达式，建立了边坡变形时间序列的多因素回归模型，模型能较好地反映变形规律与变化趋势 [32-34]。统计预报模型基于内外因素相互作用机理，构建确切的表达式，可反映各因素对边坡变形的影响大小，并可由统计规律外延预测未知变形。但是统计预报模型应用条件较严格，其适用性存在一定局限性。
　　非线性预测模型将处理复杂系统的非线性理论、系统科学理论、协同理论、突变理论等应用到变形分析预测中。位移响应成分理论是模型构建主要依据，趋势项由岩土体和工程地质条件决定，与时间相关，一般采用多项式函数拟合趋势项。波动项包含周期项和随机项，是对降水、水位等因素的响应，较为复杂，是位移预测的关键。非线性预测模型包含数据预处理和模型构建、验证等步骤。波动项和影响因素间的非线性关系，增加了边坡变形分析和预测的难度。数据挖掘、机器学习 (machine learning，ML) 算法可以辨识隐含的非线性关系，为边坡变形分析预测提供了新的思路。作为流行的数据驱动模型，基于 ML 算法的边坡变形预测模型隐式考虑了诱发因素影响波动项的内在机理，预测效果较好。专家学者分别建立了改进的支持向量机 (support vector machine，SVM)、基于支持向量回归机 (support vector regression，SVR) 模型实现了基于多变量的波动项动态预测 [35-37]。考虑诱发因子多变量，应用多变量长短时记忆网络 (long short-term memory，LSTM) 模型预测周期项位移 [38]。事实上，影响因子也可分为高、低频成分。高频成分可视为变形产生剧烈波动的主因，反映强度较大、频率较高的部分，如短期内多次强降水；低频成分反映频率较小、变幅不大的部分，是周期性波动的重要因素。因此，为更科学地分析预测边坡位移，宜将降水、地下水位等环境因素重构为高、低频成分，分别考虑高、低频成分对波动项位移的影响。目前已认识到将影响因素直接作为变量因子的不足，但相关研究还较少。

在膨胀土边坡变形分析和失稳预测模型方面也开始了一些探索性研究。例如通过拟合现场试验的气象和变形数据，发现膨胀土边坡变形与浅层入渗量呈二次函数关系，建立了膨胀土边坡变形的经验性预测模型 [39]；基于实测数据，分析了渠顶垂直位移与含水率、降水量和气温等的相关性 (渠顶垂直位移与含水率、降水量负相关，与温度因子正相关)，建立了渠顶垂直位移统计模型 [40]。目前，专门针对膨胀土边坡变形的统计模型、非线性模型研究还较少，应用还远远不够。深挖方膨胀土渠坡具有多场演化特征，长期运行后产生强度分界及变形破坏的空间变异性。传统单点变形的预测和监控模型以点带面，未充分挖掘外部、内部变形及不同部位间的关系，不能反映整体发展状态。如何根据膨胀土渠坡的特点，基于大气影响带，考虑降水及地下、渠道水位等因素对变形的影响机理，建立一套适用于膨胀土渠坡变形的预测和监控模型，是一项非常有意义的研究工作。

监测仅是手段，预警才是目的，滑坡灾害重在预警。滑坡预警预报是近年来国内外边坡监控和地质灾害领域关注的热点。渐变型滑坡从出现变形到最终失稳破坏，一般会经历初始、等速和加速变形等阶段。各阶段变形特征尤其是加速变形阶段的特征是实现预警预报的依据。为此，在蠕变理论的基础上，根据累计位移–时间曲线特征，引入各种数学方法实现滑坡预警预报 [41]。此后，变形速率、切线角、改进切线角等也被作为预警判据。已有模型多是针对发生滑坡的情况，实际边坡处于开放的地质环境中，滑坡孕育发展与边坡内外多因素相关，具有多样性。现有位移–时间曲线及其改进预报模型依靠数学推演，未考虑滑坡的个性特征，适宜性和准确性有待进一步提高。同时，位移–时间曲线模型也未考虑渐进式滑坡多场时空演化特征。此外，针对膨胀土浅层滑坡的位移–时间预报模型及相关研究较少。已有深挖方膨胀土边坡失稳破坏案例表明，膨胀土浅层滑坡也具有渐进式滑坡的阶段性特征 (图 1.2.7)。为此，基于深挖方膨胀土渠坡变形破坏过程中多场时空演化规律，探寻依据多变量和多测点变形时间序列局部异常判断方法，可提高预报准确性。

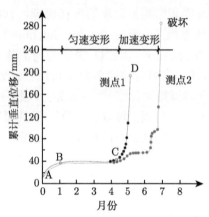

图 1.2.7　刁南深挖方膨胀土渠坡失稳案例累计位移–时间曲线

降水是渐变式滑坡的主要诱因，为此，提出了基于降水参数的滑坡预警方法，主要包括降水强度、前期降水量和前期土体含水状态等模型。为确定降水参数模型阈值，对不同降水强度、初始地下水位、降水时长下的边坡稳定性能进行了模拟分析 [42-44]。分析结果认为相比于降水强度而言，降水持时是滑坡预警研究所更应关注的因素，低雨强、长历时降水较易使深层土体孔隙水压力增加，导致产生深层滑动，潜在最危险滑面在浸润锋处；高雨强、短历时降水，雨水入渗深度较小，更易发生浅层滑动。除降水外，地下水位、土体含水率也是滑坡发展的重要因素 [45]。除降水外，宜同时考虑地下水位、土体含水率等其他诱发因素。

相比于传统主要基于降水和地下水位等诱发参数的预警方法，建立诱发因素、变形和滑坡稳定性间的关系，可显著提高预警的精度和准确性。如通过对比实测位移–时间曲线，及不同稳定安全系数下计算位移–时间曲线，判断滑坡稳定状态，以此进行预警预报 [46]。又如运用损伤力学，确定位移和稳定安全系数的定量关系，提出了基于位移的动态稳定性安全系数确定方法，并依据变形速率和切线角速率变化规律，提出了预警判据 [47]。基于深挖方膨胀土渠坡整体失稳破坏机理的研究，可揭示破坏过程中渗流场、湿度场和变形场的时空演变机理。

许多国家膨胀土地区输水和交通线路上，由于膨胀土土体强度的衰减造成边坡的溜塌、滑坡、不均匀沉降，影响工程安全和功能发挥。膨胀土边坡的稳定性问题是一个复杂问题，许多平缓型膨胀土边坡也会发生滑坡。边坡坡率不是膨胀土边坡失稳滑动的唯一影响因素。因此，要确保膨胀土工程边坡稳定，对缓坡也需要采取防护措施。膨胀土边坡防护措施主要分为隔、挡、固 3 类[18]。针对膨胀土工程性状和气候环境的影响，结合膨胀土边坡各部位可能产生的应力种类和大小，采取相应的处理、预防措施，从防水、防风化、防反复胀缩循环和防强度衰减等角度出发对膨胀土挖方边坡进行综合治理。"隔"就是采用非膨胀性土将膨胀土边坡与外部环境分隔开来。非膨胀性土主要有非膨胀黏土、化学固化的膨胀土 (如石灰土、水泥土等)、物理处治膨胀土 (如加筋反包膨胀土、土工编织袋等)。引起膨胀土中水分变化的因素主要是气候和膨胀土裂隙水，可通过增加分隔层的厚度，消除气候和开挖卸荷的影响。裂隙水可通过在膨胀土边坡与分隔层之间增设排水结构，收集并排出裂隙水。"挡"即为支挡措施，多采用加筋挡墙、土工编织袋挡墙和聚苯乙烯泡沫减载消能挡墙。"固"就是加固措施，如深层搅拌、深层注浆等固化技术和抗滑桩、锚杆等加固技术。

1.2.5 膨胀土边坡稳定分析方法研究现状

滑坡深度范围内的膨胀土大多属于非饱和土，其强度受含水率的影响较大，许多学者从非饱和土的角度研究了膨胀土的强度和含水率、吸力之间的关系。膨胀土具有多裂隙性，膨胀土的强度可分为土块强度、结构面强度和土体强度[48-50]。土块强度是指裂隙面之间控制的理想土体单元的强度，试验室采用不含裂隙的天然原状膨胀土试样所得的强度即为土块强度，该强度为膨胀土原始结构下的峰值强度；结构面强度是指土块之间裂隙面的强度，结构面强度受裂隙发育程度影响较大，较难通过试验获得；土体强度是包括土块强度和结构面强度在内的综合抗剪强度，由于试样尺寸的限制，土块强度在试验室内难以准确测定，一般通过现场原位剪切试验获得土体强度。

反复的胀缩变形导致土体内部裂隙发展和土体结构破坏，导致膨胀土的抗剪强度复杂多变，在膨胀土边坡稳定性分析时除了考虑抗剪强度对边坡稳定性的影响外，根据膨胀土边坡的破坏特点和机理选择合适的稳定性分析方法尤为重要。

边坡稳定计算方法大致有 3 类，即极限平衡法、经验类比法以及有限元分析法[51-54]。经验类比法主要来自工程实践的总结，当边坡的施工特点和环境因素相似时，对于地质条件相似的边坡工程具有一定的适用性。下面主要介绍极限平衡法和有限元分析法。

1.2.5.1 极限平衡法

极限平衡法主要包括：Bishop 法、瑞典圆弧法、Janbu 法、Spencer 法、Morgenstern-Price 法和不平衡推力传递法等。其中，Bishop 法被应用于分析膨胀土边坡的稳定性，分析时考虑膨胀土裂隙结构面、软弱夹层以及渗流力等因素对膨胀土边坡稳定性的影响。根据裂隙发育情况将膨胀土边坡土体划分为 3 层：裂隙充分发展层 (层厚为裂隙开展深度的 2/3)、裂隙发育不充分层 (层厚为裂隙开展深度的 1/3) 和无裂隙层。裂隙充分发展层土体的强度指标采用经过 5 轮干湿循环后的饱和固结不排水剪试验得到的强度参数，也可以由裂隙充分发展的原状膨胀土通过饱和固结不排水剪试验得到强度指标，或采用残余强度指标；无裂隙层采用饱和固结不排水剪试验确定的强度参数；裂隙发育不充分层强度参数建议取另外两层强度参数的平均值。基质吸力对膨胀土边坡的稳定性有很大的影响，在分析膨胀土边坡稳定性时必须考虑风化作用对土体强度的影响。在 Bishop 法的基础上，通过完善其计算条件，考虑裂缝开展导致的土体强度降低、裂缝开展的深度、降水时裂缝群中形成的渗流，以及可能的裂缝侧壁静水压力的作用等影响因素，可改进膨胀土边坡稳定分析方法 (图 1.2.8)。改进后的方法反映出裂缝对膨胀土边坡稳定性的影响，计算结果真实再现了浅层性、牵引性、长期性、平缓性和季节性等膨胀土边坡的滑坡特点 [55-57]。

(a) 浅层、牵引性滑坡典型断面示意图

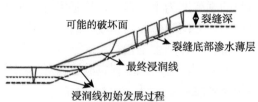

(b) 考虑裂隙、降水等影响的膨胀土边坡稳定分析

图 1.2.8   适用于膨胀土边坡稳定分析的改进条分法

极限平衡法不考虑土体内部变形过程和应力应变关系，即不考虑变形对边坡失稳的影响程度。尽管极限平衡法是解决实际工程问题的基本方法，然而滑动面的假设是否符合实际是能否成功应用该方法的重要因素。对于膨胀土边坡而言，如果边坡的稳定性受软弱结构面或层间结构面控制，则极限平衡法是有效的，关键性问题在于强度参数的选择。

1.2.5.2 有限元分析法

有限元分析法与极限平衡法相比，计算膨胀土边坡稳定性时考虑了土体的应力–应变关系，能考虑膨胀应力对边坡稳定的影响。有限元法不用预设滑动面位置，也不要求预设滑动面的形状，可以更真实地反映边坡受力状态，以及应力-应变过程。有限元强度折减法可以计算出安全系数，获得滑动面的位置，分析方法更为合理。把原状膨胀土看成是由未损部分和损伤部分组成的复合体，未损部分土体的本构关系采用非饱和土的非线性本构模型，损伤部分用损伤演化方程和加载屈服面及剪切屈服面来描述，土体的损伤演化方程包括加载和干湿循环两个方面引起的损伤，该研究较好地揭示了膨胀土边坡在开挖和气候变化条件下逐渐发生失稳滑动机理。采用膨胀土边坡土体分层的方法进行边坡稳定性分析，强风化的边坡表层土体其膨胀力从坡面处由零开始往坡体内线性增加；弱风化的浅层土体其膨胀力不随深度变化；未风化的原状土层其膨胀力随深度增加而线性减小为零，但膨胀力的变化梯度较表层小。强度折减法分析结果表明，当浸水深度达到3m 的时候，计算得到的滑裂面的位置和形状与现场浅层滑坡非常接近。

有限元法虽然能够模拟膨胀土边坡的应力分布及塑性区发展情况，但是分析边坡的非连续变形和破坏过程较为困难，故一些学者将非连续性变形分析方法(discontinuous deformation analysis, DDA) 应用于膨胀土边坡稳定性分析，取得了一些研究成果。此外，基于裂隙强度指标和地质勘察所获取的裂隙空间分布特征，提出反映裂隙空间分布的稳定分析方法，可使得计算结果更加符合工程实际。

1.3 本书主要内容

本书聚焦深挖方膨胀土边坡破坏机理与预测技术，共 6 章，系统介绍了深挖方膨胀土边坡施工期滑坡特征与成因、深挖方膨胀土渠坡运行期变形时空演化规律、高地下水膨胀土边坡运行期变形破坏机理、深挖方膨胀土渠坡运行期稳定性的数值模拟分析方法、深挖方膨胀土渠坡变形预测模型构建与失稳预测方法等。

第 1 章绪论，阐述了国家水网建设背景下膨胀土渠道边坡运行管理与安全保障的重要性，总结了膨胀土特性、膨胀土边坡滑坡破坏机理与特点、膨胀土边坡变形时空演变规律、膨胀土边坡变形预测与失稳预警方法、膨胀土边坡稳定分析方法等研究现状。

第 2 章深挖方膨胀土边坡施工期滑坡模式与成因分析，概括了深挖方膨胀土边坡施工期滑坡问题，分析了深挖方膨胀土边坡施工期滑坡破坏模式、特征与诱发因素，详细描述了典型案例。

第 3 章深挖方膨胀土渠坡运行期变形时空演化规律分析，讨论了变形的影响因素，提出了深挖方膨胀土渠坡安全监测的要点和技术要求，探讨了星载合成孔径雷达干涉测量 (interferometric SAR，InSAR) 技术在深挖方膨胀土渠坡变形安全监测中的应用，分析了运行初期变形体分布及病害特征、变形时空演变机理。

　　第 4 章采用室内物理模型试验，研究了干湿循环、持续降水等工况下高地下水位膨胀土边坡变形破坏机理，通过基于数字图像相关技术的裂隙形态演化规律分析，以及含水率和变形等监测数据的系统分析，揭示了边坡表面变形和裂隙以及含水率和内部变形的时空演化规律。

　　第 5 章针对运行期中出现严重变形的深挖方膨胀土边坡案例，构建了包含裂隙、加固处置措施的概化模型，分析了设计、运行与加固处置等不同工况条件下的边坡稳定性，提出了排水和支护等加固处置措施建议。

　　第 6 章基于深挖方膨胀土边坡破坏机理研究成果，建立了基于机器学习算法的深挖方膨胀土渠坡变形预测模型，提出了基于多变量局部异常系数的渠坡失稳预警方法。

参 考 文 献

[1] 夏军, 陈进, 佘敦先, 等. 变化环境下中国现代水网建设的机遇与挑战 [J]. 地理学报, 2023, 78(7):1608-1617.

[2] 韩占峰, 周曰农, 安静泊. 我国调水工程概况及管理趋势浅析 [J]. 中国水利, 2020, (21):21-23.

[3] 高媛媛, 徐子恺, 姚建文, 等. 中国引调水工程及区域分布特点分析 [J]. 南水北调与水利科技, 2016, 14(1):173-177.

[4] 钮新强, 蔡耀军, 谢向荣, 等. 南水北调中线膨胀土边坡变形破坏类型及处理 [J]. 人民长江, 2015, 46(3):1-4.

[5] 冷挺, 唐朝生, 徐丹, 等. 膨胀土工程地质特性研究进展 [J]. 工程地质学报, 2018, 26(1):112-128.

[6] 刘龙武, 郑健龙, 缪伟. 广西宁明膨胀土胀缩活动带特征及滑坡破坏模式研究 [J]. 岩土工程学报, 2008, 30(1):28-33.

[7] 殷宗泽, 韦杰, 袁俊平, 等. 膨胀土边坡的失稳机理及其加固 [J]. 水利学报, 2010, 41(1):1-6.

[8] 陈正汉, 郭楠. 非饱和土与特殊土力学及工程应用研究的新进展 [J]. 岩土力学, 2019, 40(1):1-54.

[9] 李青云, 程展林, 龚壁卫, 等. 南水北调中线膨胀土 (岩) 地段渠道破坏机理和处理技术研究 [J]. 长江科学院院报, 2009, 26(11):1-9.

[10] 叶为民, 孔令伟, 胡瑞林, 等. 膨胀土滑坡与工程边坡新型防治技术与工程示范研究 [J]. 岩土工程学报, 2022, 44(7):1295-1309.

[11] 胡江, 李星, 马福恒. 深挖方膨胀土渠道边坡运行期变形成因分析 [J]. 长江科学院院报, 2023, 40(11):160-167.

[12] Hu J, Li X. Deformation mechanism and treatment effect of deeply excavated expansive soil slopes with high groundwater level: case study of MR-SNWTP, China[J]. Transportation Geotechnics, 2024, 46, 101253.

[13] 陆定杰, 陈善雄, 罗红明, 等. 南阳膨胀土渠道滑坡破坏特征与演化机制研究 [J]. 岩土力学, 2014, 35(1):195-202.

[14] 胡江, 马福恒, 盛金保, 等. 南水北调中线干线工程 2020 年度安全评估报告 [R]. 南京: 南京水利科学研究院, 南水北调中线干线工程建设管理局, 2020.

[15] 孙长龙, 殷宗泽, 王福升, 等. 膨胀土性质研究综述 [J]. 水利水电科技进展, 1995, (6):11-15.

[16] 缪林昌, 刘松玉. 论膨胀土的工程特性及工程措施 [J]. 水利水电科技进展, 2001, (2):37-40+48.

[17] 凌时光, 张锐, 兰天. 膨胀土强度特性的研究进展与探究 [J]. 长沙理工大学学报 (自然科学版), 2023, 20(6):1-16.

[18] 徐永福, 程岩, 唐宏华. 膨胀土边坡失稳特征及其防治技术标准化 [J]. 中南大学学报 (自然科学版), 2022, 53(1):1-20.

[19] Dai Z, Guo J, Luo H, et al. Strength characteristics and slope stability analysis of expansive soil with filled fissures[J]. Applied Sciences, 2020, 10:4616.

[20] 陈善雄, 戴张俊, 陆定杰, 等. 考虑裂隙分布及强度的膨胀土边坡稳定性分析 [J]. 水利学报, 2014, 45(12):1442-1449.

[21] 马力刚, 姜超. 南水北调中线一期工程总干渠陶岔渠首——沙河南段淅川段设计单元竣工工程地质报告 (施工三标) [R]. 武汉: 长江勘测规划设计研究有限责任公司, 2014.

[22] 赵思奕, 石振明, 鲍燕妮, 等. 考虑吸湿膨胀及软化的膨胀土边坡稳定性分析 [J]. 工程地质学报, 2021, 29(3):777-785.

[23] 陈生水, 郑澄锋, 王国利. 膨胀土边坡长期强度变形特性和稳定性研究 [J]. 岩土工程学报, 2007, 29(6):795-799.

[24] 蔡正银, 陈皓, 黄英豪, 等. 考虑干湿循环作用的膨胀土渠道边坡破坏机理研究 [J]. 岩土工程学报, 2019, 41(11):1977-1982.

[25] 詹良通, 吴宏伟, 包承纲, 等. 降雨入渗条件下非饱和膨胀土边坡原位监测 [J]. 岩土力学, 2003, 24(2):11-18.

[26] 孔令伟, 陈建斌, 郭爱国, 等. 大气作用下膨胀土边坡的现场响应试验研究 [J]. 岩土工程学报, 2007, 29(7):1065-1073.

[27] 阳云华, 赵旻, 郭伟, 等. 南阳盆地膨胀土大气影响深度及其工程意义 [J]. 人民长江, 2007, 38(9):11-13.

[28] 马俊伟. 渐进式滑坡多场信息演化特征与数据挖掘研究 [D]. 武汉: 中国地质大学, 2016.

[29] 朱鸿鹄, 王佳, 李厚芝, 等. 基于数据挖掘的三峡库区特大滑坡变形关联规则研究 [J]. 工程地质学报, 2022, 30(5):1517-1527.

[30] 胡江, 李星. 深挖方膨胀土边坡时空变形特征分析 [J]. 岩土力学, 2024, (10):1-10.

[31] Dai Z, Zhang C, Wang L, et al. Interpreting the influence of rainfall and reservoir water level on a large-scale expansive soil landslide in the Danjiangkou Reservoir region, China[J]. Engineering Geology, 2021, 288:106110.

[32] 郑东健, 顾冲时, 吴中如. 边坡变形的多因素时变预测模型 [J]. 岩石力学与工程学报, 2005, 24(17):3180-3184.

[33] 陈晓鹏, 张强勇, 刘大文, 等. 边坡变形统计回归分析模型及应用 [J]. 岩石力学与工程学报, 2008, 27(s2):3673-3679.

[34] 谈小龙, 徐卫亚, 梁桂兰, 等. 高边坡变形非线性时变统计模型研究 [J]. 岩土力学, 2010, 31(5):1633-1637.

[35] Zhou C, Yin K L, Cao Y, et al. Displacement prediction of step-like landslide by applying a novel kernel extreme learning machine method[J]. Landslides, 2018, 15:2211-2225.

[36] 邓冬梅, 梁烨, 王亮清, 等. 基于集合经验模态分解与支持向量机回归的位移预测方法: 以三峡库区滑坡为例 [J]. 岩土力学, 2017, 38(12):3660-3669.

[37] 李麟玮, 吴益平, 苗发盛, 等. 基于变分模态分解与 GWO-MIC-SVR 模型的滑坡位移预测研究 [J]. 岩石力学与工程学报, 2018, 37(6):100-111.

[38] Yang B B, Yin K L, Lacasse S, et al. Time series analysis and long short-term memory neural network to predict landslide displacement[J]. Landslides, 2019, 16:677-694.

[39] 陈建斌, 孔令伟, 郭爱国, 等. 大气作用下膨胀土边坡的动态响应数值模拟 [J]. 水利学报, 2007, 38(6):674-682.

[40] 刘祖强, 罗红明, 郑敏, 等. 南水北调渠坡膨胀土胀缩特性及变形模型研究 [J]. 岩土力学, 2019, 40(s1):409-414.

[41] 许强, 曾裕平. 具有蠕变特点滑坡的加速度变化特征及临滑预警指标研究 [J]. 岩石力学与工程学报, 2009, 28(6):1099-1107.

[42] 刘东燕, 辜文杰, 侯龙. 降雨及地下水位对三峡库区非饱和土边坡稳定性的影响 [J]. 水利水电技术, 2013, 44(7):111-115.

[43] 李魏岳, 刘春, Scaioni M, 等. 基于滑坡敏感性与降雨强度历时的中国浅层降雨滑坡时空分析与模拟 [J]. 中国科学: 地球科学, 2017, 47(4):473-484.

[44] 石振明, 沈丹祎, 彭铭, 等. 考虑多层非饱和土降雨入渗的边坡稳定性分析 [J]. 水利学报, 2016,47(8):977-985.

[45] 王智磊, 孙红月, 尚岳全. 基于地下水位变化的滑坡预测时序分析 [J]. 岩石力学与工程学报, 2011, 30(11):2276-2284.

[46] 谭万鹏, 郑颖人, 王凯. 考虑蠕变特性的滑坡稳定状态分析研究 [J]. 岩土工程学报, 2010, 32(s2):5-8.

[47] 贺可强, 陈为公, 张朋. 蠕滑型边坡动态稳定性系数实时监测及其位移预警判据研究 [J]. 岩石力学与工程学报, 2016, 35(7):1377-1385.

[48] 殷宗泽, 徐彬. 反映裂隙影响的膨胀土边坡稳定性分析 [J]. 岩土工程学报, 2011, 33(3):454-459.

[49] 徐冯君, 王保田, 陈敏志. 膨胀土边坡稳定分析综述 [J]. 山西建筑, 2006, 32(1):109-110.

[50] Huang R, Wu L. Stability analysis of unsaturated expansive soil slope[J]. Earth Science Frontiers, 2007, 14(6):129-133.

[51] 陈正汉, 卢再华, 郭剑峰, 等. 非饱和膨胀土坡在开挖与气候变化过程中的三相多场耦合数值分析 [C]. 中国力学学会学术大会, 北京, 2005.

[52] Lu Z, Chen Z, Fang X, et al. Structural damage model of unsaturated expansive soil and its application in multi-field couple analysis on expansive soil slope[J]. Applied Mathematics and Mechanics, 2006, 27(7):891-900.

[53] 郑澄锋, 陈生水, 王国利, 等. 干湿循环下膨胀土边坡变形发展过程的数值模拟 [J]. 水利学报, 2008, 39(12):1360-1364.

[54] Qi S, Vanapalli S K. Hydro-mechanical coupling effect on surficial layer stability of unsaturated expansive soil slopes[J]. Computers and Geotechnics, 2015, 70:68-82.

[55] 刘华强, 殷宗泽. 膨胀土边坡稳定分析方法研究 [J]. 岩土力学, 2010, 31(5):1545-1549.

[56] 袁俊平, 殷宗泽. 考虑裂隙非饱和膨胀土边坡入渗模型与数值模拟 [J]. 岩土力学, 2004, 25(10):1581-1586.

[57] 殷宗泽, 徐彬. 反映裂隙影响的膨胀土边坡稳定性分析 [J]. 岩土工程学报, 2011, 33(3):454-459.

第 2 章　深挖方膨胀土边坡施工期滑坡模式与成因分析

膨胀土具有特殊的"三性"，对气象和地下水位变化敏感。膨胀土边坡失稳的关键致灾因子包括地质构造、边坡结构性、胀缩等级、超固结性等内在条件，以及降水、干湿循环和开挖卸荷等外部诱发诱因。降水入渗使得膨胀土土体吸水膨胀，产生膨胀应力，同时，降水入渗还会补给地下水位。上层滞水带的存在导致土体软弱结构面饱水软化，进而强度降低。地下水活动是膨胀土边（渠）坡变形破坏的重要诱发因素。在原始地形条件下，土体受围压限制，不会发生明显变形，随着开挖，边坡一侧土体临空，膨胀应力使土体易沿软弱面产生侧向推挤，造成边坡变形失稳。膨胀土滑坡多表现为成群分布、多次滑动等特点，在滑坡机理、破坏模式等方面也有特殊性。本章通过总结分析施工期滑坡案例，辨识深挖方膨胀土边坡的滑坡破坏模式与特征，分析滑坡破坏的主要诱发因素，为后续研究提供依据。

2.1　施工期滑坡问题

2.1.1　膨胀土边坡开挖滑坡问题

在我国范围内，陕西、河南、湖北、广西等省、自治区是膨胀土分布较为广泛的区域。这些地区开工建设的重大基础设施也相应受到膨胀土带来的地质灾害的严重影响。当前正是我国国家水网建设和国家综合立体交通网大规模建设的关键时期，这些重大基础设施将不可避免地经过膨胀土广泛分布的区域并形成大量的膨胀土边坡体 [1]。

开挖不但为滑坡提供了临空条件，更为结构面贯通、强度衰减创造了条件。膨胀土具有超固结性，在天然状态下土体内存在较高的水平应力，实测的水平应力可以达到自重应力的 1.0～1.5 倍。随着开挖的进行，膨胀土土体产生强烈卸荷，缓倾角裂隙在剪切-扩容机理下趋于贯通，沿结构面的剪切位移导致矿物定向排列和强度衰减，在缓倾角结构面和坡顶出现拉张。同时，开挖导致地下水活动趋于活跃，使得土体强度降低、软弱结构面饱水软化，膨胀土边坡地质灾害问题日益突出。

关于膨胀土边坡开挖滑坡的工程案例较多。例如，在广西，膨胀土比较常见，分布于南宁、平果、宁明和百色盆地，以及柳州、桂林、来宾和贵港等地。独特的区域气候条件，使得广西膨胀土滑坡的地质灾害问题频发，与北方相比，广西膨胀土滑坡变形具有破坏模式规模较大、发生破坏时间长,以及形式多样等特点 [1-4]。南昆铁路和南友高速公路是我国重大基础设施建设工程,其路线横跨膨胀土广泛分布的南宁盆地、百色盆地及明江盆地。由于这些区域地处亚热带,在雨热同期的夏季,膨胀土边坡浅层失稳频繁发生,多次造成铁路和公路交通运输的中断,给人民群众的财产生命安全带来了严重危害。例如,南友高速有 14km 通过膨胀土地区,共有 31 个路堑边坡,高度超过 10m 的 9 处,高 18m 的 2 处,其中有 23 个发生滑塌 [3,4]。通过对南宁郊区开展的天然膨胀土场地基质吸力和变形综合观测与研究发现,南宁地区膨胀土的气候影响深度超过 4.5m。随深度的变化存在两个显著的特征范围,呈现二元结构:第一个为 1.7~2.3m,第二个为 5.2~6.2m,分别对应于膨胀土大气剧烈影响深度范围和影响深度范围。开挖卸荷、风干及近地表强烈的干湿循环等作用激活了路堑边坡活动带的胀缩特性,这是路堑边坡和自然边坡活动带的最大差异 (图 2.1.1)。例如,南宁市环城高速公路东环改造二期工程 (安吉大道立交—三岸大桥北) 段右侧路堑边坡,地貌属垄状高丘亚区,该段边坡高度约为 13m,采用 1:1.5、1:1.75 分两级放坡,坡面采用草皮防护。在施工刷坡至距离设计路面标高还有一米多时,由于遭受连续多日的强降雨,该处边坡出现开裂并形成大范围滑坡,坡脚为环城高速公路 [5,6]。

(a) 堑坡出现连续垮塌破坏

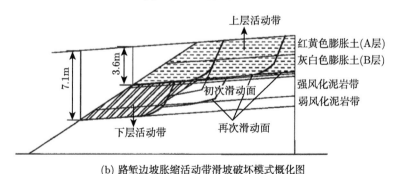

(b) 路堑边坡胀缩活动带滑坡破坏模式概化图

图 2.1.1　胀缩活动带特征及滑坡破坏模式 [3,4]

　　引丹灌区位于南阳盆地西南部，自丹江口水库引水，设计灌溉面积 150.7 万亩。20 世纪 70 年代，引丹干渠施工期间，先后发生了 13 次滑坡。鄂北地区水资源配置工程引水线路的膨胀土区主要集中在纪洪—枣阳沙河段，位于南阳盆地南缘，为岗垄相间、波状起伏的岗波状平原。鄂北地区水资源配置工程建设期，在 2 标段和 9 标段膨胀性土渠段先后出现了多处滑坡。例如，桩号为 10+350—10+410袁冲暗涵 2 标段坡高约 25m，坡比 1:1.5，在渠道开挖至接近渠底时，在左、右岸均发生滑坡，采用 1:2 坡比削坡减载后，滑坡虽有一定抑制，但作用并不明显，原有滑坡仍进一步滑动，且同时还出现了新的滑坡，如图 2.1.2 所示。在 10+400—10+680 段先后出现类似滑坡，如图 2.1.3 所示。滑坡主要受土体裂隙控制，雨水的劈裂作用起到连通贯穿裂隙的作用，上部弱膨胀土在大气降雨影响下发育陡倾角裂隙，形成滑坡体后缘下挫变形；坡脚及基底中等膨胀土发育无规则缓倾角长大裂隙，为边坡滑动提供软弱滑动面或滑动带，形成滑坡前缘 [7,8]。

图 2.1.2　放坡后继续滑动 [7]

(a) 坡面裂隙　　　　　　　　　　　　　　　　　(b) 坡顶错台

图 2.1.3　坡面裂缝及坡顶错台 [7]

　　已开工建设公路/铁路路堑、调水工程渠道边坡滑坡案例，可为后续涉及的膨胀土边坡工程的稳定分析提供借鉴和参考 [1]。

2.1.2 南水北调中线总干渠施工期滑坡介绍

南水北调中线工程沿线分布的膨胀岩土长 387km，主要位于南阳盆地、方城—长葛段、新乡—安阳段和邯郸—邢台段，约占总长度的 27.7%。其中河南省境内沿线膨胀土渠段主要经过南阳、平顶山、禹州附近的许昌地区以及新乡市；河北境内主要经过安阳、邯郸以及邢台。南阳段位处黄河南边，相比较其他渠段而言，降雨丰富，施工期间累计发生坍塌、滑坡约 110 处，不仅有浅层滑坡还有较深层、深层滑坡破坏；沙河—黄河南段滑坡较少，且基本集中在禹州—长葛段；黄河北—漳河南段膨胀岩土滑坡较少，仅新乡潞王坟段出现过几处浅表型膨胀岩变形破坏，安阳段发生多起换填层滑坡；河北境内膨胀岩土滑坡集中在磁县段，总数在 10 个左右 [9,10]。

2.1.2.1 陶岔—沙河南段

20 世纪 70 年代在该地区修建引丹渠首引渠时，在膨胀土地段就曾发生过 13 处大滑坡。工程涉及的地层主要为第四系 (Q) 黏性土，以及上第三系 (N) 黏土岩、泥灰岩、砂岩、砂砾岩。渠道沿线存在的主要工程地质问题有膨胀土 (岩) 膨胀问题、渠道边坡稳定问题。

陶岔—沙河南段属长江流域，为湿润性大陆气候区，四季分明，夏秋两季受太平洋副热带高压控制，多东南风，炎热且雨量集中，冬春季受西伯利亚和蒙古高原持续性强冷变高压控制，多西北风，气候干燥少雨。年平均气温 14~15℃，多年平均降水量 815mm，年降水主要集中在 6~9 月，多年平均连续最大 4 个月降水量占全年降水量 60%，且年际和年内降水量不均，易出现干旱、洪涝等自然灾害。

地下水按埋藏条件可分为上层滞水和层间承压水。按赋存条件可细分为第四系松散堆积层孔隙裂隙水和上第三系 (N) 砂岩、砂砾岩孔隙裂隙水。

粉质黏土、黏土上层滞水。在大气影响带下部，土体中的植物根系孔洞与少量张开裂隙相互贯通，受雨水入渗补给形成上层滞水。因网状裂隙分布的随机性，且孔洞体积小，导致水量少且分布不均，无统一地下水位，地下水位埋深一般 1.5~4m，最深达 11m。水位、水量随季节变化大，依赖大气降水补给，以蒸发排泄为主，含水层厚度多为 2~3m，久旱不雨时也可能干枯。桩号 8+400—12+000 渠段，地下水位埋深 2~4m，岗顶局部大于 5m，地下水属上层滞水，Q₁ 下部土体粉质黏土中含地下水，水量不大。桩号 12+000—14+000 段，土岩体一般处于非饱和状态。局部在大气降水时含少量上层滞水。

上第三系 (N) 层间孔隙裂隙水。地下水主要贮存于上第三系 (N) 砂岩、砂砾岩层中，构成多层层间含水层，含水、透水性随岩性变化极不均一。近地表为潜水含水层，深部具有承压性，水量丰贫不均，部分含水层之间有一定的水力联系，一般皆由不透水的黏土岩分隔。第三系孔隙裂隙水，一般接受上部第四系孔隙裂隙水的补给，向地下深处排泄。

第四系中更新统冲洪积、下更新统坡洪积粉质黏土、黏土近地表土体裂隙发育，一般呈弱至微透水性，下部土体则呈微至极微透水性。上第三系黏土岩和砂质黏土岩为不透水层。砂岩胶结程度差，且多为泥钙质胶结，具中等透水性。

在长时间降雨或长时间暴雨期，垄岗间沟谷洼地 (如吴家堰塘) 水位迅速上升。受地形的影响，附近岗地上层滞水水位亦随之上升。当地下水位略低于地表时，地下水对渠道基本无影响，但当地下水位高于渠底板高程时，对渠道衬砌和施工有影响。本渠段地下水除分布于垄岗间的上层滞水水位高于渠底板高程外，渠段内基岩层间含水层或第四系层间含水层一般低于渠水位。上部黏性土一般不含水，土体一般处于非饱和状态。下部 Q_1 黏性土、N 层砂岩含层间承压水，局部段在大气降水时含少量上层滞水。各段地下水位年季变幅一般 1~3m。渠道形成后，当地下水高于渠水位时，渠肩部分的地下水位会下降 1~3m，影响范围延伸至渠肩后部 10~30m。

滑坡全部位于第四系膨胀土中，新近系膨胀岩没有滑坡出现。超过 90% 的滑坡属于结构面控制型滑坡，不到 10% 的滑坡属于浅表型胀缩变形滑坡。结构面控制型滑坡的底滑面多受长大裂隙控制，滑面近水平状 (图 2.1.4)，前缘局部甚至反倾坡内，一般滑坡规模较大，单个体积可达上万立方米 [11-13]。

图 2.1.4　近水平的底滑面

2.1.2.2　沙河—黄河南段

沙河—黄河南段岩性以黏土岩为主，少量泥灰岩。除了地表局部分布残坡积膨胀土外，没有连续稳定的膨胀土。黏土岩膨胀性总体较强，多为中强膨胀岩，由于软弱结构面的发育，开挖后不久左岸即出现多处浅层滑坡，该类滑坡总体规模较小，主要受结构面和地下水影响，滑坡仅发生在具有中—强膨胀性，且有缓倾角结构面分布的地段，缓倾角结构面对滑坡的控制作用明显。滑坡均发生在雨后，与雨水入渗和坡脚积水浸泡有一定关系。滑坡发生距边坡开挖有 1~2a 的间隔，滞后期明显，具有一般结构面控制型滑坡的特点。

2.1.2.3 黄河北—漳河南段

黄河北—漳河南段岩性以新近系黏土岩和泥灰岩为特点，其中新乡、鹤壁、汤阴段为黏土岩与泥灰岩混杂或互层状分布，安阳段主要为泥灰岩。黏土岩总体具有弱或弱偏中膨胀潜势，极少数岩样达到强膨胀潜势。泥灰岩部分具弱膨胀潜势，部分为非膨胀岩。

岩性与结构特点对该段边坡稳定性具有明显的控制意义。黏土岩裂隙发育，但以短小、中陡倾角为主。泥灰岩强度相对较高，局部呈坚硬状，这一条件决定了开挖边坡难以发展为结构面控制型、有一定规模的滑坡。实际上，该段出现的几处变形破坏均属于浅表型胀缩变形滑坡，与边坡开挖后长期暴露于大气环境、黏土岩反复胀缩开裂后丧失强度密切相关。如潞王坟试验段下游边坡，在试验阶段开挖成型后，一直裸露于大气环境下，在经历 2~3a 的干湿循环、胀缩作用后，才逐步出现了开裂、变形现象，之后又因未及时处理，变形范围才逐步向两侧和后缘扩展。

2.1.2.4 河北段

河北境内膨胀岩土的蒙脱石含量高，同等膨胀潜势的岩土蒙脱石含量明显高于南阳盆地膨胀土及黄河两岸膨胀岩。从化学成分和矿物成分组成看，除了蒙脱石含量普遍偏高外，方解石含量和烧失量相对较高，两者相互验证说明岩土中存在一定的方解石，可能对提高岩土强度及水稳性有积极意义。该段岩土的特点是膨胀性强，隐微裂隙发育，但长大结构面不发育；新近系黏土岩与无胶结的砂岩呈互层状，或透镜状穿插分布。这样的岩性与结构特点，决定了开挖边坡不容易形成有一定规模、受缓倾角结构面控制的滑坡，同时，由于该区域降水量相对较少，水对岩土的改造作用相对缓慢，因此胀缩裂隙带的形成速度也相对较慢。渠道开挖施工的前几年，边坡稳定性一直较好，未出现滑坡现象，直到 2011 年汛期结束后，才开始断续出现浅表型变形破坏现象。

滑坡发生、发展通常需要一个较长时间的过程。膨胀岩 (土) 自然强度一般较高，在开挖后的初期一般不会产生滑动。在经过一定时间暴晒—降雨的反复失水、饱水过程之后，坡面岩 (土) 体强度降低，细小裂缝产生，裂缝随之互相连通，再次降雨之后，雨水进入裂隙，裂隙面抗剪强度下降，最后岩 (土) 体沿裂隙面向下滑动，发生滑坡。

通过对沿线 4 个区域滑坡特征的分析可知，沿线不同区域滑坡频次的差异受控于岩性、膨胀性、结构面、岩土体结构和气候环境。各地滑坡发育程度的差别主要体现在结构面控制型滑坡的数量上，由于膨胀岩的缓倾角长大结构面发育密度小于膨胀土，且河北境内膨胀岩土长大结构面不发育，因此，沿线滑坡发生概率总体呈现由南向北逐步减弱的趋势。缓倾角长大结构面不发育的膨胀岩土，其边坡稳定性相对较好。但如果边坡裸露时间过长，也会出现浅表型胀缩变形破坏。

2.2　施工期滑坡破坏模式、特征与主要诱发因素分析

2.2.1　施工期滑坡破坏模式与特征

2.2.1.1　施工期滑坡破坏模式

某重大引调水工程干线渠道施工期间，南阳段发生了约 110 处膨胀土滑坡和破坏，黄河南岸发生近十处膨胀岩滑坡，黄河北泥灰岩地段发生了地下水位抬高引起的换填层破坏，其中不乏长度为 200m、面积为 2000m² 以上的滑坡，对渠道的建设及安全运行构成较大威胁；邯郸、邢台段在施工初期几乎没有滑坡出现，但在后期发生十余处浅表型变形破坏 [12-15]。

受岩土矿物成分、结构特性的控制，膨胀土开挖边坡破坏主要有 3 种类型：一是发生在膨胀土中的浅层滑动破坏；二是受软弱结构面控制的深层或较深层滑动破坏；三是坍塌破坏。

根据对工程新乡试验段、南阳试验段渠道开挖过程中和试验过程中出现的渠道滑坡的分析，工程中出现的浅层滑动破坏主要分为即时滑坡和降雨滑坡。

即时滑坡即在开挖过程中的卸荷滑坡，对滑坡现场的勘探结果进行分析发现，主要是开挖卸荷导致膨胀土自身的裂隙面顺着有利于滑动的产状面发展而产生的滑坡。即时滑坡的控制因素是裂隙面，其外界因素主要为重力。例如，南阳膨胀土试验段渠道开挖中发生的滑坡就是沿已有裂隙面滑动的。膨胀土坡内存在的缓倾角长大裂隙面或一定厚度的软弱夹层往往构成了该类滑坡潜在滑动面的主要部分。膨胀土坡内长大裂隙的形成与其沉积/风化历史和原生构造过程有关，裂隙带往往容易充填膨胀性较强的黏土层。

降雨滑坡是指在开挖卸荷过程中渠坡是稳定的，但降雨后发生了滑坡。滑坡从坡脚向坡顶发展，形成牵引式破坏。在南阳膨胀土试验段裸坡试验区，降雨后裸坡均发生破坏；弱膨胀土渠坡在降雨后也发生了滑坡。观测资料表明，膨胀土渠道坡脚部位的位移比坡肩部位的位移大，边坡的失稳先从坡脚开始发生，然后逐步向上牵引式发展。这类滑坡事先没有明显的滑动面，在重力作用下是稳定的，失稳破坏与膨胀土膨胀性有关。

总体，膨胀土渠坡浅层滑动破坏表现出浅层性、时间效应、雨水诱发等特征。膨胀土边坡开挖期间坍塌现象较普遍，主要发生在中—强膨胀土中，但单次坍塌

的规模较小，对工程的影响相对较小。坍塌型破坏按其成因可进一步分为块体破坏和坡脚浸水软化两类。当土体中陡倾角裂隙发育，且边坡开挖面陡于 1∶1 时，形成中—陡倾角裂隙组合楔形体，容易产生受结构面控制的块体破坏 (图 2.2.1)。开挖基坑积水易引发中、强膨胀土边坡坍滑型破坏。其单个规模一般以数十至数百立方米常见，厚度多在 1m 左右。

图 2.2.1　膨胀土开挖边坡坍塌现象 [12]

受土体中缓倾角结构面控制的滑坡，滑坡要素发育健全。根据滑坡深度，又可分为较深层滑坡、深层滑坡。这类滑坡在边坡开挖后并不立即发生，而是有一个滞后过程。渠道开挖会在边坡结构面部位形成较高的应力集中和明显的剪切位移，坡顶产生拉张破坏。因此，在这一滞后期内，边坡内将发生两个重要的改造作用，一是裂隙面逐步贯通，二是结构面强度逐渐衰减。

整体看，膨胀土胀缩性、膨胀土边坡结构面是渠坡失稳的内因，而降水、地表水、渠水的入渗是引起渠坡失稳的主要外因。裂隙问题是导致膨胀土边坡失稳的最主要原因，干湿循环作用使膨胀土强度大幅降低，造成裂隙张大、延伸、扩展贯通，进一步使更深层土体变弱，产生更多裂隙诱发滑坡。随着渠道开挖深度加大，膨胀土边坡不仅在受水增湿条件下膨胀变形产生浅表层破坏，而且存在受裂隙面控制的或受外部环境影响逐步贯通的裂隙面控制的较为深层的滑动破坏。

2.2.1.2　工程地质条件

淅川县段始于南阳盆地的西部边缘地区，沿伏牛山脉南麓山前岗丘地带及山前倾斜平原，总体呈北东方向穿越伏牛山南部山前坡洪积裙及冲湖积平原后缘地带。该引调水工程渠线从渠首陶岔闸总体呈北东向穿越近南北向分布的九重、九龙、宋岗 3 条垄岗。设计流量 $350m^3/s$，加大流量 $420m^3/s$，设计渠水深 8.0m，加大水深 8.77m。该渠段的挖方边坡均为膨胀土渠坡。弱膨胀土渠坡土体由于沉积时水流、地貌环境的差异，多存在中膨胀土夹层，长大裂隙发育，且多以水平及缓倾角裂隙为主，由于渠坡形成时间长，渠坡高，渠坡土体存在较多平行于渠道的卸荷裂隙，且土体上部垂直裂隙发育，有利于雨水入渗，渠坡自稳性能差。渠坡不利的地质结构类型主要有两种：一是 Q_1 与 Q_2 界面附近常常发育裂隙密集带，为不利软弱带，当渠道开挖揭露这一软弱带时，易发生深层滑动破坏，如桩号 10+651—10+700 右岸滑坡和桩号 11+281—11+400 右岸滑坡即是沿 Q_1 与 Q_2 界面处的裂隙密集带发生滑动的；二是膨胀土中发育的平缓长大裂隙密集带和长大裂隙，裂隙密集带一般地下水相对丰富，是地下水活动的主要层位，裂隙连通性好，是滑坡滑动带及剪出口的主要部位。长大裂隙面多光滑，抗剪强度低，是土体中的软弱结构面，也往往对边坡的稳定具有控制作用。本渠段多个滑坡的底滑面完全或大部分追踪土体中已有的长大裂隙面或长大平缓裂隙密集带。

本渠段出露和揭露的地层有第四系 (Q) 和上第三系 (N)，由老至新分述如下：

上第三系 (N)：河湖相沉积层，具多韵律构造，由棕褐色、黄、灰绿、灰白色黏土岩、砂质黏土岩、泥灰质黏土岩等几种岩性组成，泥质结构，呈微胶结，局部钙质胶结。岩性、岩相变化大。

第四系下更新统洪积层 (plQ_1)：由棕红色、砖红色黏土、粉质黏土、钙质结核粉质黏土及钙质结核层组成。粉质黏土及黏土除了具有中强膨胀性以外，还具有红黏土的部分特征。

第四系中更新统冲洪积层 $(al-plQ_2)$：主要以黄、棕黄色粉质黏土，局部夹灰白、灰绿色黏土条带，含钙质结核，局部富集成层，粉质黏土是组成渠坡的主要土层之一，黏性土一般具中等膨胀性。

第四系坡积层 (dlQ)：粉质黏土，主要分布在垄岗间沟谷中，厚薄不均，自岗坡至岗底，一般厚 3~8m。

第四系残坡积层 (el-dlQ)：粉质黏土，呈灰黄、褐黄色，含铁锰质结核，含钙质结核，土体微裂隙较发育，呈可塑—坚硬状。分布于标尾冲沟地带。土体总体结构较松散，一般具中等压缩性，裂隙发育，具弱膨胀性，工程地质性质较差。

本渠段为湿润性大陆气候区，该渠段四季分明，夏秋两季受太平洋副热带高压控制，多东南风，炎热且雨量集中，冬春季受西伯利亚和蒙古高原持续性强冷高压控制，多西北风，气候干燥少雨。

该渠段年平均气温 14~15℃，多年平均降水量 815mm，年降水主要集中在6~9 月份，多年平均连续最大四个月降水量占全年降水量的 60%，且年际和年内降水量不均，易出现旱、涝自然灾害。

2.2.1.3 施工期滑坡破坏特征

桩号 0+300—4+250 段，利用原刁南干渠已建渠道 (对原渠道进行拓挖改造)，桩号 4+250—8+400 段为新开挖渠道。渠段总干渠渠道长 8.1km。原刁南干渠右岸渠坡于 2005 年曾产生 1 个滑坡，施工开挖期间该老滑坡范围内又发生 2 处变形，其他段发生 4 个大小不一的滑坡。

桩号 8+400—14+000 全长 5.6km，为全挖方渠段，最大挖深 49m。位于南阳盆地西部边缘，为岗地地貌。上述地区膨胀土渠道开挖边坡具有两个显著特点：

(1) 挖深大，随着边坡高度增大，渠道开挖产生的卸荷效应、边坡变形破坏机理均发生根本性变化。

(2) 渠道地质结构复杂、膨胀性变化大。渠坡土体为膨胀土，且坡体发育有长大裂隙及裂隙密集带。在渠道开挖期间出现了大小 14 处滑坡。大型滑坡采取清除、换填加抗滑桩加固处理，小型滑坡一般采取清除换填处理。

桩号 14+000—21+300 总长 7.3km，其中桩号 15+121.1—15+920 为填方段，其余为挖方或半挖半填段。渠段属弱、中膨胀土，桩号 20+259—20+440 渠段挖深大于 15m，其余挖方渠段挖深多小于 15m。在渠道开挖期间出现了大小滑坡 19 处。

选取了该渠段规模较大的滑坡进行总结分析，滑坡特征、成因及处理列于表 2.2.1 [13-21]。从这些滑坡案例可以看出，一半左右的滑坡底界面迁就岩土体中已有的岩性界面，另有一半左右的滑坡底界面迁就土体中的裂隙，单条裂隙长度一般一两米至十余米，滑面通常由多条裂隙贯通而成，因此底滑面往往有一定起伏。这类滑坡受制于裂隙发育密度，一般局限在中膨胀土或中偏强膨胀土中。新近系黏土岩中裂隙发育，大部分为中、陡倾角，缓倾角裂隙发育较少，层面型软弱夹层不发育。施工期内没有出现典型的滑坡，中、强膨胀岩段多以块体性失稳或局部因浸水而产生的坍塌型破坏为主。

膨胀土滑坡或滑坡体在平面上一般呈扇形或簸箕形，其横断面形状多与滑坡力学机理有关。

对于牵引式膨胀土滑坡来说，其后缘的大气降水急剧影响相应深度以下的滑带，倾角多为 50°∼70° 之间，且底滑面多近水平。坡面形态大体完整，发育有较多拉裂缝，裂缝走向大体上与主滑方向垂直，牵引式滑坡多与膨胀土的胀缩特性有关，而这种胀缩特性会使其前缘土体的强度逐步衰减。

浅层滑动破坏失稳特征主要表现如下：

(1) 浅层性。膨胀土滑坡深度与次生裂隙发育深度有关，次生裂隙发育深度一般小于 3m，大气影响或风化作用下的裂隙深度大多为 1∼3m，一般不超过 6m。经长期干湿循环后，次生裂缝发育达到稳定深度，膨胀土滑坡受发育裂隙界面影响，具有明显的浅层性。

表 2.2.1 施工期滑坡特征及处理

编号	桩号	地质条件	施工期滑坡情况	成因分析	采取措施
1-1	0+900—1+300 右岸	滑坡主要涉及地层为 Q_3、Q_2 粉质黏土，具弱膨胀性，Q_1 黏土、具中、强膨胀性，下部为 N 黏土岩	2005 年 9~10 月连续降水后形成滑坡；滑坡沿 Q_1/N 界面 (软弱带) 滑出，滑坡体后缘呈圈椅状陡壁，面积约 45000m²，长约 350m，宽约 130m。后缘滑坡壁高 4~6m，前缘从渠底反翘剪出。前缘滑面埋深 3~10m，后缘拉裂面陡倾，中部最大厚度约 19m，滑坡体积约 40×10⁴ m³。滑带厚 1~2cm	坡脚下部为 Q_1 红黏土，膨胀性强，孔隙比大，含水量高，在长期饱和状态下强度极低；Q_3 和 Q_2 粉质黏土具弱膨胀性。上部土体具中等膨胀性，局部具中等膨胀，长时间的卸荷膨胀使干缩裂隙极发育，后缘滑面通的裂隙连通，张拉，为地表水的入渗提供了外部条件；长时间的降水为滑坡的形成提供良好的入渗条件。滑坡为沿地层界面 Q_1/N 界面 (软弱带) 的深层滑坡	削坡减载，设置减载平台，采取地下水引排措施，采用弱膨胀土回填，水泥改性土外包，多排抗滑桩加固等
1-2	1+190—1+270 右岸	滑坡主要涉及的地层为 Q_3、Q_2 淤粉质黏土，具弱膨胀性；Q_1 粉质黏土，具中、强膨胀性；滑体下部为 N 黏土岩	2012 年 6 月 25 日，一级边坡保护层及坡脚保护土墩开挖后，坡面产生多条裂缝，至 7 月 2 日，经历连续数天降水之后，坡面土体向下滑移，裂缝数量增多，规模变大。变形体后缘在右岸一级边坡坡肩一带，前缘略呈舌状隆起，剪出口位于 Q_1/N 界面附近，滑带为浅棕红色黏土，性状稀软，厚约 10cm	位于老滑坡前缘一带，老滑坡已形成数年，在多年往复胀干缩效应作用下，滑体软弱面逐渐增多，继而连续贯通。数量众多的老滑体裂缝又为雨水和地表水的入渗提供了良好的通道，雨水入渗数年，土体强度大幅度恶化，加之渠坡脚预留土墩挖除后，其土体失去支撑。雨水不渗区土壤产生主动水压力，其土体沿软弱面向下产生蠕滑变形，不利因素叠加导致渠坡变形	在一级边坡增设一排抗滑桩加固，清除变形土体，修整坡面，填实裂缝，设置排水盲沟，用弱膨胀土回填，水泥改性土外包

续表

编号	桩号	地质条件	施工期滑坡情况	成因分析	采取措施
2	0+450—0+590 右岸	上部主要由 rQ、al-lQ3、al-plQ2、plQ1 粉质黏土组成、下部为上第三系(N)黏土岩。plQ1 粉质黏土具中等膨胀性且具红黏土性质，N 黏土岩中等膨胀性。裂隙纵横交错，裂面光滑，渗透系数较大，沿坡面漫流。为保障该渠坡稳定，在这段坡一级马道内侧和一级边坡中部(N 强膨胀岩区域)布置 2 排抗滑桩进行加固，并于 2012 年 12 月完成施工	2013 年 1 月 18 日，桩前土发现 1 条顺渠道方向裂缝，长约 10m，宽约 10cm，可探深度约 1.5m。4 月下旬，两排抗滑桩之间渠道部分地段开挖成陡坎，Q2 底部有地下水渗出，在局部形成积水坑，Q2 土体中产生数条拉裂缝。5 月初连续强降水后，两排抗滑桩之间渠坡土体发生滑坡。滑体由上而下由原土更新统 Q3、原下更新统 Q1 粉质黏土组成。Q1 和 Q2 土体中均产生众多的拉裂缝，坡面破碎，裂缝沿渠道方向发展，近直立，略倾渠道，宽 5~30cm 不等，可探深度 0.5~1.5m，延伸长 50~120m。坡面局部积水，剪口呈饱水状，前缘一带土体呈现流淌，剪出口形成明流。滑坡前缘平缓，倾向渠道(倾角 1°~4°)。滑坡宽约 120m，垂直渠道方向约 13.5m，滑体平均厚度约 3.5m，总体积约 2.8×10⁴ m³。形成滑坡为沿地层界面软弱层滑坡	渠坡下部 Q1 粉质黏土力学强度低，是相对软弱层，其下 N 黏土岩力学性质较好，Q1/N 界面为控制渠坡滑动的不利弱面，滑面抗剪强度 c=8kPa，φ=7°。上部土体垂直裂隙发育，有利于雨水和地表水的入渗，该段土体存在较多平行于渠道的卸荷裂隙。施工期经历多次降水，大量水的入渗使土体强度大幅度衰减，土体产生的裂缝为降水和地表水的入渗提供了良好的通道，雨水快速下渗还产生很高水压力，众多不利因素导致渠坡坡脚后续强降水后发生滑坡。滑坡最高处位于一级马道附近，后缘位于一级边坡抗滑桩桩顶附近，沿 Q1 与 N 界面剪出	坡面设置排水盲沟，将排水导入一级马道排水沟成号马渠内，超挖滑坡体，采用弱膨胀0.5m，用厚 1.5m 土换填，用弱膨胀改性土回填的水泥改性土外包
3	1+245—1+275 段左岸	渠坡土体由 al-plQ2 粉质黏土、plQ1 黏土以及上第三系含钙质核黏土岩组成。Q2 土体具弱偏中等膨胀性；Q1 土体具中等膨胀性；N 含钙质结核黏土岩、结构致密、较硬	2012 年 7 月 12 日，发生变形，变形体在一级马道附近，裂缝位于 Q2/Q1 界缝后缘，深约 40cm，前缘向渠道、多倾向渠道，最计渠坡面相对于设变形体整体相对于设计渠坡面微微隆起，变形体面积约 240 m²，滑体体积约 167m²，该变形体大厚度约 0.7m，该变形体为沿 Q2/Q1 界面发生的浅层蠕滑变形破坏	Q2 土体裂隙较发育，其中不乏缓倾坡外裂隙，多倾向渠道，前缘剪出，由于降水下渗导致土体及裂隙面软化、强度降低，从而发生蠕滑变形。该变形体为沿 Q2/Q1 界面发生的浅层蠕滑变形破坏	清除变形土体，布设排水盲沟，水泥改性土回填

续表

编号	桩号	地质条件	施工期滑坡情况	成因分析	采取措施
4	1+575—1+596 右岸	渠坡上部主要由 rQ、al-lQ₃、al-plQ₂ 粉质黏土组成，下部由 plQ₂ 粉质黏土岩、钙质结核黏土岩、N 黏土岩裂隙发育，具强膨胀性。Q₂ 底部有地下水渗出。渠底右侧处露一泉水点，为岩溶裂隙水，水量较丰，流量约 120m³/h	坡脚积水。2013 年 2 月中旬，右侧渠坡近直立发生塌滑，高度 5.3~6.8m 处存在数条直立卸荷拉裂缝，顺渠展布，倾向渠道，宽 5~10cm，深度 0.5~1m，延伸最大长度 21m。变形体顺渠道方向延伸约 21m，面积约 133m²，最大厚度约 4m，体积约 400m³。变形体为坡脚软化引起的塌滑型破坏	Q₂ 土体中地下水沿渠坡面漫流，下部强膨胀黏土岩长时间被水浸泡，坡脚软化，加之开挖边坡近直立，导致边坡土体卸荷塌滑	在渗水及泉水点处铺设盲沟和设置集水井进行导排，挖除变形体至原状土层，采用水泥改性土回填，并将 N 强膨胀岩的换填厚度由 1.2m 增至 2.0m
5	8+216—8+398 右岸	上部为 dlQ 粉质黏土，硬可塑，局部粉质含量偏高，具弱膨胀性。下部为 al-plQ₂ 粉质黏土，从上往下可分为 3 个亚层：第①层硬可塑，弱膨胀性；第②层硬可塑—坚硬状，具中等膨胀性；第③层硬可塑—坚硬状，厚度大于 30m。dlQ 土体根孔发育于第②亚层，Q₂ 土体中裂隙主要发育于第②亚层，裂隙纵横交错呈网格状，裂隙优势倾向 325°~0°，倾角 35°~47°。其中，第②层发育有裂隙密集带	渠坡曾于 2012 年 8 月下旬发生第一次滑坡。滑坡前缘位于一级马道附近，后缘位于上剪位于二级马道。渠顶施工便道先期施工便道占用渠底。2013 年 5 月中旬渠坡在第二次滑坡的基础上发生第二次滑坡，形态呈不规则"簸箕状"。滑坡边坡抗滑桩顶以上剪出，沿二级马道附近，二级马道横向出口宽约 38m，纵向长 22~32m，面积 1140m²，平均厚度约 3.5m，滑体最大厚度约 5m，体积约 0.4×10⁴ m³。滑坡沿长大平缓裂隙大平缓裂隙密集带形成的深层滑坡	Q₂ 第②亚层土体裂隙纵横交错呈网格状，裂隙优势倾向以倾坡外为主，裂隙面光滑，无填充物抗剪强度极低，特别是第②层发育一平缓裂隙密集带，是渠坡稳定性的控制性因素。新、老滑坡剪出口高程大体一致，老滑坡清理开挖暴露，新、老滑坡该裂隙密集带形成滑动面。渠坡为多次滑坡，其间历经多次强降水、土体反复复胀缩变形，裂隙逐渐增大，其规模亦逐渐增大。雨水和地表水易沿根孔和陡倾角裂隙入渗，下渗至裂隙密集带处，使软弱结构面含水量迅速大幅度增加，土体强度大幅度衰减，深层产生的陡倾角裂隙大大降低了临界含水量，造成土体的卸荷，雨水快速下渗产生的动水压力也导致对渠坡稳定有不利影响。不利因素叠加导致在强降水时渠坡土体沿软弱面向下蠕滑	对滑坡后缘削坡降载，布置多排水排抗滑桩进行深层抗滑加固，清挖滑坡体，设置截水沟及排水盲沟，用弱膨胀土回填，水泥改性土外包

续表

编号	桩号	地质条件	施工期滑坡情况	成因分析	采取措施
6	8+494—8+600右岸二级边坡	上部dlQ粉质黏土，弱膨胀性，土体根孔裂隙板发育；下部Q2粉质黏土，中等膨胀性，土体裂隙发育，分布有两层厚度2~3m的裂隙密集带，裂隙倾向以325°~0°为主，倾角35°~47°，裂面光滑，充填灰绿色黏土。裂隙密集带界面有地下水渗出	三级马道至临时平台合同渠坡发生变形，有数条卸荷顺渠道，裂缝多顺渠道方向分布。2012年8月19日强降水后，坡体产生滑移，前缘平面上呈扇形，前缘宽约100m，滑体平均厚度约4.8m，最大厚度约10m，总体积约1.6×10⁴m³。坡面出口剪出，前缘一带土呈饱水状，剪出口局部积水，有地下水渗出。滑坡为沿长大平缓裂隙密集带形成的深层滑坡	裂隙优势倾向为倾坡外，不利于渠坡稳定；dlQ土体中根孔裂隙发育，雨水易沿其下渗，软化土体不利结构面；产生的卸荷拉裂缝又为降水和地表水的入渗提供了良好的通道，大量雨水入渗致使软弱面强度大幅度衰减，土体强度还产生动水压力。不利因素叠加导致下渗在强降水时，渠坡土体沿软弱面快速加导致下产生蠕变变形，形成滑坡	疏号坡顶及附近地表水，在滑坡前缘反压固坡脚，布设2排抗滑桩加固，削坡减载，对滑体加固、削坡减载，对裂隙密集带进行清理，并超挖，回填弱膨胀土、改性土外包
7	8+467—8+572左岸二级边坡	渠坡由Q2粉质黏土组成，具弱—中等膨胀性，土体裂隙发育，裂隙优势倾向285°~306°，以缓—中等倾角为主。坡体发育有长大平缓裂隙密集带，厚约3m，裂隙纵横交错，优势倾向以缓—中等倾角为主。裂隙密集带土体具中—强膨胀性。坡面有渗水	2012年10月17日，一级马道及二级边坡削坡后，渠坡变形，变形体弧形拉裂缝，长5~10m，宽0.5~2cm，前缘沿裂隙密集带顶面剪切，次日，变形加剧，后缘向坡上发展，三级边坡出现宽10cm拉裂缝，上呈皱褶形，面积1284m²，最大厚度约5m，体积约0.38×10⁴m³，沿裂隙密集带滑动，滑面平直光滑	土体裂隙发育且发育长大平缓裂隙密集带，裂隙优势倾向倾坡外为主，对渠坡稳定不利，是渠坡稳定性控制性因素。上部渠坡开挖施工产生的动荷载和换填后产生的静荷载也对渠坡的稳定性不利。在强降水时，渠坡土体沿软弱面向下产生蠕变变形，滑坡为沿长大平缓裂隙密集带形成的浅层滑坡	在滑坡及其上下共布设3排抗滑桩加固，清除变形体，对裂隙密集带进行超挖，布置导水肓沟，回填改性土和弱膨胀土

续表

编号	桩号	地质条件	施工期滑坡情况	成因分析	采取措施
8	9＋064～9＋240 左岸五级边坡至渠顶	渠坡由 Q_2 粉质黏土组成，具弱偏中等膨胀性。裂隙发育，上部土体根孔发育。裂隙优势倾向 NE 及 NEE，倾与渠坡倾向大体一致，倾角以缓～中等倾角为主，裂隙面光滑，充填灰绿色黏土。坡脚附近发育有长大水平缓裂隙密集带，裂隙密集带土体具中偏强膨胀性	2012 年 8 月 19 日强降水后，左岸五级马道以上渠坡发生初次变形。因渠坡前缘临近坡脚未采取保护措施，加之坡面未采取保护措施，其间历经多次降水，2013 年 7 月中旬，再次滑动。滑坡平面上呈长条扇形，面积 4514m²，平均厚度约 6m，最大厚度约 10m，总体积约 $2.7×10^4$ m³。滑体由 Q_2 粉质黏土组成，沿裂隙密集带滑动，滑面平直光滑	裂隙发育，优势倾向以倾渠道为主，上部土体根孔发育，雨水易沿其下渗，特别是滑坡前缘坡脚处发育裂隙密集带，对渠坡稳定极为不利。渠顶改性土碾压产生的动荷载也对渠坡稳定不利。在强降水时，渠坡土体沿软弱面向下产生蠕变变形，进而形成裂隙密集集带形成的深层滑坡。该滑坡为沿长大平缓裂隙密集带滑动	采用刷方减载和抗滑桩加固处理，并布置一排抗滑桩进行加固，布置冒沟导水，弱膨胀土回填，改性土外包
9	9＋587～9＋656 右岸五级至六级马道边坡	渠坡由 Q_2 和 Q_1 粉质黏土、钙质结核粉质黏土组成，土体裂隙较发育，具中等膨胀性。六级边坡与五级中下部及四级马道结合处有渗水现象	2013 年 9 月 20 日，右岸四级马道以上渠坡滑塌。滑塌后缘位于六级马道坡中部，后缘拉裂隙近直立，宽 0.1～0.8m，可见深度约 2.5m 左右。坡面顺渠坡分布数条裂缝，前缘略呈舌状隆起，前缘位于五级马道坡脚一带，前缘略呈反翘。滑体由 Q_2 粉质黏土组成，滑面清晰，平缓光滑，饱水、潮湿，呈软塑状。滑坡平面上呈不规则扇形，面积约 1415m²，滑坡最大厚度约 5.5m，平均厚度约 3.8m，体积约 $0.54×10^4$ m³，为沿长大裂隙形成的较深层滑坡	渠坡施工相对滞后，坡面长时间暴露，在往复强胀干缩变形作用下，渠坡不可逆变形逐渐增大，软弱面逐渐增多，继续连续贯通。在强降水时，连续软弱结构面含水量迅速达到饱水量，土体强度大幅度衰减，当坡脚部位剪应力超过软弱面抗剪强度时，滑坡形成滑塌。渠顶施工便道上重型车辆产生的动荷载也对渠坡稳定成不利影响	采用刷方减载和抗滑桩加固处理，渠坡清理至滑面以下原状土层，布置排水冒沟导水，弱膨胀土回填，改性土外包，布置一排抗滑桩进行加固

续表

编号	桩号	地质条件	施工期滑坡情况	成因分析	采取措施
10	10+107—10+130 左岸四级边坡	渠坡由 dlQ$_4$、Q$_2$ 粉质黏土和 Q$_1$ 粉质黏土组成。粉质黏土和钙质结核粉质黏土裂隙发育。Q$_1$ 粉质黏土具中等膨胀性，具有微裂隙发育。dlQ$_4$ 土体含水量较高。具中等膨胀性。三级马道及四级边坡一带持续有渗水现象，且三级马道有积水	2013 年 8 月 23 日，四级边坡发生滑坡滑壁高约 2m，前缘及侧缘略呈舌状隆起，倾角约 3°。滑坡中后部清晰，倾向渠道，出现数条条拉裂缝，缝宽 2~10cm，可探深度 1m。滑体中部及前缘渗水，土体湿软，前缘土体呈饱水状，滑面光滑。滑坡平面上呈不规则扇形，纵向最大长度约 14m，横向最宽约 27m，面积约 264m²，滑体中部最厚，约 3.2m，平均厚度约 1.7m，体积约 450m³	在长时间往复湿胀干缩效应作用下，渠坡不可逆的蠕变变形逐渐增大，裂隙逐渐增多、贯通，规模增大，渠坡软弱面逐渐连续。在有特大暴雨时，面含水量迅速增大达到临界含水量，土体强度大幅度衰减，雨水快速下渗并产生动水压力，渠坡土体沿软弱面向下滑移形成的。滑坡为沿长大裂隙面形成的浅层滑坡	由于该滑坡厚度不大，规模较小，采取全挖处理。坡面清理至滑带以下原状土层，采用改性土回填处理
11	10+400—10+422 左岸五级边坡至渠顶	渠坡由 Q$_2$ 粉质黏土组成。土体具中等膨胀性，大裂隙及长大裂隙发育，优势倾向 SSE，与渠左坡倾向大体一致，倾角以缓～中等倾角为主，裂面光滑，充填灰绿色黏土	2012 年 9 月 11 日强降水后，渠坡发生变形。变形体分为两部分：一部分沿五级马道，有 1 条卸荷张裂缝，裂缝宽 0.3m，延伸长度 11m，该部分变形因卸荷变形为主，裂缝深度 1m 左右；另一部分位于四、五级马道间的渠坡，主要为蠕变变形。坡面发育少量裂缝，顺渠道方向分布，深度 0.2m 左右，延伸长 3~6m。变形体呈舌状隆起，滑面光滑，带土饱水，剪出口一带呈带状渗水。变形体前缘宽约 20m，垂直渠道方向长约 9m，平均厚度 0.5m，体积约 0.09×10⁴ m³	Q$_2$ 土体具中等膨胀性，裂隙发育，大裂隙及长大裂隙优势倾向以倾坡外为主，不利于渠坡稳定，在有强降水时，大量雨水入渗软化土体不利结构面。土体强度大幅体积衰减，加之上部改性土碾压也对其下渠坡稳定不利，导致渠坡土体沿软弱面向下产生蠕变变形，滑坡为均缓倾角长大裂隙面形成的浅层滑坡	该变形体厚度及规模较小，采取全挖处理，坡面清理至滑带以下原状土层，采用改性土回填处理

续表

编号	桩号	地质条件	施工期滑坡情况	成因分析	采取措施
12	10＋650—10＋700 右岸三级至四级边坡	渠坡由 Q_2 粉质黏土、Q_1 粉质黏土和钙质结核粉质黏土组成。Q_2 中发育裂隙密集带，裂隙密集带土体具中偏强膨胀性，底部含相对含水层，水量较丰沛，在 Q_1 裂隙密集带底部汇为严重	2012 年 12 月 20 日雨雪后，右侧三级边坡发生变形，坡面出现多条卸荷拉裂缝，顺渠坡方向展布，宽 5～10cm，延伸最大长度 24m，其前缘略隆起。由于该滑坡治理施工滞后，同经历多次降水，截至 2013 年 3 月，滑坡规模持续扩大，前缘与初次滑坡一致，后缘发展至四级边坡中部，滑坡面积约 710m²，最大厚度约 6.8m，平均厚度约 5.2m，体积约 0.37×10⁴ m³	滑坡沿 Q_2 与 Q_1 地层界面的裂隙密集带滑动，裂隙密集带土体具中偏强膨胀性，土体中分布的铁锰质富集层有锈水现象。现场看，排水效果不佳，坡土体长时间处于干湿软状态，滑坡前缘多次软化，其间历经多次滑面充性状态下。雨水和地下水入渗使得滑面软性进一步恶化，滑坡不断发展。滑坡为沿大平台级裂隙密集带形成的深层滑坡	对坡面地表水排水进行疏导，对坡脚采取反压和排水措施，在滑坡及上下裂隙密集带处共采用 4 排抗滑桩加固，自上而下清理至滑带以下原状土层，布设排水盲沟，回填弱膨胀土，改性土外包
13	11＋179—11＋227 右岸五级至六级边坡	渠坡由 Q_2 粉质黏土组成，具中等膨胀性。Q_2 土体裂隙较发育，裂隙优势倾向 NNW，与渠右坡倾向大体一致，倾角以缓一中等倾角为主，裂隙面光滑，充填灰绿色黏土。渠坡存在渗水，雨淋沟发育，坡脚附近渗水有少量积水	2012 年 8 月 19 日强水后，右岸五级坡发生变形，五级坡改发及其上坡上级坡已完成改造土换填，沿五级马道出现 2 条卸荷拉张裂缝，倾向渠道，宽 10～40cm，可探深度 1.5m 左右，延伸长 30 m。该部分变形主要为蠕变。四、五级马道间均发育数条裂缝，顺渠道方向分布，深度一般 0.5m 左右，延伸角 10～25m。滑坡前缘呈舌状隆起。滑带土湿软滑腻，附灰绿色黏土，滑带光滑，潮湿，呈不规则扇形，面积约 913m²，平均厚度约 3m，最大厚度约 4.8m，体积约 0.27×10⁴ m³	Q_2 土体具中等膨胀性，裂隙发育，裂隙倾向以倾坡外为主，不利于渠道稳定，在强降水时，大量雨水入渗，土体强度大幅度衰减，上部改性土壤压下地对其下渠坡稳定面产生不利蠕变影响，与致渠坡土体软弱面向下产生蠕变变形，形成滑坡。滑坡为倾角长大裂隙面软弱渐缓的浅层滑坡	对坡面地表水排水进行疏导，对坡脚采取反压和排水措施，自上而下清理至滑带以下原状土层，布设排水盲沟，回填弱膨胀土，改性土外包

续表

编号	桩号	地质条件	施工期滑坡情况	成因分析	采取措施
14	11+281—11+400 右岸二级至四级边坡	渠坡 Q2 粉质黏土具中等膨胀性，该层底部高程发育一裂隙密集带，厚度约 2.3m，呈灰绿色，具有短小裂隙密集带，具中等偏强膨胀性。其下为 Q1 钙质结核粉质黏土，具中等偏强膨胀性。四级边坡坡脚一带有渗水现象	2012 年 10 月 21 日，三级马道以下渠坡发生滑坡。滑坡后缘位于四级边坡坡脚，后缘拉裂缝长约 5m，宽 30~40cm。前缘位于临时边坡坡脚一带，剪出口一带土体较湿。滑坡沿裂隙密集带顶面形成一滑面，上游侧缘揭露一滑面，垂直渠道方向长度约 4.5m。滑坡产状为 335°∠34°。滑坡前缘宽度约 105m，垂直渠道长度约 57m，面积 5300m²，最大厚度 9.5m，体积约 2.4×10⁴m³。滑坡为沿长大缓倾角裂隙密集带形成的深层滑坡	渠系坡脚为厚 2m 的裂隙密集带（软弱结构带），裂缝密集带具中偏强膨胀性，裂隙充填物以亲水矿物为主，其抗剪强度极低，且该段土体地下水较丰富，主要沿裂隙带渗透，致使其含水量迅速增大到临界含水量，土体强度大幅度衰减。同时，深挖方碾压对土体产生的卸荷，上部改性土回填碾压对渠坡稳定产生不利影响，多种不利因素的叠加导致渠坡软弱土体沿渠坡软弱带形成的深层滑坡	采用刷方减载和抗滑桩加固的措施，对坡面地表水进行疏导，对坡脚采取反压利排水清淤，在滑坡及上下裂隙密集带处共采用 3 排抗滑桩进行加固，自上而下清理至滑带以下原状土层，布设排水盲沟，回填弱膨胀土，改性土外包
15	11+763—11+927 右岸五级至七级边坡	该段渠坡由 Q2 粉质黏土、黏土组成，土体具中等膨胀性。微裂隙发育，且连通性好，大裂隙长大裂隙，发育两组长大裂隙，倾角以缓-中等倾角为主，其次为以缓倾角裂隙	五级马道以上改性土换填持续 3 个月时间，在改性土与建基面接触带存在厚约 10~20cm 的滑带，滑带土湿，土质细腻，产生塑性变形，呈现塑状，坡面改性土体结构破坏。换填过程中多次降水，雨水入渗导致建基面土体软化，在上部大的动荷载作用下，沿建基面产生蠕变。六级边坡整体下滑 30~50cm。沿缓倾角长大裂隙，延伸长度约 44m，裂隙平直光滑，局部沿着出口有地下水渗出。七级边坡中部分有任多条拉裂缝，长 20~50m，宽 1~3cm，最宽 15cm，最长约 100m 左右，变形范围延伸至渠顶，滑坡呈蠕变，面积约 5400m²，厚度约 6.5m，体积约 3.5×10⁴m³。滑坡为沿长大缓倾角裂隙面形成的深层滑坡	Q2 土体具中等局部偏强膨胀性，微、小裂隙极发育，裂面光滑，土体的多裂隙，还为两组的多裂隙，性不仅降低了土层的抗剪强度，还为雨水的入渗提供了通道。特别是两组长大裂隙的组合对渠坡稳定极为不利，是渠坡稳定性的控制性因素。雨水沿向切的大裂缝贯通，降低了土体抗滑强度，地表水易沿裂隙倾角大顺着入渗，下渗至裂隙根孔 Q2 土体中的缓倾角裂隙集发育，继而连续贯通，渠坡软弱，坡体软弱土体沿渠坡软弱面连续滑移贯通，渠顶变形渐。此外，渠顶施工便道上重型车辆产生的动载对定产生了较大影响	采用刷方减载和抗滑桩加固的措施，对坡顶及周缘地表水进行及时疏导，对坡面采取反压，布置 1 排抗滑措施。布置 1 排抗滑桩进行加固，自上而下清理至滑带以下原状土层，布设排水盲沟，回填弱膨胀土，改性土外包

续表

编号	桩号	地质条件	施工期滑坡情况	成因分析	采取措施
16	11+927—11+990 右岸五级至六级边坡	渠坡由 Q_2 粉质黏土组成，土体具中等膨胀性。裂隙发育，且连通性较好。渠坡脚存在一组缓倾角长大裂隙，揭露长度 43m	2013 年 7 月 4 日，右岸五级边坡至六级边坡发生变形。边坡在经历几次较强降水后发生变形，一级马道内侧形成宽 15cm 的拉裂缝，坡面出现多条拉裂缝，呈弧状隆起，光滑，顺渠道方向略长大。滑带土为充填灰绿色黏土，前缘略反翘。滑带土湿软。滑腻，有擦痕，滑带土厚度 5mm 左右，顺渠道方向长约 63m，面积 1550m²，最大厚度约 6m，平均厚度 2.3m，体积约 0.35×10^4 m³	缓倾角长大裂隙对渠坡稳定极为不利，是渠坡稳定性的内在因素。渠道开挖时由表及里土体经反复胀缩，土体结构产生破坏，土体的多裂隙发育，也为水的入渗提供了通道，降低了土层的抗剪强度。地下水及雨水下渗至缓倾角长大裂隙处，主要沿长大裂隙渗透，变使裂隙强度大幅度衰减，形成滑坡，为坡体抗剪强度近缓倾角长大裂隙控制的浅层滑坡	采用刷方减载和抗滑桩加固的措施，对坡顶及周缘地表排水进行疏导，对坡脚采取反压和排水措施，布置 1 排抗滑桩进行加固，自上而下清理至滑带以下原状土层，布设排水盲沟，回填弱膨胀土，改性土外包
17	12+118—12+250 右岸五级边坡	渠坡由 Q_2 粉质黏土组成，土体具中等膨胀性。裂隙发育，且连通性较好。坡脚发育有一条裂隙，坡面潮湿，呈片状湿地渗水现象	2013 年 7 月 11 日，右岸五级边坡发生变形，后缘五级马道内侧拉裂缝宽 15cm 左右，顺渠道方向分布，倾向渠道，可探深度约 2m，坡面发育多条拉裂缝，长度一般 10~20m，前缘呈弧状隆起，光滑，顺渠道方向起，前缘略反翘，滑面充填灰绿色黏土，厚度 5mm 左右。滑带部位土体湿软，土质滑腻，有擦痕约 2m。其下滑床土体存在裂隙密集带，厚约 2m，具中偏强膨胀性。滑体呈簸箕形，顺渠道方向长约 62m，垂直渠道方向约 15m，面积 550m²，推测滑体最大厚度约 4m，平均厚度约 3m，体积约 0.17×10^4 m³	该渠坡为受坡脚附近缓倾角长大裂隙控制的浅层滑坡，缓倾角长大裂隙对该渠坡稳定性的内在因素。渠道开挖时间长，是渠坡稳定性的内在因素。渠道开挖时间长，坡面土体经反复胀缩，土体结构由表及里产生破坏，清理体的多裂隙不仅降低了土层的抗剪强度，也为水下渗至缓倾角长大裂隙处提供了通道。地下水下渗至缓倾角长大裂隙及雨水下渗裂隙，沿长大裂隙渗透，致使强度大幅度衰减，土体抗剪强度大幅度衰减，形成滑坡	采用刷方减载和抗滑桩加固的措施，对坡面地表排水进行疏导，对坡脚采取反压和排水措施，清理至滑带以下原状土层，布设排水盲沟，改性土外包，并在滑带密集处布置 1 排抗滑桩进行加固

续表

编号	桩号	地质条件	施工期滑坡情况	成因分析	采取措施
18	12+180—12+250 右岸五级边坡	渠坡由 Q2 粉质黏土组成。土体具中等膨胀性，裂隙发育，且连通性较好。渠坡发育缓倾角长大裂隙，坡面潮湿，有渗水现象，呈片状湿地	2013年7月26日，右岸五级边坡发生变形，与前期滑坡连通，后缘拉裂缝宽度5～10cm，延伸长度约20m，根据探槽揭露，滑面长大光滑，略反翘，滑面充填灰绿色黏土，厚度5mm左右。滑带部位土体湿软，土质湿腻，有擦痕。滑坡平面上呈不规则扇形，面积约540m²，最大厚度4.6m，平均厚度约3m，体积约0.15×10⁴ m³	该滑坡与前期桩号 12+118—12+180 近缓倾角长大裂隙控制的浅层滑坡一致，成因均为受坡脚附滑坡地质结构一致	滑坡处理与前期措施 12+118—12+180 滑坡处理措施一致
19	12+500—12+600 右岸四级至五级膨胀土边坡	该渠坡由 Q2 粉质黏土组成，为中等膨胀渠坡。坡体中发育一长大裂隙，埋深0.5～1.0m，延伸长20 m，裂面光滑，略起伏，稍湿，存在擦痕	2012年2月17日，该渠坡发生浅层滑坡，该滑坡为发生于 Q2 土层中的浅表长大裂隙（滑面）向渠道方向滑动，主滑方向318°。滑坡后缘存在数条长大拉裂缝，长6～29m，张开宽0.05～0.6m，切深0.5～1.0m。滑面光滑，充填灰绿色黏土。滑坡呈纺锤形，纵向长约100m，横向最大宽度25m，面积约为1658m²，后缘厚0.7～1.0m，前缘厚0.2～0.5m，平均厚度约0.7m，体积约0.12×10⁴ m³	该滑坡为受缓倾角长大裂隙控制的浅层脱坡	该滑坡为浅层脱坡，规模及厚度小，滑坡清理采取全挖处理，滑坡清理至滑面以下原状土层，回填水泥改性土

(2) 牵引性。在边坡开挖过程中，随着边坡卸荷、水分变化、土体强度减小，滑坡从坡脚开始，逐级向上发展、贯通，形成阶梯状、叠瓦式滑坡。

对于膨胀土推移式滑坡，其后缘一般为中陡倾角的裂隙面，滑动土体通常为软塑态，底滑带一般为近水平，前缘反翘，土体受挤压基本被破坏。推移式滑坡的发生，多与膨胀土的超固结性和裂隙性有关，超固结土体的开挖卸荷效应比正常固结体的强烈，会致使土体中陡倾角裂隙张开，大气降水进入，从而产生滑坡推力。

由于膨胀土体所具有的三性，使其滑坡的形态有别于均质黏性土中的圆弧滑动，通常为折线形。

2.2.2　施工期滑坡主要诱发因素分析

分析 2.2.1 节的滑坡发现，滑坡产生既有内因也有外因。内因包括：①渠坡土体一般具膨胀性，具有较强的结构性，边坡裂隙较发育，滑床多分布于裂隙密集带或长大裂隙，且裂隙优势结构面方向倾向渠内；②多为地下水汇集区域，在地形上或古微地貌上多为低洼地带，地下水相对丰富，水的软化作用使土体力学强度降低。而外因包括：①渠道开挖坡面形成后长时间裸露，反复干缩循环使边坡膨胀土土体结构产生破坏；②卸荷作用使膨胀土边坡内部的原生裂隙贯通，进而使得局部应力集中增加土体的侧向变形；③地表水入渗，加速软化裂隙结构面，使裂隙结构的力学强度降低；④施工运载汽车及车辆振动产生边坡上部的动荷载，裂隙面在水的作用下振动液化。

2.2.2.1　内部因素

对主要的内部因素分析如下：

1) 裂隙结构面特征

该段裂隙结构面分布广、面积大，是渠坡稳定与否的控制性因素之一，也制约了滑坡的形态与规模。膨胀土主要为 Q_2、Q_1 地层黏性土，由于土体形成的时代环境、颗粒组成、矿物成分不同，土体中的裂隙特性也各异。Q_2 黏性膨胀土主要包括 Q_2 时代冲洪积的粉质黏土、黏土，其中黏土一般具中等膨胀性，局部强膨胀性，粉质黏土一般具中偏弱膨胀性。黏土微小裂隙极发育，大及长大裂隙发育，常形成裂隙密集带，裂隙呈网状。长大裂隙倾角为水平的裂隙发育 (图 2.2.2)，裂隙一般镜面光滑，土体上部常充填灰绿、灰白色泥质薄膜或钙质，随埋深的增加，向下则裂隙充填灰绿、灰白色减少，未充填及充填铁锰质薄膜增加。长大裂隙一般作为滑坡的滑床，是最危险的易滑界面。粉质黏土一般上部胀缩裂隙极发育，微裂隙极发育，小裂隙发育，近地表常形成钙质核富集层 (带)，大裂隙及长大裂隙在地下水较丰富的地带发育，地下水贫乏地带一般不发育，钙质结核富集

带下部垂直 (陡倾角) 裂隙发育。裂隙一般充填灰绿、灰白色黏土，向下裂隙无充填或充填铁锰质膜较多，裂隙面多平滑。

(a) 滑面　　　　　　　　　　　　　　(b) 揭露后的滑面

图 2.2.2　长大裂隙构成的滑面

Q_1 黏性膨胀土主要为 Q_1 时代冲洪积的粉质黏土、黏土，其中黏土一般具中强膨胀性，粉质黏土一般具中等膨胀性。黏土微小裂隙极发育，大裂隙较发育，长大裂隙不发育，裂隙呈网状，裂隙一般镜面光滑，常充填灰绿、灰白色泥质薄膜，受沉积环境的影响，Q_1 上部黏土层常成为裂隙密集带，裂隙密集带一般作为滑坡的滑床，是最危险的易滑界面。粉质黏土一般上部胀缩裂隙极发育，微小裂隙极发育，大裂隙及长大裂隙发育，常形成裂隙密集带，裂隙一般充填灰绿、灰白色黏土，裂隙面多平滑。

N 层黏土岩及泥灰质黏土岩，微裂隙较发育，小裂隙局部发育，大裂隙及长大裂隙不发育，裂隙多闭合，失水时干裂隙。

长大裂隙面多光滑，抗剪强度低，是土体中的软弱结构面。现场快剪表明，膨胀土体裂隙面黏聚力一般为 10kPa 左右，φ 值在 5°~10° 范围内，裂隙强度与土体残余强度相当，其发育程度及连通率直接影响渠坡稳定性。在广西、安徽、四川等地的膨胀土地区也有类似现象，例如广西南友路膨胀土地段大量揭示的节理、层理面，安徽引江济淮工程江淮连接段膨胀土地层中短小裂隙及泥岩软化带，以及鄂北调水工程的 Q_2 与 Q_3 地层界面等。

2) 裂隙密集带

Q_1 与 Q_2 界面附近常常发育裂隙密集带，为不利软弱带，当渠道开挖揭露这一软弱带时，易发生深层滑动破坏。例如桩号 10+650—10+700 右岸滑坡和桩号 11+281—11+400 右岸滑坡即是沿 Q_1 与 Q_2 界面处的裂隙密集带发生滑动的。裂隙密集带一般地下水相对丰富，是地下水活动的主要层位，裂隙连通性好，是滑坡滑动带及剪出口的主要部位。

3) 地下水

渠道开挖初期地下水位与勘测期间地下水位基本一致。揭露的地下水类型主要有上层滞水、上第三系 (N) 黏土岩孔隙裂隙水两种类型，渠道开挖揭示上层滞水普遍存在，赋存于膨胀土中的孔洞和裂隙中，属孔隙裂隙水，其埋藏较浅，主要分布于大气影响带与过渡带。在大气影响带下部，土体中的植物根系孔洞与少量张开裂隙相互贯通，受雨水入渗补给，局部形成上层滞水。因网状裂隙分布的随机性及孔洞数量和体积小，所以水量少且分布不均，无统一地下水位，渠段地下水埋深一般 1.5~4m，水位、水量随季节变化大，接收大气降水补给，以蒸发排泄为主，或向渠道排泄。含水层厚度多 2~3m，久旱不雨时也可能干枯。

上第三系 (N) 黏土岩孔隙裂隙水相对贫乏，贮存于上第三系 (N)(钙质结核)黏土岩、砂质黏土岩孔隙、裂隙中，一般接受上部第四系孔隙裂隙水的补给，向地下深层排泄。

地下水活动成为膨胀土边 (渠) 坡破坏的首要诱发因素。在长时间降水或长时间暴雨期，受地形的影响，平缓岗地上层滞水水位迅速上升，地下水位与地面高程一致或略低于地面高程。渠道开挖期间发生的滑坡均位于大气影响带及过渡带，其中分布上层滞水，上层滞水带的存在使得土体软弱结构面饱水软化、强度降低。同时，土体吸水膨胀，产生膨胀应力。在原始地形条件下，土体受围压限制，不会发生明显变形现象，随着边坡的开挖，一侧土体临空，膨胀应力使土体易沿软弱面产生侧向推挤，造成边坡变形失稳。因此，对地下水进行合理的导排也是渠坡加固的重要工程措施之一。

2.2.2.2　外部因素

边坡中上部中膨胀土层垂直节理广泛发育，边坡开挖形成临空面、开挖扰动，加之膨胀土自身的超固结性，使得土体产生向外回弹，导致临近坡肩处的垂直节理张开，在坡肩形成密集分布的垂直裂缝。

膨胀土开挖边坡破坏类型以浅表层胀缩变形破坏和结构面控制型滑动破坏为主。各种处理措施中，换填处理针对的是浅表层变形问题，工程抗滑措施则针对结构面控制型滑坡问题，防渗和截排水则是为了维持渠坡的长期稳定，防止膨胀岩土及结构面软化 [20-23]。

2.3　施工期滑坡典型案例分析

2.3.1　滑坡案例一

2.3.1.1　滑坡概况

滑坡案例一为表 2.2.1 中序号为 5 的滑坡，即 8+216—8+398 右岸滑坡。

8+023—8+400 为深挖方中膨胀土渠段。其中桩号 8+216—8+377 段右侧渠坡曾于 2012 年 8 月下旬发生第一次滑坡，见图 2.3.1。滑坡前缘位于一级马道附近，后缘位于渠顶施工便道。

图 2.3.1 第一次滑坡全貌

第一次滑坡下游侧缘至桩号 8+400 之间为施工便道占压段，占压段于 2013 年 5 月中旬开挖成形。2013 年 8 月下旬，占压段右侧渠坡在第一次滑坡的基础上发生第二次滑坡。滑坡分布桩号 8+348—8+398，形态呈不规则"簸箕状"，全貌见图 2.3.2。滑坡前缘位于一级马道附近，沿一级边坡抗滑桩顶以上剪出，剪出口高程 146.5m 左右，后缘位于二级马道附近，高程 153.5m 左右。滑坡前缘剪出口宽约 38m(桩号 8+360—8+398)，纵向 (垂直渠道) 长 22~32m，面积 1140m²，滑体最大厚度约 5m，平均厚度约 3.5m，体积约 $0.4 \times 10^4 \text{m}^3$。滑坡处理后的渠坡见图 2.3.3，滑坡剖面的示意图见图 2.3.4 [19]。

图 2.3.2 第二次滑坡全貌

图 2.3.3   滑坡处理后的渠坡

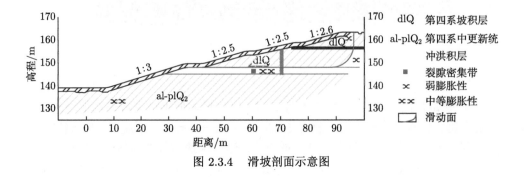

图 2.3.4   滑坡剖面示意图

2.3.1.2 地质条件

渠坡上部为 dlQ 粉质黏土，呈褐灰色，硬可塑，局部粉粒含量偏高，具弱膨胀性，底界高程 158m 左右。下部为 al-plQ$_2$ 粉质黏土，分为 3 个亚层，第①层：褐色，含铁锰质结核，偶见姜石，硬可塑，具弱膨胀性，底界高程 154m 左右；第②层：棕黄色灰绿色互杂，含铁锰质结核，偶见姜石，硬塑—坚硬状，具中等膨胀性，底界高程 146m 左右；第③层：棕黄色，钙质结核含量约 30%，硬塑—坚硬状，具中等膨胀性，厚度大于 30m。前期开挖揭露，dlQ 土体根孔发育，Q$_2$ 土体中裂隙主要发育于第②亚层，裂隙纵横交错呈网格状，裂隙优势倾向 325°~0°，倾角 35°~47°。右坡桩号 8+023—8+400 段、高程 146~148m 间发育裂隙密集带。

第二次滑坡滑体物质主要为 Q$_2$ 第②亚层棕黄色粉质黏土，后缘有少量 dlQ 灰褐色及 Q$_2$ 第①亚层褐色粉质黏土因坍塌、冲刷堆积于滑体表部。滑坡后缘滑面较陡，前缘平缓，滑面附厚 3~10cm 的灰绿色黏土，土质湿软滑腻，滑面以上土体明显可见被牵引、揉皱现象。滑床为 Q$_2$ 第③亚层棕黄色含姜石粉质黏土。

2.3.1.3　滑坡过程

第一次滑坡下游施工便道占压段于 2013 年 5 月中旬开挖成形，经历 5 月至 7 月数次强降水后，于 2013 年 8 月下旬发生第二次滑坡。滑坡主要沿桩间滑动，前缘高程 146.5m 左右，滑体从一级马道部位抗滑桩顶部剪出后，呈舌状覆盖于一级边坡坡表，后缘主滑面位于已施工的抗滑桩前，滑坡滑动造成桩后附近土体坍塌。根据地形和变形特征，可将滑坡分为蠕变滑移区和牵引卸荷坍塌区两个区。滑坡前缘至其上抗滑桩之间为蠕变滑移区，面积约 900m²，区内坡面极破碎，裂缝众多，多处积水，土体饱水湿软，结构疏松，变形具有缓慢、渐进的蠕滑特征。桩后为卸荷坍塌区，面积约 240m²，桩前土蠕变滑移后，后缘形成滑坡陡坎，坡脚积水，导致桩后土体卸荷坍塌。

第一次和第二次滑坡范围有部分重叠，重叠部分主要位于老滑坡桩号 8+350—8+379 段，该段尚未进行处理。

2.3.1.4　成因分析

Q₂ 第②亚层土体裂隙纵横交错呈网格状，裂隙优势倾向以倾坡外为主，裂面光滑，充填物以亲水矿物蒙脱石、伊利石为主，其抗剪强度极低，特别是高程 146~148m 间发育一层缓裂隙密集带，是渠坡稳定性的控制性因素。新、老滑坡剪出口高程大体一致，均为 146m 左右，根据老滑坡清理开挖揭露，中部滑带高程 148m 左右。新、老滑坡均沿该裂隙密集带形成滑动面。

渠坡暴露时间长久，其间历经多次强降水，土体反复胀缩变形，裂隙逐渐增多、规模逐渐增大。雨水和地表水易沿根孔和陡倾角裂隙入渗，下渗至裂隙密集带处，其垂向渗透骤减，主要沿平缓裂隙密集带渗透。滑面上、下土体含水量有明显差异，致使软弱结构面含水量迅速增大并达到临界含水量，土体强度大幅度衰减。同时，深挖方造成土体的卸荷、雨水快速下渗产生的动水压力也对渠坡稳定有不利影响。众多不利因素的叠加导致在强 (久) 降水时，渠坡土体沿软弱面向下蠕滑形成滑坡。

对滑坡后缘削坡降载，再布置多排抗滑桩进行深层抗滑加固，然后对滑坡体清挖，前缘清理至滑带以下 0.5m，设置截水沟及排水盲沟，用弱膨胀土回填，水泥改性土外包。

2.3.2　滑坡案例二

2.3.2.1　滑坡概况

滑坡案例二为表 2.2.1 中序号为 8 的滑坡，即 9+064—9+240 左岸五级边坡至渠顶的滑坡，滑坡全貌和剖面示意图分别如图 2.3.5、图 2.3.6 所示 [19]。

图 2.3.5   滑坡全貌

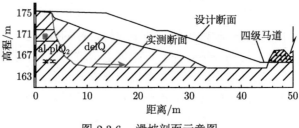

图 2.3.6   滑坡剖面示意图

2.3.2.2   地质条件

渠坡由 Q_2 褐黄、棕黄色粉质黏土组成，硬塑，具弱偏中等膨胀性，含铁锰质结核及钙质结核，钙质结核局部富集。上部土体根孔发育。Q_2 土体裂隙较发育，裂隙优势倾向 NE 及 NEE 向，与渠坡倾向大体一致，倾角以缓-中等倾角为主，裂面光滑，充填灰绿色黏土。坡脚附近发育长大平缓裂隙密集带，裂隙密集带土体具中偏强膨胀性。

2.3.2.3   滑坡过程

2012 年 8 月 19 日强降水后，桩号 9+064—9+167 左岸五级马道以上渠坡发生初次变形，前缘高程 165m，后缘高程 171m。2012 年 12 月初，滑坡治理过程中，开挖成台阶状后的坡面产生新的裂缝，前缘与初次滑坡一致，后缘发展至高程 173m 左右，滑坡范围向下游侧延伸至 9+240。施工单位根据设计要求完成了该滑坡清理后，于 2013 年 5 月 24 日通过四方联合验收，但未及时进行后续施工，坡面裸露。因滑坡前缘临近坡脚处发育裂隙密集带，加之坡面未采取保护措施，其间历经多次降水，2013 年 7 月中旬，该滑坡再次发生滑动，滑坡桩号范围及前缘高程与二次变形一致，后缘发展至左岸坡顶施工便道外侧 (高程 176m 左右)。滑坡平面上呈长条扇形，面积 4514m²，平均厚度约 6m，最大厚度约 10m，总体积约 $2.7 \times 10^4 m^3$。滑体由原中更新统 (Q₂) 粉质黏土组成，沿裂隙密集带滑动，滑面平直光滑，滑带土厚约 0.1~0.2m，湿、滑腻。

2.3.2.4 成因分析

该段渠坡为膨胀土，Q_2 土体具弱偏中等膨胀性。裂隙发育，优势倾向以倾渠道为主，裂隙充填物以亲水矿物蒙脱石、伊利石为主。上部土体根孔发育，雨水易沿其下渗。特别是滑坡前缘坡脚处发育裂隙密集带，对渠坡稳定极为不利。渠顶改性土碾压产生的动荷载也对渠坡稳定不利。在强 (久) 降水时，渠坡土体沿软弱面向下产生蠕变变形，进而形成滑坡。该滑坡治理周期较长，其间经历多次强降水，加之坡面未采取保护措施，致使治理过程中发生多次变形。该滑坡为沿长大平缓裂隙密集带形成的深层滑坡。

采用刷方减载和抗滑桩加固处理。首先对坡顶及周缘地表排水进行疏导，滑坡清理至滑面以下原状土层，开挖成台阶状，台阶高度不超过 0.5m。布置排水盲沟导水，采用弱膨胀土回填和改性土外包；同时布置一排抗滑桩进行加固。

2.3.3 滑坡案例三

2.3.3.1 滑坡概况

滑坡案例三为表 2.2.1 中序号为 9 的滑坡，即 9+587—9+656 右岸五级边坡至六级边坡的滑坡，滑面、滑坡剖面示意图分别如图 2.3.7、图 2.3.8 所示 [19]。

图 2.3.7 滑面照片

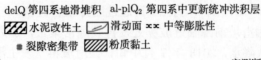

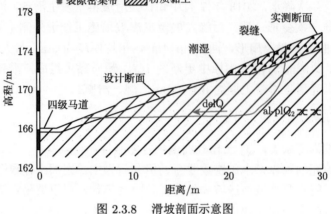

图 2.3.8　滑坡剖面示意图

2.3.3.2　地质条件

渠坡由 Q_2 和 Q_1 粉质黏土、钙质结核粉质黏土组成，土体裂隙较发育，具中等膨胀性。

2.3.3.3　滑坡过程

六级边坡中下部及四级边坡与五级马道结合处有渗水现象，尤以雨后为甚。该段渠坡于 2012 年 3 月开挖成型，桩号 9+587—9+656 段一级马道—四级边坡、六级边坡于 2012 年 8 月完成改性土换填，四级马道及五级边坡暴露，坡面杂草丛生，雨淋沟发育，切深 30~50cm。

2013 年 9 月 20 日，桩号 9+587—9+656 右岸四级马道以上渠坡发生滑坡。滑坡后缘位于六级边坡中部，高程 176.5m 左右，后缘拉裂缝近直立，宽 0.1~0.8m，可探深度约 2.5m，坡面顺渠道展布数条裂缝，前缘及侧缘略呈舌状隆起，前缘位于五级边坡坡脚一带，剪出口高程 167.5m，前缘略反翘。滑体物质由 Q_2 粉质黏土组成，滑面清晰，平缓光滑，倾角 3°~5°，滑带土体湿软滑腻，饱水，潮湿，呈软塑状，附灰绿色黏土薄膜，厚度约 5cm。滑坡平面上呈不规则扇形，纵向（垂直渠道方向）最大长度约 24.2m，横向（顺渠道方向）最大长度 69m，面积约 1415m²，滑体最大厚度约 5.5m，平均厚度约 3.8m，体积约 0.54×10⁴m³，该滑坡为沿长大裂隙形成的较深层滑坡。

2.3.3.4　成因分析

该段渠坡施工相对滞后，坡面长时间暴露，其间历经多次强降水，在长时间往复湿胀干缩效应作用下，渠坡不可逆的蠕变变形逐渐增大，软弱面逐渐增多、继而连续、贯通，在强 (久) 降水时，连续软弱结构面含水量迅速增大达到临界含水量，土体强度大幅度衰减，当坡脚部位剪应力超过软弱面抗剪强度时，渠坡土体就沿软弱面向下滑移形成滑坡。此外，上部边坡换填改性土所增加的荷载及渠顶施工便道上重型车辆产生的动荷载也对渠坡稳定有不利影响。

采用刷方减载和抗滑桩加固处理，首先对坡面地表排水进行疏导，滑坡清理至滑面以下原状土层，开挖成台阶状，台阶高度不超过 0.5m。布置排水盲沟导水，采用弱膨胀土回填和改性土外包；同时布置一排抗滑桩进行加固。

2.3.4　滑坡案例四

2.3.4.1　滑坡概况

滑坡案例四为表 2.2.1 中序号为 15 的滑坡，即 11+763—11+927 右岸五级边坡至七级边坡的滑坡，滑坡全貌和剖面示意图分别如图 2.3.9、图 2.3.10 所示[19]。

图 2.3.9　滑坡全貌

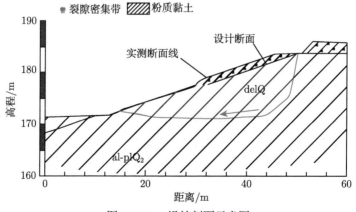

图 2.3.10　滑坡剖面示意图

2.3.4.2　地质条件

该段渠坡由 Q_2 粉质黏土、黏土组成，含少量铁锰质结核，零星见钙质结核，土体具中等膨胀性。微裂隙及小裂隙极发育，且连通性较好；大裂隙较发育，其中，发育了两组长大裂隙：倾向 355°，倾角 65°～72°，长 40～70m，分布高程 169～175m；倾向 160°，倾角 15°，长约 40m，分布高程 175m 左右。裂隙优势倾向 25°～32°，其次为倾向 325° 左右，倾角以缓—中等倾角为主，其次为陡倾角裂隙。

2.3.4.3　滑坡过程

该段渠坡五级马道以上边坡于 2012 年 6 月 25 日通过验收并进行后续改性土换填施工。2012 年 9 月 15 日，发现改性土换填完成的坡面出现多条顺渠道方向的裂缝，长度一般大于 20m，最长 96m，宽 1～10cm。根据开挖探槽揭示，裂缝深度均小于 1.2m，未延伸至建基面。在改性土与建基面接触带可见厚约 10～20cm 的滑带，滑带土湿，土质滑腻，已产生塑性变形，呈软塑状，坡面原土体结构已产生破坏。分析认为：由于改性土换填从开始到基本结束历时近 3 个月，间隔时间过长，且换填过程中有多次较强降水，雨水入渗导致建基面土体软化。改性土换填时，在上部大的动荷载作用下，其上改性土沿建基面交接部位向下产生受力不均的蠕变，进而导致改性土拉裂。2012 年 9 月 25 日，施工单位清除六级边坡的改性土，清除后，渠坡未见变形迹象。2012 年 9 月 29 日该段五级马道以上边坡建基土体发生变形，六级边坡整体下滑 30～50cm。桩号 11+860—11+904 段沿缓倾角长大裂隙 L1 剪出。L1 倾向 163°，倾角 8°～20°，裂面平直光滑，附厚 5～10mm 的灰绿色黏土，土质呈滑腻、湿、软塑状。L1 顺渠道方向可见延伸长度约 44m(桩号 11+860—11+904)，根据探槽揭露，垂直边坡方向延伸长度大于 8m(未揭穿)。变形体前缘在桩号 11+763—11+860 段系沿多条连续贯通的小裂隙形成的滑面剪出。剪出口高程 172.5m 左右，局部沿剪出口有少量地下水渗出。六级边坡见有数十条裂缝，长 20～50m，宽 1～3cm。七级边坡中部亦见多条拉裂缝，最宽 15cm 左右，最长约 100m，变形体后缘拉裂缝延伸至渠顶施工便道临渠侧。滑坡呈簸箕形，面积约 5400m²，厚度约 6.5m，体积约 $3.5×10^4m^3$。该滑坡为沿长大缓倾角裂隙面形成的深层滑坡。

2.3.4.4　成因分析

该渠段为深挖方膨胀土渠段，Q_2 土体具中等局部偏强膨胀性。微、小裂隙极发育，裂面光滑，充填物以亲水矿物为主。土体的多裂隙性不仅降低了土层的抗剪强度，还为雨水的入渗提供了通道。特别是两组长大裂隙的组合 (倾向坡外的陡倾角长大裂隙和坡脚一带的缓倾角长大裂隙) 对渠坡稳定极为不利，是渠坡稳定性的控制性因素。由于在清除表层改性土时未加保护，导致坡面失水干裂，土体裂隙失水收缩。在重力及超固结土体的卸荷作用下，易形成顺坡向的干裂缝。这些干裂缝的贯通，降低了土体的黏聚力值。雨水和地表水易沿根孔和 Q_2 土体中的陡倾角裂隙入渗，下渗至缓倾角长大裂隙和裂隙密集发育处。其垂向渗透骤减，主要沿裂隙密集带和长大裂隙渗透，致使软弱结构面含水量迅速增大并达到土体液化临界含水量，土体强度大幅度衰减。随着下部改性土的清除，坡脚支撑力减小，渠坡结构裂隙面经地下水逐步渗入形成软弱面，继而连续、贯通。当坡脚部位剪应力超过软弱面抗剪强度时，渠坡土体就沿软弱面向下滑移形成滑坡。此外，渠顶施工便道上重型车辆产生的动荷载对渠坡稳定产生了较大的不利影响。

采用刷方减载和抗滑桩加固的措施，首先对坡顶及周缘地表排水进行疏导，对坡脚采取反压和排水措施。布置 1 排抗滑桩进行加固，再自上而下清理至滑带以下原状土层，开挖成台阶状。布设排水盲沟，回填弱膨胀土，采用改性土外包。

2.4 本章小结

本章首先引入深挖方膨胀土边坡施工期滑坡这一受关注问题。随后，收集、汇总了多个施工期滑坡的典型案例，分析了深挖方膨胀土边坡的滑坡破坏模式与特征，并归纳了滑坡破坏的主要诱发因素。主要结论如下：

(1) 渠道开挖不但为膨胀土边坡滑坡提供了临空条件，开挖卸荷更为结构面贯通、强度衰减创造了条件。深挖方膨胀土边坡滑坡变形特征多表现为成群分布、多次滑动等特点。

(2) 施工期开挖膨胀土边坡滑坡主要包括结构面控制型滑坡、浅表型胀缩变形滑坡、坍塌型破坏，且主要为结构面控制型滑坡。结构面控制型滑坡底滑面多受长大裂隙控制，滑面近水平状，前缘局部甚至反倾坡内，一般滑坡规模较大。浅表型胀缩变形滑坡，在开挖后的初期一般不会产生滑动，但是在经过一定时间反复干湿循环过程之后，裂缝形成并相互连通。如遭遇降水，雨水进入裂隙，裂隙面抗剪强度下降，使得开挖后的边坡沿裂隙面向下滑动，发生浅表型滑坡。坍塌型破坏主要由块体破坏和坡脚浸水软化等因素引起。

(3) 深挖方膨胀土边坡施工期滑坡多迁就于边坡中已有的岩性界面，或膨胀土土体中的裂隙，滑面通常由多条裂隙贯通而成。深挖方膨胀土边坡滑坡的形态有别于其他均质黏性土中的圆弧滑动，通常表现为折线形滑动。

(4) 施工期发生滑坡的深挖方膨胀土边坡渠段，边坡多具有较强的结构性，裂隙较发育，且裂隙优势结构面方向倾向渠内，多为地下水汇集区域。卸荷作用使原来的裂隙贯通，导致局部应力集中，增加土体的侧向变形。坡面形成后长时间裸露，干湿循环使土体结构产生破坏，地表水入渗，加速软化裂隙结构面，使抗剪强度降低。此外，施工期动荷载作用使土体软化。多种因素共同作用，最终导致边坡施工期滑坡。

参 考 文 献

[1] 叶为民, 孔令伟, 胡瑞林, 等. 膨胀土滑坡与工程边坡新型防治技术与工程示范研究 [J]. 岩土工程学报, 2022, 44(7):1295-1309.

[2] 刘龙武, 郑健龙, 缪伟. 广西宁明膨胀土胀缩活动带特征及滑坡破坏模式研究 [J]. 岩土工程学报, 2008, (1):28-33.

[3] 杨和平, 曲永新, 郑健龙. 宁明膨胀土研究的新进展 [J]. 岩土工程学报, 2005, (09):981-987.

[4] 贺鹏, 肖杰, 张健, 等. 膨胀土堑坡稳定性动态风险评估 FAHP 模型及工程应用 [J]. 岩土力学, 2016, 37(S2):502-512.

[5] 范秋雁, 徐炳连, 朱真. 广西膨胀岩土滑坡治理工程实录 [J]. 岩石力学与工程学报, 2013, 32(S2):3812-3820.

[6] 黄泽斌, 孟繁贺, 陈云生, 等. 典型膨胀土滑坡变形机制分析与综合治理设计 [J]. 西部交通科技, 2022, (6):74-77.

[7] 邹勇, 潘朝, 袁葳, 等. 鄂北调水工程膨胀土渠道滑坡破坏机理及处置措施研究 [J]. 水利水电技术, 2017, 48(9):174-180.

[8] 程永辉, 王满兴, 熊勇. 伞型锚在鄂北调水工程膨胀土临时边坡加固中的应用 [J]. 长江科学院院报, 2019, 36(4):71-76.

[9] Hu J, Li X. Deformation mechanism and treatment effect of deeply excavated expansive soil slopes with high groundwater level: case study of MR-SNWTP, China[J]. Transportation Geotechnics, 2024, 46, 101253.

[10] Niu X. The first stage of the Middle-Line South-to-North Water-Transfer Project[J]. Engineering, 2022(9):21-28.

[11] 王小波, 蔡耀军, 李亮, 等. 南水北调中线膨胀土开挖边坡破坏特点与机制 [J]. 人民长江, 2015, 46(1):26-29.

[12] 蔡耀军, 李亮. 南水北调中线膨胀土工程特性与边坡滑动破坏机制 [J]. 工程地质学报, 2018, 26(sl):53-61.

[13] 钮新强, 蔡耀军, 谢向荣, 等. 南水北调中线膨胀土边坡变形破坏类型及处理 [J]. 人民长江, 2015, 46(3):1-4.

[14] 胡江, 杨宏伟, 李星, 等. 高地下水位深挖方膨胀土渠坡运行期变形特征及其影响因素 [J]. 水利水电科技进展, 2022, 42(5):94-101.

[15] 李青云, 程展林, 龚壁卫, 等. 南水北调中线膨胀土 (岩) 地段渠道破坏机理和处理技术研究 [J]. 长江科学院院报, 2009, 26(11):1-9.

[16] 胡江, 马福恒, 李星, 等. 南水北调中线干线工程陶岔管理处专项安全鉴定现场安全检查报告 [R]. 南京: 南京水利科学研究院, 2021.

[17] 张国强, 宋斌, 周述达, 等. 膨胀土滑坡成因及其边坡稳定分析方法探讨 [J]. 人民长江, 2014, 45(6):20-23.

[18] 宋斌, 李迷, 谢建波, 等. 南水北调中线一期工程总干渠陶岔渠首～沙河南段淅川段设计单元竣工工程地质报告 (施工一标) [R]. 武汉: 长江勘测规划设计研究有限责任公司, 2014.

[19] 宋斌, 李迷, 沈金刚, 等. 南水北调中线一期工程总干渠陶岔渠首～沙河南段淅川段设计单元竣工工程地质报告 (施工二标) [R]. 武汉: 长江勘测规划设计研究有限责任公司, 2014.

[20] 马力刚, 姜超. 南水北调中线一期工程总干渠陶岔渠首～沙河南段淅川段设计单元竣工工程地质报告 (施工三标) [R]. 武汉: 长江勘测规划设计研究有限责任公司, 2014.

[21] 蔡耀军, 李亮. 南水北调中线膨胀土工程特性与边坡滑动破坏机制 [C]. 2018 年全国工程地质学术年会, 西安, 2018.

[22] 韩正国, 刘少华, 张智敏, 等. 南水北调中线一期工程总干渠渠首分局管辖段 (淅川段) 变形体处理专题报告 [R]. 武汉: 长江勘测规划设计研究有限责任公司, 2021.

[23] 陈尚法, 温世亿, 冷星火, 等. 南水北调中线一期工程膨胀土渠坡处理措施 [J]. 人民长江, 2010, 41(16):65-68.

第 3 章　深挖方膨胀土渠坡运行期变形时空演化规律分析

深挖方膨胀土边坡受地质构造、支护措施以及降水、蒸发、地下水波动等内外多重因素的影响，变形过程呈现出复杂的时空异质性特征。某重大引调水工程的一段深挖方膨胀土渠段在施工期虽然采取了表层改性土换填、过水断面支护等滑坡防治措施，但通水运行 3 年以后，还是产生了较显著蠕动变形和浅层滑坡迹象，存在多处严重变形的渠段，后续进行了加固处置。以该段渠道中的典型边坡为例，提出安全监测项目与监测仪器布置要求。依据现场安全检查和安全监测数据，分析运行初期变形总体特征、变形体分布特点及病害特征。基于多种变形监测数据，提出了基于谱聚类方法的膨胀土渠坡表面变形时空聚类模型，进一步分析了表面变形时空规律分析。采用变分模态分解、加权多尺度局部异常因子和聚类分析等数据挖掘技术，分析了边坡内部变形的时间变化趋势，阐明降水量、地下水位等因素对边坡变形趋势性、周期性和波动性分量的影响机理，推测潜在的滑动面与滑动体，并进一步探讨边坡的变形机理。在前述研究基础上，提出了运行期边坡加固处置措施建议。研究成果为深挖方膨胀土边坡的运行管理与加固处置提供了重要的技术支撑。

3.1　渠坡运行期变形影响因素和安全监测技术

深挖方膨胀土渠坡变形是内外多因素共同作用的结果，其中地质构造、土体的物理力学性质等内在因素主导了变形过程，而降水、蒸发、地下水波动、温度变化和时间效应等外部因素则加速了变形的发展。

3.1.1　渠坡运行期变形影响因素

3.1.1.1　水位因子

地下水是影响深挖方膨胀土渠坡变形的关键因素之一，它不仅能加速结构面的软化，降低滑面的抗滑力，还可能在滑面底部产生扬压力，并在后缘拉裂面施加静水压力，进而引发渠坡的变形并触发滑坡。在初始蠕变、稳定变形以及加速蠕变的不同阶段，地下水都会对边坡的稳定性产生显著影响。

关于渠道水位和地下水位因子对深挖方膨胀土边坡变形的影响，可参考文献 [1] 的研究，其中采用 1 至 3 次方的关系进行描述。除了降水的影响外，施工期间剩余的滑坡现象也明显受到了地下水的作用，尤其是在调水工程中，地下水对边坡变形的影响尤为突出。有效水位因子可用下式表示：

$$H = a_1 h + a_2 h^2 + a_3 h^3 \tag{3.1.1}$$

式中，H 为有效渠道水位；h 为渠道水位；$a_i(i = 1, 2, 3)$ 为待定系数。

3.1.1.2 降水因子

由于膨胀土渗透性差、导水率低，降水强度通常超过土体的渗透能力。因此，降水历时对水分入渗的影响尤为关键。边坡的最大水平和竖向位移与降水历时呈现出对数关系。在短历时降水事件中，水分的快速入渗会对边坡变形产生较大影响，而随着降水历时的延长，变形增长的速度逐渐放缓。降水结束后，边坡塑性变形的范围和深度差异显著。小雨事件后，塑性变形范围最大，深度也最深，各处的塑性应变值达到最大值。然而，随着降水强度的增大和历时的缩短，塑性变形的范围逐渐减小 [2]。因此，对于渗透性较差的膨胀土边坡，降水强度往往迅速达到甚至超过土体的渗透能力，而降水历时成为决定边坡稳定的关键因素。降水历时越长，坡体的水平和竖向变形越大，但变形增长速度逐步减缓。同时，塑性变形的范围加深，尤其是在边坡中部以下区域，破坏风险显著增加，易发生失稳破坏。

降水入渗具有一定的滞后性，受地表径流、水分蒸发和土体渗透能力等因素的影响，实际入渗量通常小于降水量。在分析渠坡变形时，降水因子通常需要参考当天及之前几天的降水量数据，较为常用的是前 15 天的累计降水量，以便更全面地评估降水对边坡变形的影响。有效降水因子可用下式表示：

$$r = ar_1 + a^2 r_2 + \cdots + a^n r_n \tag{3.1.2}$$

式中，r 为有效降水量；a 为有效降水系数，一般取 0.84；n 为前第 n 天，一般为 15d。

3.1.1.3 温度因子

大气蒸发和气温变化也是影响膨胀土渠坡变形的重要外部因素。气温的变化直接影响土体温度，进而导致土体内的含水率发生变化。这种含水率的波动会引发膨胀土的体积变形，从而影响边坡的稳定性。具体而言，气温升高时，大气蒸发加速，土体水分减少，导致土体收缩；而气温降低时，土体水分增加，可能引发膨胀。如此反复的干湿循环，会逐渐削弱土体强度，增加边坡发生变形和失稳的风险。

在研究和分析温度对膨胀土渠坡的影响时，通常以单位时间内的平均蒸发量和气温作为关键影响因子。这些因子不仅能够反映出土体的水分蒸发速率，还能体现不同季节和气候条件下对边坡变形和稳定性的长期影响。因此，在渠坡变形分析中，温度因子的作用不可忽视，尤其是在气候波动较大的地区，需对其进行重点分析和监测。一般大气温度可取单位时间的平均气温或滞后平均气温，可以取日平均气温。

3.1.1.4　时效因子

膨胀土渠坡的时效变形是一个复杂的过程，受多种因素的综合影响。随着时间的推移，边坡的变形往往呈现出非线性特征，这种时效变形与土体的物理力学特性密切相关。边坡时效变形的过程表明，边坡在较长时间内可能保持稳定，但在某些外部诱因 (如降水或地下水位波动) 的叠加作用下，变形速率会加剧，甚至引发边坡失稳。

通常情况下，膨胀土边坡变形的时效效应可以通过对数函数或指数函数来描述。这些函数形式能够较好地反映边坡变形随时间的逐渐积累与发展趋势。对数函数适用于表示初期变形较快，而后期逐渐趋缓的情况；而指数函数则常用于描述边坡变形在长期荷载或环境作用下加速发展的现象。针对已投入运行的调水工程渠道边坡，采用指数函数来描述时效因子对边坡变形的影响更合适，时效因子可用下式表示：

$$t = c_1\theta + c_2\ln\theta \tag{3.1.3}$$

式中，t 为时效因子；c_1、c_2 为待定系数；$\theta = t/100$，t 为监测起始日至测量日的天数。

3.1.2　安全监测技术

深挖方膨胀土渠坡主要监测项目包括：渠道水位、降水量、气温及土体含水率、温度等环境量，以及表面水平位移与垂直位移、地下水位、深层水平位移、边坡及渠坡裂缝监测等 [3]。

对于深挖方膨胀土渠坡，应根据其具体情况设置监测断面。在每个监测断面上主要以变形和地下水位监测为主，并兼顾到其他监测项目。为从整体上掌握断面上的变形发展和地下水位波动情况，每个断面上变形和地下水位监测测点不宜少于 3 点。水平位移和垂直位移监测网工作基点，必须设置在相对稳定的区域，并兼顾到表面变形和内部变形监测。

3.1.2.1　环境量监测

与深挖方膨胀土边坡变形密切相关的环境因素主要包括渠道水位、大气温度、降水量和蒸发量，以及土体含水率、基质吸力、温度等。除了土体含水率、基质吸力、温度需要通过在渠坡体内埋设专用传感器进行监测外，大气温度、降水量及蒸发量等环境数据可从相关部门获取并整理分析。以某断面左岸边坡为例，该断面一级边坡 (过水断面)—四级边坡的安全监测仪器布置如图 3.1.1 所示。

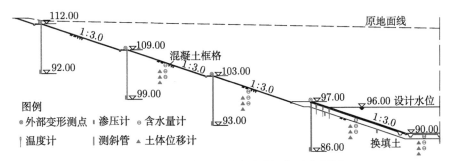

图 3.1.1 典型监测断面安全监测仪器布置图

1) 渠道水位监测

渠道水位通常通过水位计和水尺进行监测。

2) 渠坡地下水位监测

对于深挖方膨胀土渠道边坡，一级马道以下的过水断面，重点关注渗流问题，即衬砌底板的稳定，以衬砌底板以下的扬压力 (渗透压力水位) 监测为主，如布置在渠底衬砌底板下的渗压计实测渗透压力、布置在一级边坡内衬砌底板下的渗压计实测渗透压力、布置在渠底改性土内的渗压计实测渗透压力、布置在渠堤坡内改性土内的渗压计实测渗透压力。渗透压力规定以压为正，负值为无效或异常。

一级马道及以上边坡内的渗压计，主要监测边坡地下水位的状况及其对边坡稳定性的影响。一级马道以上边坡的稳定性与地下水位分布状态密切相关，地下水分布则与开挖前的原地下水位状态、边坡排水条件、大气降水等因素密切相关。对于挖深较大的渠段，原地下水位一般较高，主要为上层滞水和层间承压水，大多高于渠道设计水位。此时，渠道开挖后边坡形成的地下水位分布情况对边坡稳定安全会产生不利影响。

在渠坡和渠底混凝土衬砌面板下部、改性土下部宜布设 2~3 支渗压计，以监测深挖方断面的渗透压力分布情况。在渠坡各测斜管底部宜埋设 1 支渗压计，以监测渠坡地下水位变化情况。

3) 含水率监测

可根据换填层深度、大气影响深度或地下水波动范围，在边坡或马道的钻孔内间隔一定距离布设一组土体含水率监测点。例如可以在边坡改性土换填层内布置 1 个含水率监测点，换填层以下 0.5m、1.5m、3m 深度各布置 1 个含水率监测点。在渠底钻孔内布设一组土体含水率监测点，具体分布为：渠底换填层内 1 个含水率监测点，换填层以下 0.5m、1.5m、3m 和 5m 深度各 1 个含水率监测点。

4) 温度监测

可在一级马道和渠基位置分别埋设 1 组温度监测点,用于监测土体温度变化。

3.1.2.2　传统变形监测技术

传统的渠坡变形监测项目主要包括表面水平位移监测、垂直位移监测,以及渠坡内部的水平位移监测。

1) 表面变形监测

对挖方渠段,滑坡是渠道工程常见的一种破坏形式,其中以剪切性滑坡为主。滑坡的产生,常常伴随着较明显的变形,并产生明显的裂缝。因此,通过对表面水平位移、表面垂直位移等效应量的监测,可以有效地反映滑坡的征兆。深挖方(设有四级以上马道) 渠段,可以根据需要间隔一定距离布设 1 个外观监测断面。

(1) 表面水平位移监测

典型渠段的表面水平位移监测是通过在两岸各布设两个监测网点,形成大地四边形监测网,并与渠坡上的监测点相结合,构建交会网,组成渠段表面水平位移的监测体系。周期性测量角度、距离和高差等数据,通过内外业一体化数据处理系统,精确获取监测点的水平位移,进一步确定变形的方向、速度和加速度等参数。水平位移规定向渠道中心线为正,向渠道外侧为负。

(2) 表面垂直位移监测

对于深挖方膨胀土渠道边坡,可在每个断面处的各级马道上各布设 1 个水准点,以监测渠道开挖后的垂直变形情况。

典型渠段的表面垂直位移监测通过在渠段两岸各布设两个水准测量基准点,形成垂直位移监测网,结合渠坡上的监测点,构建几何水准网来监测垂直位移。观测可采用电子水准仪,周期性测量高差数据,通过数据处理系统获取监测点的垂直位移,并确定垂直位移的速度和加速度。垂直位移 (沉降) 规定下沉为正,上升为负。

2) 深部位移监测

一级马道以上,重点关注滑坡问题,变形监测除表面水平位移、表面垂直位移外,还应当布置测斜管观测内部水平位移 (倾斜)。

渠段渠坡中存在大量软弱结构面 (裂隙),为保证渠坡在施工及运行期的安全稳定,在膨胀土渠坡部位增设了大量抗滑桩,并对部分滑坡体采取了换填、加固和排水等综合措施。结合沿线膨胀土渠坡地质情况及处理措施,选取在部分断面的抗滑桩内部增设测斜管,以监测变形发展和抗滑桩的处理效果。

深部位移监测通过在渠坡两岸钻孔,孔深穿过渠基面以下约 5m,安装专用的测斜套管,利用测斜仪测量套管的变形来监测深部土体的水平位移。测量方式分为固定式和移动式两种。固定式测量将测斜仪传感器按不同高程固定埋设在钻孔内，具备远程遥测功能，但成本较高。移动式测量则通过将便携式测斜仪放入测斜套管内，沿管道不同深度逐点测量倾角变化，推算土体的水平位移。移动式测量方式灵活性较高，可在多个测斜管间切换，但需依赖人工操作，测量频率较低。测斜管按规定指向临空面方向，指向下游方向为正，反之为负。

3.1.2.3 变形监测新技术

传统的变形监测方法只能获取小范围的监测数据，离散式的点监测也不能完全反映大范围的沉降空间特征。随着现代卫星遥感、无人机遥感、无线传感网络等先进技术的涌现，边坡变形监测技术得到了长足发展。如合成孔径雷达 (synthetic aperture radar，SAR)、卫星光学影像、无人机摄影测量、激光雷达测量技术、全球导航卫星系统 [4-7]。

SAR 是一种固定在卫星、飞船等飞行平台上可以实现主动式、全天候、无接触的对地观测系统，可以在恶劣气象环境下获取到高分辨率雷达影像，SAR 的成像原理如图 3.1.2。

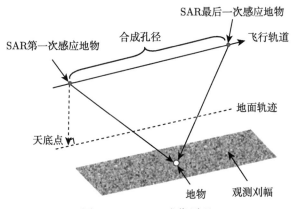

图 3.1.2 SAR 成像原理

星载合成孔径雷达干涉测量 (interferometric SAR, InSAR) 是近些年来发展的对地测量技术，具有高精度、大范围、低成本等优点，可用于长时间大范围的对地表进行时序形变监测，已经成为滑坡识别、地面沉降的有效手段。

SAR 的主要原理是通过传感器与目标地物之间的相对运动产生多普勒频移，之后通过匹配滤波器脉冲压缩技术，形成了比原始物理长度长的合成孔径，进而达到改善方位向分辨率的作用。InSAR 通过处理雷达在不同位置和时刻获取的两期 SAR 影像，生成包含地表形变相位信息的干涉图，并结合两景影像成像时的几何关系及一系列带有高程信息的地面控制点，实现地表形变的精确反演。InSAR 计算成像原理几何示意图如图 3.1.3 所示。S_1 是 SAR 卫星系统第一次成像时传感器的位置，此时高程为 H，卫星成像时传感器与地物的连线与垂直方向的夹角 β 称为视角，S_2 是 SAR 卫星系统最后一次成像时传感器的位置，两次成像时传感器之间的距离为空间基线 B，空间基线与水平方向的夹角为 α，S_1D 是空间基线在 S_1P 方向上的投影，即平行基线 $B_{\parallel}$，垂直基线 $B_{\perp}$ 与平行基线 $B_{\parallel}$ 构成垂直关系，地物 P 点的高程为 h，R_1、R_2 分别是两次成像时传感器与地物目标的距离。

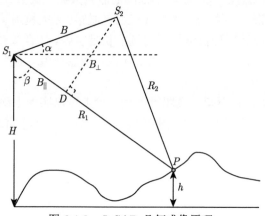

图 3.1.3 InSAR 几何成像原理

在数据处理方面，差分合成孔径雷达干涉测量 (differential InSAR，D-InSAR) 技术受时空失相干、大气延迟等因素的影响，在实际工作中受到诸多限制，因此，时序 InSAR 技术应运而生。短基线集时序 InSAR(small baseline subsets InSAR，SBAS-InSAR) 技术利用包含多幅主影像中的数据集，能够显著降低形变梯度和时空失相干，更易得到研究区域内的时序形变场和形变速率等信息。持久散射体 InSAR(persistent scatterer InSAR，PS-InSAR) 技术一般不进行预滤波和多视处理，避免了影像空间分辨率的降低，在研究某个散射体的形变时可深入到像素的内部，理论上能够提高 PS 点形变监测的精度，在形变速率较慢、量级较小 (几厘米或几十厘米/年) 的区域尤其适用。

利用 D-InSAR 技术监测地表形变会因时空基线过长而出现失相干的情况，特别是在植被茂密或者地表未发生突变的研究区，失相干的现象更加严重。若要对地表形变情况持续监测，需要采用时序 InSAR 技术处理多景 SAR 数据，以避免时空基线过长的情况出现。D-InSAR 技术一般应用于发生地表突变的区域，不能够保证有稳定性高相干点的存在。时序 InSAR 技术则常用于发生缓慢形变的区域，可以依托稳定的高相干点来提取地表的形变信息。目前，时序 InSAR 技术中 SBAS-InSAR 技术和 PS-InSAR 技术的应用最为广泛。

以 SBAS-InSAR 为例，数据具体处理流程如图 3.1.4 所示。具体步骤如下：

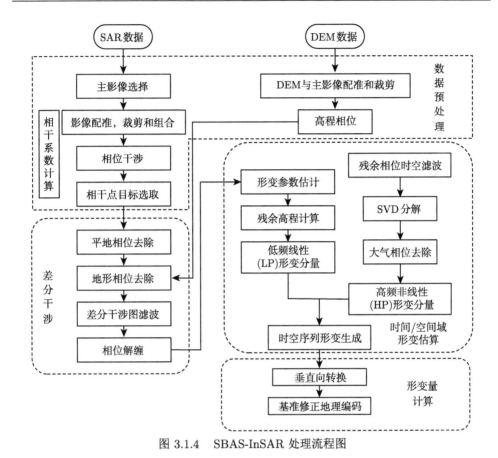

图 3.1.4 SBAS-InSAR 处理流程图

(1) SAR 数据准备，对输入的 $N+1$ 幅 SAR 影像按照时空基线阈值的设置进行组合，可以手动或自动选取一景影像为主影像。所有像对会在主影像上配准，从而形成多个短基线干涉像对。

(2) 差分干涉处理，对生成的干涉像对进行差分干涉处理，引入外部数字高程模型 (digital elevation model，DEM) 数据以消除平地相位和地形相位，再经过去平、滤波、相位解缠等操作后，对不符合要求的数据对进行剔除，选取研究区域内的高相干点进行重去平。

(3) 形变估算和反演分为两步：第一步是对形变速率和高程误差进行估算，对其进行二次解缠；第二步是消除大气扰动对形变相位带来的影响，根据实际情况定制相对应的大气滤波，对大气相位进行去除。残余相位时空滤波可采用奇异值分解 (singular value decomposition，SVD) 算法，获取高频非线性形变分量，再将其与低频线性形变分量相加，即可得到该点总时序形变结果。

(4) 形变计算，求解出线性形变速率和高程改正值，最终获取研究区域内所有高相干点的时序总形变结果，将最终的时序形变结果由雷达斜距转换到地理坐标。

收集 SAR 数据，采用多时域 InSAR 技术获取深挖方膨胀土渠道边坡的形变时间序列，并通过奇异谱分析 (singular spectrum analysis，SSA) 分解得到形变时间序列。

当前，从天 (光学遥感和 InSAR)、空 (无人机摄影测量)、地 (表面和内部变形等专业监测) 三维立体角度构建多元立体监测体系，可实现对边坡滑坡灾害隐患的多层次、多角度、多手段的全天候监测。从空间尺度而言，基于卫星平台的光学遥感和 InSAR 技术可实现大范围、区域尺度的边坡滑坡隐患的粗略调查，对变形破坏区或当前正在变形的区域进行历史回溯、变形迹象识别和长期持续观测，实现对广域范围边坡变形破坏隐患的识别和中长期变形监测；基于航空平台的摄影测量和激光雷达测量技术只能进行相对小范围、重要渠段的高精度调查和监测，针对变形较严重的渠段或正在呈现趋势性变形的渠段，通过无人机摄影测量和机载激光雷达进行多期次的飞行观测，实现地表变形破坏过程的短周期高精度动态监测和调查；而传统监测则适宜于重要断面和典型断面的监测，有针对性地布置表面和内部传感器，通过高频监测，及时掌握边坡的变形的动态发展过程。从时间尺度而言，因卫星平台存在重访周期和恶劣天气等因素的限制，主要适宜于长期、中长期的调查观测；航空平台因受经费和其他因素影响，也不能做到及时、实时调查观测，主要用于重点渠段的详细调查观测和应急调查监测；而边坡表面、内部的监测则很容易实现实时自动高频监测，进行实时动态监测。通过"天—空—地"综合协同监测，可实现多尺度的全面监测。同时，结合安全监控和预测模型，以及边坡滑坡预警系统平台，实现深挖方膨胀土边坡滑坡的早期预警，及时采取加固处置措施，达到主动防范的目的。

3.1.2.4　安全监控指标

工程上常采用数值型监控指标，即依据工程安全监测资料或理论计算分析成果，采用数值方式表达定量指标。如对于南水北调中线干线渠道工程，设计单位在通水前提供了部分效应量的安全监测设计参考值或设计预警值。以深挖方膨胀土渠道边坡为例，一级马道测点表面水平位移 30mm，以渠坡外法线方向为正，一级马道测点表面垂直位移 ±50mm，以下沉为正，坡面裂缝长度 <3m、宽度 <5mm。渗压计实测渗压水位不应高于渠内水位，或不高于相应的预测最高地下水位。可以看出，设计参考值或设计预警值多为比较笼统的指标或原则，对实际工作的指导性不强。同时，设计单位在拟定设计参考值或设计预警值时，所采用的边界条件和计算参数是根据设计资料确定的，与工程竣工运行后的实际状况存在一定的差异，需要根据实际监测数据对设计监控指标进行修正。

除此之外，依据工程经验和专家知识，采用语言方式或推理模型来表达的若干综合评判准则，也是安全监控的一种重要形式，在安全监控中具有特殊的重要地位。这类方法，不仅着眼于单测点效应量的数值大小和变化趋势，还综合考虑多个监测测点之间及多种监测效应量之间的关联关系。

重大调水工程多布置了多个监测项目 (多效应量) 和大量监测测点 (多测点)，为工程安全性态诊断提供了多项评判指标。这些监测项目和测点经过长期观测，获得了长时间序列的安全监测信息，为工程安全诊断提供了多视角的基础数据。将多测点、多效应量监测信息有机地结合起来，可实现工程运行安全性态的科学评判。

综合评判准则的建立，重点注重以下 4 个方面：

(1) 对同一部位的多测点，在时间序列上一般具有较强的关联性，也能提供更加丰富的工程安全信息，还能减少个别测点局部变动或观测误差带来的干扰，分析时突出同一部位多测点监测信息之间的关联性；

(2) 对不同部位的多测点，单测点监测时间序列所反映的是测点所在部位的局部安全性态，应突出不同部位监测测点时间序列的异同，以及所反映出的工程整体安全信息；

(3) 对多个监测效应量，考虑到不同监测效应量从不同的角度反映了工程安全状态，不同监测效应量之间也存在着相互作用和相互影响，表现出一定的关联性，如边坡地下水位的波动会影响变形。因此，应分析多监测效应量 (多监测项目) 之间的关联性和对工程整体安全状态的反映；

(4) 对于深挖方膨胀土渠道边坡，还应当结合边坡的支护和排水措施等，考虑边坡浅层滑塌和深层滑坡等失效模式，以及失效模式的外在表现形式 (如单个测点测值的突变和趋势性变化、内部沿深度方向的突变)。

3.2 渠坡运行初期变形体分布及病害特征分析

3.2.1 工程与地质条件

某重大引调水工程总干渠膨胀土渠段以南阳盆地段最集中，该段渠坡具有挖深大、地质结构复杂等特点。挖深超过 10m 的渠段长达 144km，最大坡高超过 40m，施工期发生滑坡约 100 处。以桩号 8+000—12+000 段为例开展研究 (图 3.2.1)，该段渠坡挖深 39~45m。过水断面坡比 1:3，一级马道宽 5m，一级马道以上每隔 6m 设一级马道，除四级马道宽 50m 外，其余均为 2m 宽。一至四级马道间渠坡坡比均为 1:2.5，四级马道以上渠坡坡比为 1:3(典型断面布置见图 3.2.2)。渠道全断面换填水泥改性土，过水断面、一级马道以上换填厚度分别为 1.5m 和 1.0m。护坡采用混凝土拱圈和拱内植草方式，各级马道均设有纵向排水沟，坡面设有横向排水沟。渠坡典型断面见图 3.2.1。

图 3.2.1　渠段及运行期渠坡变形体分布示意图

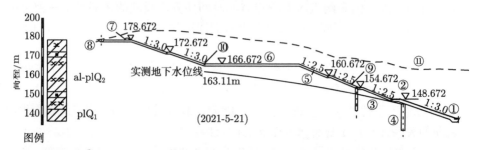

图例

① 过水断面　② 一级马道　③ 二级边坡　④ 抗滑桩　⑤ 改性土换填层　⑥ 四级马道　⑦ 防洪堤⑧ 截流沟

⑨ 三级边坡　⑩ 排水沟　⑪ 开挖前原始地面　✕ 弱膨胀土　✕✕ 中膨胀土　▪ 裂隙密集带

图 3.2.2　典型断面的布置和土层分布

　　渠坡由第四系中更新统粉质黏土、黏土及钙质结核粉质黏土组成；第①层粉质黏土，硬塑，弱偏中等膨胀，胀缩、微、小裂隙及大裂隙较发育，大及长大裂隙在地下水较丰富的地带发育，常形成裂隙密集带；第②层黏土，硬可塑～硬塑状，中等膨胀，微、小裂隙较发育，大及长大裂隙不甚发育；第③层钙质结核粉质黏土，硬塑，中等膨胀，裂隙不发育。裂隙结构面多光滑、抗剪强度低是渠坡稳定的控制性因素，也制约变形和滑坡形态与规模。裂隙面黏聚力为 10kPa，内摩擦角为 10°。渠坡开挖范围内地下水主要为上层滞水，处于大气影响带下部，受雨水入渗补给，地下水位随季节变化大。

　　渠坡主要工程地质问题有土体胀缩和滑坡失稳，支护以提高过水断面稳定性为主。在过水断面设间距为 4.0～4.5m 的方桩和坡面梁支护体系，一级马道以上渠坡依据开挖揭露的裂隙情况采取局部支护措施。如左 8+750—8+860 一级马道以上渠坡未设抗滑桩，右 11+700—11+800 三级边坡 152.5～156.7m 高程分布有裂隙密集带，在其坡脚和坡顶附件处分别设置桩长为 12m、10m 的抗滑桩，桩间距均为 4m[8-12]。

3.2.2 渠坡运行初期变形体分布特点

1) 渠段总体变形情况

为了分析研究区的时空形变信息，获取了 157 景哨兵 1 号 (Sentinel-1) 升轨 SAR 数据。其成像模式为 Sentinel-1 雷达成像卫星升干涉宽幅模式 (interferometric wide swath，IW) 的单视复数 (single look complex, SLC) 影像，成像方式为滑动扫描 TOPS(terrain observation by progressive scans)，时间为 2017 年 1 月 8 日至 2021 年 12 月 28 日，具体参数见表 3.2.1。

表 3.2.1 SAR 影像参数

卫星	Path	Frame	轨道	模式	数量	时间序列
哨兵 1 号	112	101	升轨	IW	157	2017 年 1 月 8 日至 2021 年 12 月 28 日

对于获取的 157 景 SAR 影像，进行差分干涉、时间序列和奇异谱分析等步骤的处理，详细流程如图 3.1.4 所示。通过上述处理得到了桩号 8+000—12+000 的深挖方段边坡及其周边区域 2017 年 1 月 8 日至 2021 年 12 月 28 日之间的形变和年平均形变速率，如图 3.2.3、图 3.2.4 所示。图中绿色代表稳定区域，黄色及红色代表下沉区域，蓝色代表上升区域。由图 3.2.3、图 3.2.4 可知，影像范围内形变在 −167.31~101.41mm 之间，年变形速率在 −27.53~24.08mm/a 之间。其中，正值代表地表抬升，反之地表下沉。空间分布上，深挖方渠道沿线大部分区域表现为抬升形变。同时发现，形变大小与挖方深度相关，挖方越深抬升形变越大。

同时，为了进一步调查研究区域深挖方膨胀土渠道边坡的时间序列分布特征，绘制了 A、B、C、D 四点 2017 年 1 月至 2021 年 12 月共 5 年的形变时间序列，如图 3.2.5 所示。A 点位于挖方渠道边坡右岸二级马道部位，挖深约为 41m；B 点位于挖方渠道边坡左岸四级大平台部位，挖深约为 38.5m；C 点位于挖方渠道边坡右岸四级渠坡中部，挖深约为 47.5m；D 点位于挖方渠道边坡左岸三级马道，挖深约为 42m。可以看到整体表现为明显的抬升形变，研究时段内累计抬升分别达到 53.8mm、39.0mm、48.8mm、34.1mm，时间上呈现加速抬升到趋于平缓的变化特征。

2) 运行期变形体情况

通水运行后，部分渠段出现坡中拱圈拉裂、坡脚拱圈断裂翘起、过水断面衬砌板开裂隆起等刚性结构破损现象。依据变形监测结果，自 2016 年以来，有 8 处渠坡变形未完全收敛 (表 3.2.2)，8 处变形体分布见图 3.2.1。8 处变形体 A 方向 (朝渠道内方向) 累计位移超过了设计参考值 30mm，存在较严重的剪切变形。

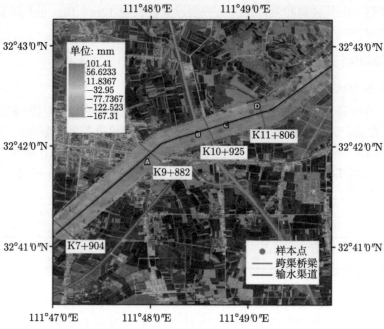

图 3.2.3　深挖方膨胀土渠坡形变分布图

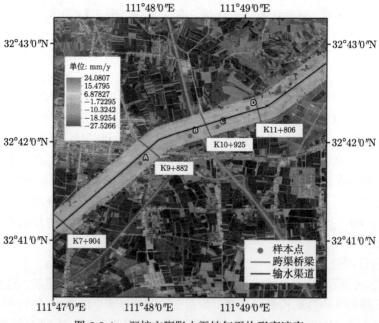

图 3.2.4　深挖方膨胀土渠坡年平均形变速率

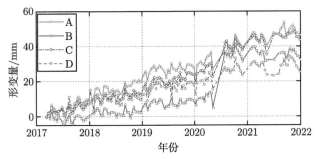

图 3.2.5　形变时间序列过程线

表 3.2.2　深挖方膨胀土渠坡变形体的基本情况

编号	桩号	膨胀性	挖深/m	边坡级数	一级马道以上抗滑措施	施工期滑坡情况
1	右 8+216—8+377	中	24	4	刷方减载和抗滑桩加固	发生较大规模滑坡
2	右 9+246—9+500	中	40	6	未设抗滑桩	未发生大规模滑坡
3	左 8+740—8+860	中	34~39	5	未设抗滑桩	未发生大规模滑坡
4	左 9+070—9+575	中	39~45	7	三级边坡坡脚设抗滑桩	五级渠坡以上滑动
5	右 9+585—9+740	中偏强	39~45	7	二级边坡顶设抗滑桩	五至六级渠坡滑动
6	左 10+955—11+000	中	39~45	7	三级马道设抗滑桩	未发生大规模滑坡
7	左 11+400—11+450	中	39~45	7	三级马道设抗滑桩	未发生大规模滑坡
8	右 11+650—11+800	中偏强	42	7	三级边坡坡脚和靠近坡顶处设抗滑桩	五级渠坡以上滑动

注: 桩号中左、右分别指渠道左岸、右岸。

3) 施工期滑坡情况

该段渠道开挖时共出现 14 处滑坡。底滑面完全或大部分追踪到长大裂隙面或平缓裂隙密集带, 裂隙连通性好, 是滑动面和剪出口的主要部位, 且均位于大气影响带及过渡带, 上层滞水丰富。对于大型滑坡采取清除、换填及抗滑桩加固处理; 对于小型滑坡采取清除及换填处理。与表 3.2.2 中 8 处变形体相关的施工期 3 处滑坡的特征、成因及处理措施见表 3.2.3, 示意图分别见图 2.3.6、图 2.3.8、图 2.3.10。

3.2.3　渠坡运行初期变形体外观病害特征分析

3.2.3.1　外观病害特征

8 处变形体的外观病害特征列于表 3.2.4。以左 8+740—8+860、右 11+700—11+800 两段为例说明变形体的外观病害。左 8+740—8+880 渠段外观病害见图 3.2.6, 三、四级渠坡下部拱骨架裂缝连续、规律性强; 二级马道排水沟存在挤压变形。

表 3.2.3　深挖方膨胀土渠段施工期滑坡情况

桩号	发生部位	地质条件	滑坡变形过程及特征
左 9+064—9+240	五级渠坡至渠顶	土体具弱偏中等膨胀性，Q_2 土体裂隙较发育且与渠坡倾向大体一致，坡脚附近发育长大平缓裂隙密集带，裂隙密集带土体中偏强膨胀性	2012 年 8 月 19 日强降水后，渠坡初次变形，2013 年 7 月中旬降水后滑动
右 9+587—9+656	五至六级渠坡	土体具中等膨胀性、裂隙较发育	2013 年 9 月 20 日，四级马道以上渠坡滑坡，前缘略反翘；六级渠坡中下部及四级渠坡与五级马道结合处渗水
右 11+763—11+927	五至七级渠坡	Q_2 土体具中等膨胀性，裂隙极发育且连通性较好，大裂隙较发育，倾角以缓至中等倾角为主，其次为陡倾角	2012 年 9 月 15 日，换填坡面出现多条顺渠道向裂缝，最长 96m，宽 1～10cm；2012 年 9 月 29 日五级马道以上渠坡建基土体滑坡，滑坡呈簸箕形

表 3.2.4　变形体外观病害特征

序号	桩号	外观病害	病害加剧
1	右 8+216—8+377	一、二级渠坡坡脚排水沟侧墙倾斜、顶部开裂，二、三、四级渠坡拱圈开裂	受连续降水影响，变形加剧
2	右 9+246—9+500	三级渠坡拱圈出现裂缝，裂缝连线呈抛物线状	变形一直增长，未见收敛
3	左 8+740—8+860	二级马道排水沟缩窄，侧壁与底板脱空；四级渠坡中上部拱圈出现连续性裂缝；过水断面衬砌板出现顺水流向裂缝	沟壁持续缩窄；出现裂缝拱圈数量增多，且裂缝宽度进一步扩展
4	左 9+070—9+575	二级渠坡坡脚拱圈出现裂缝，排水管长期出水等	二级渠坡坡脚个别拱圈断裂、翘起
5	右 9+585—9+740	渠坡未见明显变形	
6	左 10+955—11+000	渠坡三、四级渠坡坡脚排水沟断裂	衬砌板存在裂缝和翘起
7	右 11+400—11+450	五级渠坡坡脚纵向排水沟束窄变形，但四级及以下渠坡未见明显变形	沟壁持续缩窄
8	右 11+650—11+800	二级渠坡坡脚拱圈存在细小裂缝；四级渠坡和四级马道大平台的排水沟有渗水点	二级渠坡坡脚拱圈裂缝增长，继而拱圈断裂、拱起

　　为查明裂缝的位置和走向，在左 8+740—8+880 段开挖了 6 个探坑，存在裂缝和洇湿的有 5 个，如图 3.2.7 所示。左 8+840 断面三级渠坡坡脚探坑周边土体洇湿，坑底渗水；左 8+800 断面四级渠坡坡脚探坑深入原状土内 15～20cm，坑底土体湿润，坑内少许积水，强降水阶段坑内积水水位稳定，水深约 40cm；左 8+818 断面四级马道探坑拱圈裂缝延伸至土体，在距离坑底约 10cm 处消失，探坑周边及底部土体略微潮湿，但未见渗水。

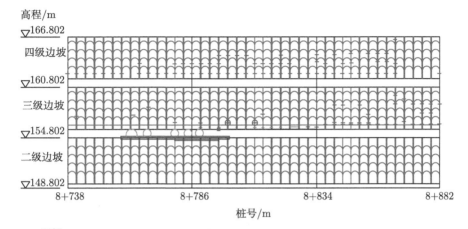

图例 - 混凝土拱骨架断裂 ⊕ 拱圈断裂和错抬 - 镶边裂缝 ∩ 压顶板断裂
⊞ 拱圈顶部上翘 - 镶边向渠内倾斜 - 压顶板下土体下沉 ∩ 拱圈

图 3.2.6 左 8+740—8+880 渠坡 3 号变形体的外观病害

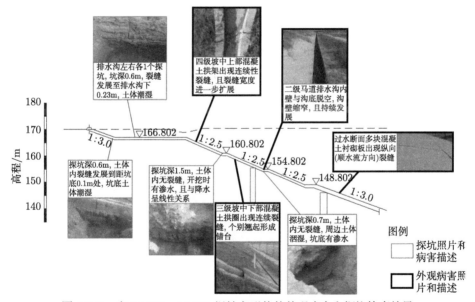

图 3.2.7 左 8+740—8+880 渠坡变形体的外观病害和探坑检查结果

右 11+650—11+800 渠段二级渠坡坡脚拱圈隆起开裂，三、四级渠坡坡中部拱圈拉裂，四级渠坡和四级马道大平台排水沟有不同程度渗水，具体外观病害分布见图 3.2.8。外观和探坑揭露的病害表明，拱骨架裂缝大多未延伸至土体内，但三、四级渠坡坡脚有渗水，即大气降水透过改性土换填层。

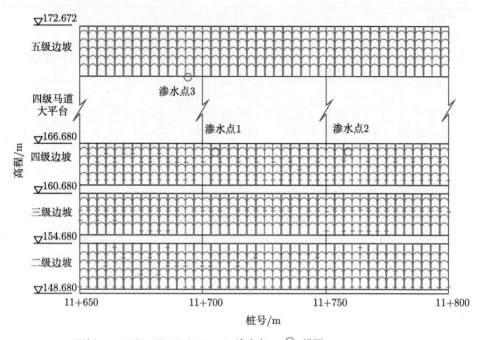

图例　– 混凝土拱骨架断裂　○ 渗水点　∩ 拱圈

图 3.2.8　右 11+650—11+800 渠坡的外观病害

3.2.3.2　几何形态

通过变形监测数据判断变形体几何形态，根据内部变形是否存在突变判断潜在剪切变形带。以左 9+070—9+575 渠段为例，测斜管和测压管的布置见图 3.2.9。

图 3.2.9　左 9+070—9+575 渠段 4 号变形体测斜管和测压管布置

　　左 9+300 断面的典型观测日的内部变形见图 3.2.10，各测斜管最大变形处测值与降水量的变化过程见图 3.2.11(图中 IN05 表示桩号断面上编号为 05 的测斜管)。选取 2021 年 3 月 5 日的内部 A 方向累计位移和 2021 年 3 月 16 日的表面变形，绘制左 9+120、左 9+300 断面的变形示意图，结果见图 3.2.12。

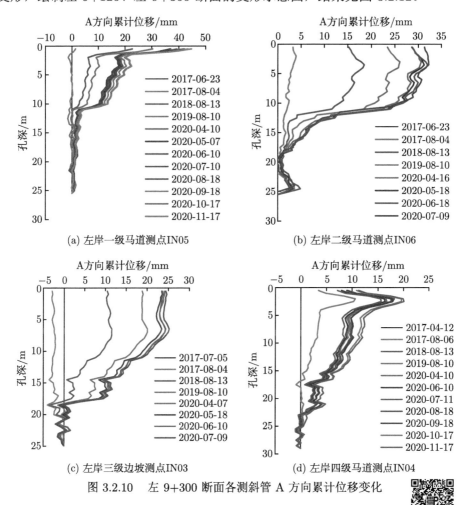

图 3.2.10　左 9+300 断面各测斜管 A 方向累计位移变化

（扫码获取彩图）

　　从图 3.2.11 和图 3.2.12 看，变形体仍在发展，还处于蠕变阶段。变形具有明显的季节性和间歇性；雨季发展快；经过季节性干湿循环后，翌年雨季蠕变复活，又产生新的蠕变。结合图 3.2.7~ 图 3.2.9、图 3.2.12 中的外观变形、病害和内部变形可知，两个断面变形体范围为一至四级马道内渠坡。由于过水断面抗滑桩的阻滑作用，变形体前缘沿二级渠坡坡脚剪出，一级马道反翘，后缘到达四级渠坡。

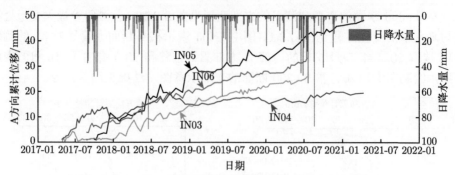

图 3.2.11　左 9+300 断面各测斜管 A 方向累计位移变化

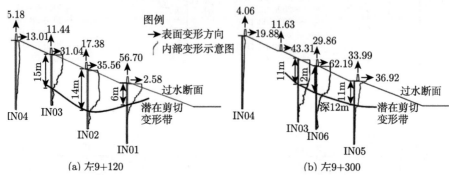

(a) 左9+120　　　　　　　(b) 左9+300

图 3.2.12　左 9+120 和 9+300 断面的变形体示意图 (单位：mm)

同样地分析其他变形体几何形态，结果列于表 3.2.5。变形体范围主要在一至四级马道内，变形垂直于水流方向指向渠道过水断面，左 11+400—11+450 五级渠坡也存在变形。当设置了抗滑桩时 (1 号、4~8 号变形体)，一、二、三级

表 3.2.5　变形体潜在剪切变形带深度

编号	桩号	变形体深度
1	右 8+216—8+377	三级马道以下 12.5m 深度处存在软弱夹层
2	右 9+246—9+500	二、三级马道变形范围分别为孔口以下 8m 和 10m 内
3	左 8+740—8+860	应急处置后三级马道以下 6m 深度处存在剪切变形，变形体深度 2~8m
4	左 9+070—9+575	一、二、三级马道变形范围分别为孔口以下 11m、12m 和 18m 内，最大变形量 47.01mm
5	右 9+585—9+740	二、三级马道孔口以下 14m 内，最大变形量 41.7mm
6	左 10+955—11+000	一、二、三级马道变形范围为孔口以下 4m、11m、14m 内，二级马道以下最大变形量 32.65mm
7	左 11+400—11+450	三、五级马道变形范围为孔口以下 13m、10.8m 内，最大变形量 34.99mm
8	右 11+700—11+800	二、三级渠坡已经产生变形，二级马道以下约 10m 深度处存在剪切变形，变形体前缘位于二级边坡坡脚

马道以下变形深度分别为 4~11m、9~15m、9~18m。变形体深度基本处于渠坡抗滑桩桩底以下或接近桩底，以及过水断面方桩+坡面梁框架支护体系上部或顶部，出口位于一级马道附近。变形体特征基本一致，均为底面近水平和后缘面陡倾。

已有研究表明，膨胀土大气影响带深 0~3m，过渡带深 3~7m。浅层滑动主要受胀缩裂隙控制，滑体厚一般为 2~6m。由文献 [13,14] 可知，南阳地区膨胀土的大气影响深度为 5.1~5.3m，急剧层深度为 2.3~2.4m，比一般经验值偏大。由表 3.2.4 可知，考虑到在雨季长时间降水作用下，坡面以下 7m 深度区域内可能处于饱和状态。深挖方渠坡的浅层变形和滑动规模相对较大。

3.3 渠坡运行期浅层变形时空规律分析方法

3.3.1 渠坡运行期表面变形时空相似性指标

对膨胀土渠坡变形进行时空聚类需建立时间序列划分和空间测点聚类的指标体系。在聚类分析中，对距离的度量方法主要有欧氏距离、兰氏距离、马氏距离等 [15]，其中，欧氏距离的平方 (SED) 因为不涉及开方等，计算简便。由于在时空数据的指标层面上，各变量作用 (重要性) 大小不同。因此，根据时空变形序列特征，对常用的欧氏平方距离函数进行改进，定义为 "加权距离函数"[16]。

3.3.1.1 相似性指标

根据测量方式的不同，衡量变量的尺度一般分为间隔尺度、名义尺度和有序尺度。在变形监测中，通常采用每周一测或每日一测的监测频次，监测量单位为毫米，因此仅仅基于间隔尺度展开分析讨论。

假设采用 $\delta_{it}(i = 1, 2, \cdots, N; t = 1, 2, \cdots, T)$ 表示 t 时刻测点的变形数值，用 d_{ij} 表示测点 i 和测点 j 变形的相似性大小 (亦称作两点的 "距离")，以上两个变量均为连续变量。显然，$d_{ij} > 0$，当 d_{ij} 的数值越大，说明测点和测点的差异性越大；当 d_{ij} 的数值越小，说明测点 i 和测点 j 的差异性越小，两者的变化性质越相似。以测点 i 和测点 j 在 t 时刻的变形值 d_{ijt} 为例，其欧氏距离的平方 (SED) 可通过式 (3.3.1) 计算，这里所有相似性指标均基于其提出。

$$d_{ijt} (\text{SED}) = (\delta_{it} - \delta_{jt})^2 \tag{3.3.1}$$

式中，δ_{it} 和 δ_{jt} 分别表示测点 i 和 j 在 t 时刻的变形值大小。

3.3.1.2 时间序列聚类指标

膨胀土渠坡变形时间序列具有多种变化模式，且在不同外部环境条件下，变形可分为不同的阶段。若能对变形时间序列进行有效划分，识别渠坡变形状态和变形所属阶段, 将有利于判断渠坡安全状态。下面研究时间序列聚类的几个相似性指标。

1) 基本指标

为综合考虑不同变形量的作用 (重要性) 大小差异, 得到更加合理的相似性指标, 从变形量的大小、波动大小和波动幅度三方面出发, 通过改进 SED 函数, 得到加权基本相似性指标, 即不同测点的横截面 "加权绝对距离""加权增量距离""加权增速距离"。其基本定义如下:

(1) 时间 i 和时间 j 之间的横截面 "加权绝对距离", 记为 $d_{ij}^T(\mathrm{AD})$:

$$d_{ij}^T(\mathrm{AD}) = \sum_{n=1}^{N}\sum_{m=1}^{M} \mathrm{WX}_m \left[x_{nm}(i) - x_{nm}(j)\right]^2 \qquad (3.3.2)$$

式中, WX_m 为第 m 个变形量 x_m 的权重; $x_{nm}(i)$ 为第 n 个测点在时间 i 的第 m 个变形量的取值 $(n = 1, 2, \cdots, N; \ m = 1, 2, \cdots, M)$; $x_{nm}(i) = \delta_{nm}(i)$; $x_{nm}(j) = \delta_{nm}(j)$。

$d_{ij}^T(\mathrm{AD})$ 基于变形量数值的大小, 描述了 N 个测点的第 M 个变形量在时间点 i 和时间点 j 之间与自身的距离远近, 变形值越接近, $d_{ij}^T(\mathrm{AD})$ 数值越小, 说明两个时间截面的变形大小越相近。

(2) 时间 i 和时间 j 之间的横截面 "加权增量距离", 简记为 $d_{ij}^T(\mathrm{ID})$:

$$d_{ij}^T(\mathrm{ID}) = \sum_{n=1}^{N}\sum_{m=1}^{M} \mathrm{WX}_m [y_{nm}(i) - y_{nm}(j)]^2 \qquad (3.3.3)$$

式中, $y_{nm}(i) = x_{nm}(i) - x_{nm}(i-1)$; $y_{nm}(j) = x_{nm}(j) - x_{nm}(j-1)$。

$d_{ij}^T(\mathrm{ID})$ 基于变形绝对量在相邻时期的差异, 描述了 N 个测点的 M 个变形量在时间 i 和时间 j 之间的自身数据波动数值的大小, 两者波动数值越接近, $d_{ij}^T(\mathrm{ID})$ 数值越小, 说明两个时间截面变形波动越相似。

(3) 时间 i 和时间 j 之间的横截面 "加权增速距离", 简记为 $d_{ij}^T(\mathrm{GRD})$:

$$d_{ij}^T(\mathrm{GRD}) = \sum_{n=1}^{N}\sum_{m=1}^{M} \mathrm{WX}_m [z_{nm}(i) - z_{nm}(j)]^2 \qquad (3.3.4)$$

$$z_{nm}(i) = \frac{y_{nm}(j)}{x_{nm}(j-1)} \qquad (3.3.5)$$

$$z_{nm}(j) = \frac{y_{nm}(j)}{x_{nm}(j-1)} \qquad (3.3.6)$$

$d_{ij}^T(\mathrm{GRD})$ 基于每个测点变形变化幅度的大小，描述了 N 个测点的 M 个变形量在时间 i 和时间 j 之间变化趋势的差异，两者变化幅度越接近，$d_{ij}^T(\mathrm{ID})$ 数值越小，说明两个时间截面变形趋势越相似。

2) 综合时间指标

考虑上述三种指标的权重，融合得到综合相似性指标，并以其衡量不同时间段变形的整体相似程度。称其为时间 i 和时间 j 之间的横截面"综合时间指标"，简记为 $d_{ij}^T(\mathrm{CD})$：

$$d_{ij}^T(\mathrm{CD}) = \alpha_1 \cdot d_{ij}^T(\mathrm{AD}) + \alpha_2 \cdot d_{ij}^T(\mathrm{ID}) + \alpha_3 \cdot d_{ij}^T(\mathrm{GRD}) \tag{3.3.7}$$

式中，α_1、α_2、α_3 分别为三个基本相似性指标的权重，其中 $\alpha_1 + \alpha_2 + \alpha_3 = 1$，$\alpha_i > 0 (i = 1, 2, 3)$。

3.3.1.3 空间测点聚类指标

另一方面，需对变形序列具有相似性的测点进行聚类分析，从而对渠坡的变形区域进行划分。类似于上述时间序列划分指标，也定义对应于空间测点聚类的基本相似性指标和综合相似性指标。

1) 基本指标

参考针对时间序列划分的基本相似性指标，定义三种空间基本相似性指标，即测点的全时"加权绝对距离"、全时"加权增量距离"和全时"加权增速距离"。其基本定义：

(1) 测点 k 和测点 l 之间的全时"加权绝对距离"，简记为 $d_{kl}^S(\mathrm{AD})$：

$$d_{kl}^S(\mathrm{AD}) = \sum_{m=1}^{M} \sum_{t=1}^{T} \mathrm{WX}_m [x_{mt}(k) - x_{mt}(l)]^2 \tag{3.3.8}$$

式中，WX_m 为第 m 个变形量 x_m 的权重；$x_{mt}(k)$ 为测点 k 在时间 t 的第 m 个变形量的取值 $(m = 1, 2, \cdots, M; t = 1, 2, \cdots, T)$；$x_{mt}(k) = \delta_{mt}(k)$；$x_{mt}(l) = \delta_{mt}(l)$。

$d_{kl}^S(\mathrm{AD})$ 基于变形量数值的大小，描述了测点 k 和测点 l 之间在 t 个时间截面的距离远近，两者变形数值越接近，$d_{kl}^S(\mathrm{AD})$ 数值越小，说明变形大小越相似。

(2) 测点 k 和测点 l 之间的全时"加权增量距离"，简记为 $d_{kl}^S(\mathrm{ID})$：

$$d_{kl}^S(\mathrm{ID}) = \sum_{m=1}^{M} \sum_{t=1}^{T} \mathrm{WX}_m [y_{mt}(k) - y_{mt}(l)]^2 \tag{3.3.9}$$

式中，$y_{mt}(k) = x_{mt}(k) - x_{m,t-1}(k)$；$y_{mt}(l) = x_{mt}(l) - x_{m,t-1}(l)$。

$d_{kl}^S(\mathrm{ID})$ 基于变形绝对量在相邻时期的差异，描述了测点 k 和测点 l 之间在 T 个时间截面数据波动数值的大小，两者波动数值越相近，$d_{kl}^S(\mathrm{ID})$ 数值越小，说明变形波动大小越相似。

(3) 测点 k 和测点 l 之间的全时"加权增速距离"，简记为 $d_{kl}^S(\text{GRD})$：

$$d_{kl}^S(\text{GRD}) = \sum_{m=1}^{M} \sum_{t=1}^{T} \text{WX}_m [z_{mt}(k) - z_{mt}(l)]^2 \tag{3.3.10}$$

$$z_{mt}(k) = \frac{y_{mt}(k)}{x_{m,t-1}(k)} \tag{3.3.11}$$

$$z_{mt}(l) = \frac{y_{mt}(l)}{x_{m,t-1}(l)} \tag{3.3.12}$$

$d_{kl}^S(\text{GRD})$ 基于每个测点变形变化幅度的大小，描述了变形变化幅度随时间变化的趋势。两者变化幅度越接近，$d_{kl}^S(\text{GRD})$ 数值越小，说明测点变形趋势越相似。

2) 综合空间指标

考虑上述三指标权重，融合得到综合相似性指标，并以其衡量不同变形测点的整体相似程度。称其为测点 k 和测点 l 之间的全时"综合空间指标"，简记为 $d_{kl}^S(\text{CD})$：

$$d_{kl}^S(\text{CD}) = \beta_1 \cdot d_{kl}^S(\text{AD}) + \beta_2 \cdot d_{kl}^S(\text{ID}) + \beta_3 \cdot d_{kl}^S(\text{GRD}) \tag{3.3.13}$$

式中，β_1、β_2、β_3 分别为三个基本相似性指标的权重，其中 $\beta_1 + \beta_2 + \beta_3 = 1$，$\beta_i > 0 (i = 1, 2, 3)$。

显然上述基本相似指标量纲和数量级均不一致，有不同的数值范围和方差，如果直接相加求取所谓的"综合聚类指标"显然不合理。因此，在计算综合相异性指标之前，需要对 $d_{ij}^T(\text{AD})$、$d_{ij}^T(\text{ID})$、$d_{ij}^T(\text{GRD})$、$d_{ij}^S(\text{AD})$、$d_{ij}^S(\text{ID})$、$d_{ij}^S(\text{GRD})$ 进行标准化操作，其中通过 Z-score 标准化后的数据均值为 0，方差为 1，服从正态分布，且 Z-score 标准化能去除特征量量纲的影响 [17]，因此采用该方法对数据进行标准化。

熵值法是根据熵的原理来确定指标重要性权数的方法。根据信息论的基本理论 [18]，"信息"用于度量系统的有序程度，而"熵"用于度量系统的无序程度。如果某个指标的信息熵越小，说明该指标提供的信息量越大，在聚类分析中所起作用理当越大，指标权重就应该越大。通过熵值法，可以确定各变形指标和基本相似指标的权重。

3.3.2　渠坡运行期表面变形时空加权聚类模型

3.3.2.1　谱聚类原理

谱聚类 (spectral clustering, SC) [19] 是在谱图划分理论基础上发展起来的聚类方法，它利用数据的相似矩阵的特征向量进行聚类，使得算法与数据点的维数无关，仅与数据点的个数有关。谱聚类算法的分类思想为找到数据集中类内相似度最大而类间相似度最小的划分。与其他方法相比，该方法不仅原理简单、易于实现、不易陷入局部最优解，而且具有识别非凸分布的聚类能力，能适用于许多实际应用问题。

谱聚类算法以图论为基础，所有数据序列均可以看成是无向带权图 $G = (V, E)$，其中，$V = \{v_1, v_2, \cdots, v_m\}$ 是点集合，E 是边的集合。对于 V 中任意两个点，可以有边连接，也可以没有边连接。定义任意两个点 v_i，v_j 之间的边对应的权值为 w_{ij}，表示两个点之间的相似程度。

对于所有数据点，任意两点之间的相似度构成相似度矩阵 $\boldsymbol{W}$。采用谱聚类算法是一种优选。计算图划分准则的最优解是一个较难问题，所以一般将此类问题转化为求解相似度矩阵的谱分解问题。通过谱分解得到合适的特征向量，可以描述数据的低维结构，然后在低维空间再利用 K-means 等经典方法得到最终的聚类结果。

对于输入的具有 m 个数据点的数据集，$X = \{x_1, x_2, \cdots, x_m\}$，可计算其中任意两点间的相似度矩阵 $\boldsymbol{W} \in \mathbf{R}^{m \times m}$，任意两点间相似度矩阵可通过下式计算：

$$w_{ij} = \begin{cases} \exp\left(\dfrac{\|x_i - x_j\|^2}{\sigma^2}\right), & i \neq j \\ 0, & i = j \end{cases} \tag{3.3.14}$$

式中，σ 为尺度参数，这里 σ 的大小按照 Zelnik-Manor 和 Perona 在谱聚类方法中提出的 "Local Scaling" 思想进行选取 [20]。

记矩阵 $\boldsymbol{D}$ 为度矩阵，度矩阵为对角矩阵，将 $\boldsymbol{W}$ 的每行元素相加得到度矩阵 $\boldsymbol{D}$。记 $\boldsymbol{L} \in \mathbf{R}^{m \times m}$ 为拉普拉斯矩阵：

$$\boldsymbol{L} = \boldsymbol{D} - \boldsymbol{W} \tag{3.3.15}$$

假定 $\{x_1, x_2, \cdots, x_m\}$ 可以分为两类，分别记为 A，B，设

$$\mathrm{Cut}\,(A, B) = \sum_{i \in A, j \in B} w_{ij} \tag{3.3.16}$$

比例割 (ratio cut) 函数为 [21]

$$\mathrm{Rcut}\,(A, B) = \frac{\mathrm{Cut}\,(A, B)}{|A|} + \frac{\mathrm{Cut}\,(A, B)}{|B|} \tag{3.3.17}$$

式中，$|A|$ 为 A 类数据点数目；$|B|$ 为 B 类数据点数目。显然最小化比例割对应着一个最佳的二分类问题。假定有 m 维向量 $\boldsymbol{f} = \{f_1, f_2, \cdots, f_m\}$，它的每个元

素代表当前数据点的类别归属，根据文献 [22]，向量 $\boldsymbol{f}$ 满足下列等式：

$$\boldsymbol{f}^{\mathrm{T}} \boldsymbol{L} \boldsymbol{f} = |V| \operatorname{Rcut}(A, B) \tag{3.3.18}$$

式中，$|V|$ 表示数据样本点数量。对于 k 类问题，比例割优化模型为

$$\begin{cases} \min\limits_{\boldsymbol{H} \in \boldsymbol{R}^{m \times k}} \operatorname{tr}\left(\boldsymbol{H}^{\mathrm{T}} \boldsymbol{L} \boldsymbol{H}\right) \\ \text{s.t.} \quad \boldsymbol{H}^{\mathrm{T}} \boldsymbol{H} = \boldsymbol{I} \end{cases} \tag{3.3.19}$$

式 (3.3.19) 是一个标准的求解迹最小化问题，根据拉普拉斯矩阵性质，该优化问题最优解可转化为求 $\boldsymbol{L}$ 矩阵最小的 $k-1$ 个特征值对应的特征向量。

3.3.2.2　打分算法

为了评价聚类效果，确定合适的聚类数，需要通过一些指标进行比较分析。这里选用的指标主要有：Davies-Bouldin(DB) 指标、Dunn 指标 [23]、Rousseeuw's silhouette(Silhouette) 值 [24] 和 Calinski-Harabaz(CH) 指标 [25]。其中，DB 指标值越小，说明对应聚类数的聚类效果越好，而其他三个则是指标值越大，聚类效果越好。

谱聚类的最优分类数通常通过肘部法 [26] 确定，但是通过一个指标确定的分类数不一定具有参考性。因此，参考文献 [27] 通过一个投票打分机制确定由单一因素确定的最优分类数。该投票打分机制描述如下：针对某单一指标，由该指标确定的最优分类数的得分为 P，那么效果次之的分类数得分 $P-1$，依此类推，确定每个分类数的得分。然后，将上述四个指标的每个分类数得分数相加，就能得到得分最高的分类数，选用该分类数作为最终聚类的分类数，对这些数据进行分类得到的分类即为最优分类。这种打分机制有效结合了不同聚类有效性指标的优点，弱化了单个指标的局限性。聚类分析的实现流程图如图 3.3.1 所示。

3.3.2.3　加权聚类模型的实现步骤

通过上述研究，建立了膨胀土渠坡变形加权聚类模型，模型的建立和分析流程如图 3.3.2 所示，其基本步骤如下：

步骤 1　对测点数据进行标准化处理，得到预处理数据；

步骤 2　计算各变量指标权重；

步骤 3　利用式 (3.3.2)~式 (3.3.4) 分别计算出 $d_{ij}^{T}(\mathrm{AD})$、$d_{ij}^{T}(\mathrm{ID})$、$d_{ij}^{T}(\mathrm{GRD})$；

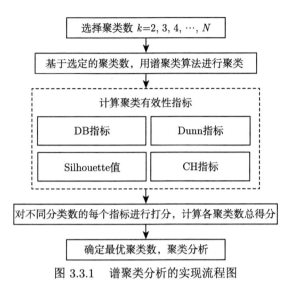

图 3.3.1 谱聚类分析的实现流程图

步骤 4 计算标准化后 $d_{ij}^T(\mathrm{AD})$、$d_{ij}^T(\mathrm{ID})$、$d_{ij}^T(\mathrm{GRD})$ 的指标权重;

步骤 5 根据式 (3.3.7) 计算横截面加权综合距离 $d_{ij}^T(\mathrm{CD})$,并通过打分法确定时间序列聚类数,进行变形序列谱聚类;

步骤 6 基于时间序列聚类结果,计算 $d_{kl}^S(\mathrm{AD})$、$d_{kl}^S(\mathrm{ID})$、$d_{kl}^S(\mathrm{GRD})$ 指标;

步骤 7 根据式 (3.3.13) 计算测点加权综合距离 $d_{kl}^S(\mathrm{CD})$,通过打分法确定空间测点聚类数,进行空间测点谱聚类,得到聚类分析结果。

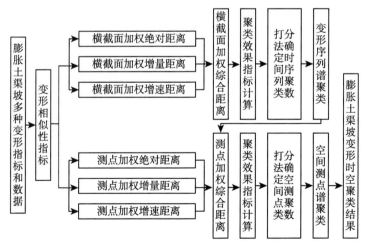

图 3.3.2 膨胀土渠坡变形时空加权聚类实现流程

该方法时间序列的划分主要通过时间序列聚类指标的相似性,将研究时段内的变形监测数据分成若干时间段。然后，通过空间测点聚类指标的相似性，实现对膨胀土渠坡变形区域划分，从而实现对膨胀土渠坡变形状态的分析。

3.3.3　渠坡运行期浅层变形时空演变规律分析

本节选取某重大引调水工程桩号 9+120—9+363 左岸段深挖方膨胀土渠坡进行研究，该段渠道断面结构见图 3.3.3。

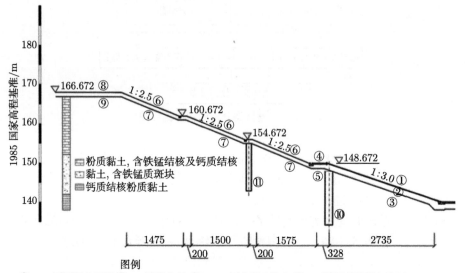

图 3.3.3　9+120—9+363 渠坡断面结构

该渠坡断面设置有 15 根测斜管、15 个平位移监测测点及 15 个垂直位移监测测点，变形监测仪器具体布设情况如图 3.3.4 所示。本节仅对 2017 年 6 月 27 日至 2021 年 5 月 21 日间的最大内部水平位移 (测斜管测得)、表面水平位移和表面垂直位移进行分析，最大内部水平位移均在浅层，上述变形值的过程线见图 3.3.5 ～ 图 3.3.7。

3.3.3.1　变形阶段划分

对该段膨胀土渠坡变形时段进行划分。将聚类数范围设为 [2, 14]，分别计算不同聚类数时的 DB 指标、Silhouette 值、Dunn 指标和 CH 指标，并用打分算法，计算不同聚类数的得分情况，结果如图 3.3.8 所示。

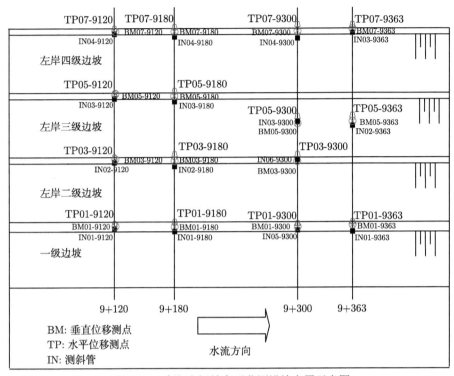

图 3.3.4 膨胀土渠坡变形监测设施布置示意图

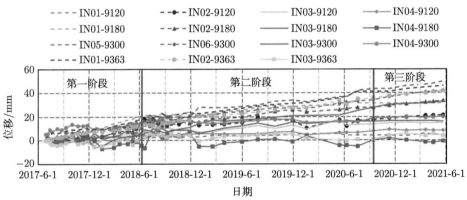

图 3.3.5 测斜管最大内部水平位移过程线

（扫码获取彩图）

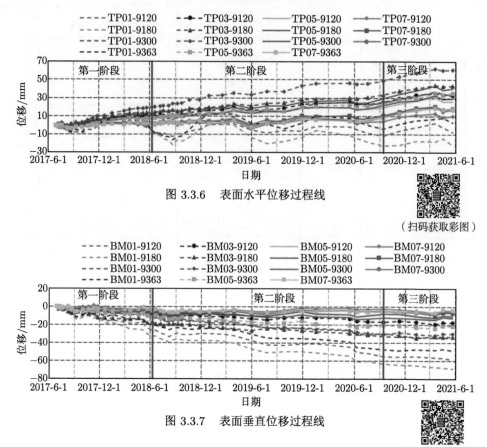

图 3.3.6　表面水平位移过程线

（扫码获取彩图）

图 3.3.7　表面垂直位移过程线

（扫码获取彩图）

图 3.3.8(a) 中环绕在圆外面的数字是簇数，指标值为映射的半径大小。图 3.3.8(b) 中数字代表对应簇数的指标得分，柱图总高度为总得分。

从图 3.3.8(a) 中可以看出，DB 值表示当聚类数为 2 时，聚类效果最好。但聚类数为 3 时，CH 指标取得最大值。上述现象说明对聚类效果的评价应综合考虑多种指标，若仅通过某一指标进行评价，可能造成评价偏差。从图 3.3.8(b) 中可得，当簇数为 3 时总得分最高，最高分为 27。

计算上述变形值的综合时间指标，并对其进行谱聚类，结果如图 3.3.5 ～图 3.3.7 所示。从图中可以看出，第一阶段为 2017 年 6 月 27 日至 2018 年 6 月 9 日，该阶段为变形开始阶段，渠坡内部变形、表面变形均缓慢且平稳地增长；第二阶段为 2018 年 6 月 20 日至 2020 年 9 月 13 日，该阶段为变形快速增长阶段，渠坡变形均呈增大趋势，垂直位移增长较为平稳，未出现跳动，部分测点的内部和表面水平位移出现较大幅度跳动；第三阶段为 2020 年 11 月 9 日至 2021 年 5 月 21 日，该阶段为变形收敛阶段，内部水平位移和垂直位移均未发生明显变化,变形趋于收敛,而表面水平位移仍呈增大趋势,但增大速率明显小于第二阶段。本模型时段划分结果与实际渠坡变形状态较为接近,说明划分结果较为合理,通过所提模型对变形序列进行时段划分可以辨别膨胀土渠坡变形发展阶段。

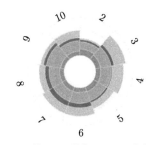

● Silouette 值 ● DB 指标 ● Dunn 指标 ● CH 指标

(a) 指标值

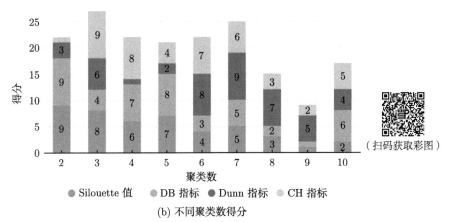

● Silouette 值 ● DB 指标 ● Dunn 指标 ● CH 指标

(b) 不同聚类数得分

图 3.3.8 聚类效果指标值和得分

3.3.3.2 空间测点聚类

基于上述时段划分结果,分别对不同时段内测点的变形特征进行空间聚类分析。

1) 变形开始阶段

对第一阶段变形特征进行空间聚类,将聚类数范围设为 [2, 14],计算得到的不同指标值和得分情况如图 3.3.9 所示,易知最优聚类数为 2 类。空间聚类结果如图 3.3.10 所示。

由图 3.3.10 可知,变形开始阶段 9+120 断面一级马道和 9+180 断面一级马道为变形相似区域一区,剩余区域为区域二区。

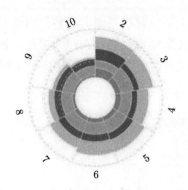

● Silouette 值　● DB 指标　● Dunn 指标　● CH 指标

(a) 指标值

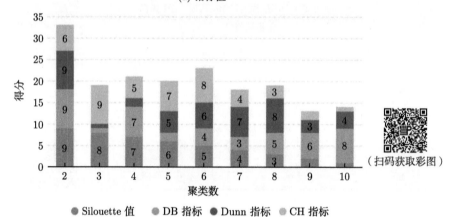

● Silouette 值　● DB 指标　● Dunn 指标　● CH 指标

(b) 不同聚类数得分

图 3.3.9　变形开始阶段，聚类效果指标值和得分

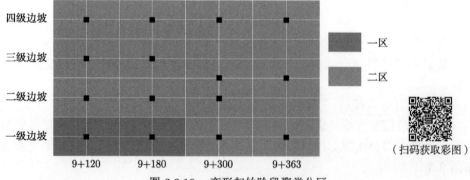

图 3.3.10　变形起始阶段聚类分区

2) 变形快速发展阶段

由打分算法得变形快速发展阶段最优聚类数为 3，空间聚类结果如图 3.3.11 所示，并以不同区域垂直位移过程线 (图 3.3.7) 为例，进一步对聚类结果进行讨论。

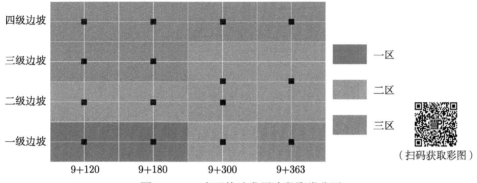

图 3.3.11　变形快速发展阶段聚类分区

由图 3.3.11 可知，区域一区划分结果未发生变化，9+120 二级马道、9+180 二级马道、9+300 一级和二级马道、9+300 和 9+363 断面三级渠坡为变形相似区域二区，剩余区域为变形相似区域三区。

3) 变形收敛阶段

由打分算法得到变形收敛阶段最优聚类数为 4，其特征空间聚类结果如图 3.3.12 所示。

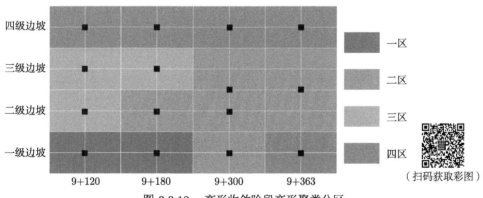

图 3.3.12　变形收敛阶段变形聚类分区

由图 3.3.12 可知，变形趋于收敛阶段，渠坡被划分为 4 区，其中一区划分结果未发生变化，9+180 二级马道、9+300 一、二级马道、9+300 和 9+363 三级渠坡为二区，9+120 二级马道、三级马道和 9+180 三级马道为三区，剩下区域为四区。

3.3.3.3　现场检查和无损探测验证

1) 时空聚类结果与工程形象面貌对比分析

通过现场检查发现，9+180 断面 (图 3.3.13) 和 9+300 断面 (图 3.3.14) 二级渠坡排水管有渗水现象，9+295 断面 (图 3.3.15) 和 9+320 断面 (图 3.3.16) 一级渠坡衬砌板拱起。经推断主要原因是上述区域地下水位较高，导致排水管渗水及衬砌板拱起。此外，上述区域均位于二区，反映出空间聚类的合理性。

图 3.3.13　9+180 二级渠坡渗水　　　　　图 3.3.14　9+300 二级渠坡渗水

图 3.3.15　9+295 衬砌板拱起　　　　　图 3.3.16　9+320 衬砌板拱起

通过 SIR-3000 型地质雷达对不同渠坡段探测结果表明，9+115—9+200 段一级马道存在显著的不规则散射波、强反射面，垂直截面断面波异常，雷达反射波波形不平稳 (图 3.3.17)。由此推断，该区域土质高含水异常且为软弱夹层带。该区域均位于一区，也反映出空间聚类的合理性。

2) 时空加权聚类与普通聚类结果对比分析

对比分析不考虑指标权重、变形量增长速率及指标波动程度，仅从垂直位移

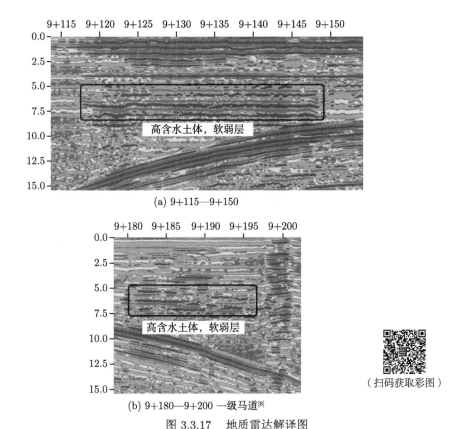

(a) 9+115—9+150

(b) 9+180—9+200 一级马道[8]

图 3.3.17 地质雷达解译图

（扫码获取彩图）

值大小出发进行聚类分析，利用谱聚类对上述测点进行时段划分和区域划分，该方法称为普通聚类。用该方法将变形发展过程划分为三段，结果为 2017 年 6 月 27 日至 2018 年 5 月 8 日、2018 年 5 月 20 日至 2020 年 1 月 17 日、2020 年 5 月 14 日至 2021 年 5 月 21 日，区域划分结果如图 3.3.18 所示。

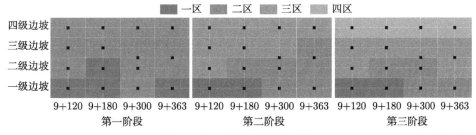

图 3.3.18 普通聚类分区结果

（扫码获取彩图）

时空加权聚类与普通聚类得到效果评价指标如图 3.3.19 所示。

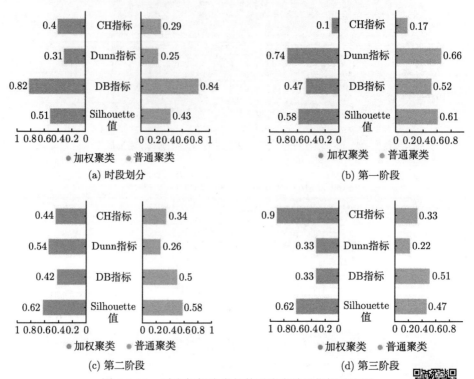

图 3.3.19　时空加权聚类与普通聚类效果指标对比图

（扫码获取彩图）

从时段划分效果评价指标可以看出，加权聚类的 Silhouette 值、CH 指标和 Dunn 指标均大于普通聚类效果指标，而 DB 指标则小于普通聚类效果，上述指标值均说明加权聚类的时段划分效果优于普通聚类。

从变形相似区域聚类效果评价指标可以看出：在第一阶段加权聚类的 Silhouette 值、Dunn 指标及 DB 指标均优于普通聚类，但加权聚类的 CH 指标值小于普通聚类。推测主要是由于加权聚类中将 BM03-9180 和 BM01-9363 测点聚类到二区中，而普通聚类中则被聚类到一区中。CH 指标值反映的是聚类结果内部紧密程度，从普通聚类可知上述两测点变形量值较大，与一区中其他测点较为接近。尽管如此，综合其他两种位移量聚类结果，仍可得出加权聚类效果优于普通聚类效果结论。

在第二、三阶段加权聚类的 Silhouette 值、Dunn 指标、CH 指标均大于普通聚类结果，而 DB 指标则小于普通聚类结果，这四个指标均显示加权聚类效果更优。

从上述聚类结果可以看出：所提出的时空表面变形聚类方法综合考虑膨胀土渠坡变形量大小、变形发展趋势、变形量增长速率等因素对渠坡变形的不同时段和不同空间进行划分，且能辨识变形量较大及变形发展速率较快的区域，对于渠坡异常区域辨识具有明显优势。

3.4 渠坡运行期内部变形时空规律分析方法

3.4.1 VMD 基本原理

变分模态分解 (variational mode decomposition, VMD) 是一种自适应信号分解方法，它能够将信号分解为一系列具有有限带宽的模态信号 (本质上是窄带的子信号)，每个模态对应信号的一个频率范围。VMD 在处理非平稳信号和非线性信号时表现良好，常用于去噪、故障诊断、模式识别等领域。

VMD 本征模态函数为一种调幅调频信号 $u_k(t)$，表达式为[28]

$$u_k(t) = A_k(t) \cdot \cos \varphi_k(t) \tag{3.4.1}$$

式中，$A_k(t)$ 为瞬时幅值；$\varphi_k(t)$ 为相位；t 为时间。

$$w_k(t) = \varphi_k'(t) = \frac{\mathrm{d}\varphi_k}{\mathrm{d}t} \tag{3.4.2}$$

式中，$w_k(t)$ 是 $u_k(t)$ 的瞬时频率。

在设置好模态数 K、惩罚参数 α 和上升步长 τ 等参数后，在变分框架内寻找模型最优解，实现信号分解，计算式为

$$\begin{cases} \min_{(\{u_k\},\{w_k\})} \left\{ \sum k \left\| \partial t \left[\left(\sigma(t) + \frac{\mathrm{j}}{\pi t} \right) u_k(t) \right] \mathrm{e}^{-\mathrm{j}w_k t} \right\|_2^2 \right\} \\ \text{s.t.} \quad \sum k u_k = f \end{cases} \tag{3.4.3}$$

式中，$\{u_k\} = \{u_1, \cdots, u_k\}$ 为分解得到的最终分量；$\{w_k\} = \{w_1, \cdots, w_k\}$ 为各 IMF 分量的实际中心频率；$\left(\sigma(t) + \frac{\mathrm{j}}{\pi t} \right) u_k(t)$ 为各 IMF 分量的解析信号；$\mathrm{e}^{-\mathrm{j}w_k t}$ 为每个解析信号的预估中心频率；f 为原始信号。

VMD 分解首先初始化 $\{u_k^1\}$、$\{w_k^1\}$ 和 λ^1(λ 为 Lagrange 乘子)，通过赋值 $n = n + 1$ 实现迭代，更新 $\hat{u}_k^{n+1}(w)$、w_k^{n+1} 和 $\hat{\lambda}^{n+1}(w)$，当 $w \geqslant 0$ 时：

$$w_k^{n+1} = \frac{\int_0^\infty w \left| u_k^{n+1}(w) \right|^2 \mathrm{d}w}{\int_0^\infty \left| u_k^{n+1}(w) \right|^2 \mathrm{d}w} \tag{3.4.4}$$

重复上述步骤进行迭代使得满足约束条件 η:

$$\sum k \frac{\left\| \hat{u}_k^{n+1} - \hat{u}_k^n \right\|_2^2}{\left\| \hat{u}_k^n \right\|_2^2} < \eta \tag{3.4.5}$$

3.4.2　基于 Soft-DTW 的变量相似性度量

动态时间规整 (dynamic time warping, DTW) 算法能最大程度减少时间偏移和失真的影响，允许对时间序列进行弹性变换，在财经、电力、水文等领域得到了广泛的应用 [29]。它对不同波动幅度、时间尺度的相似形状的检测具有极高效率，因而对相似性计算具有更好的稳健性。给定长度为 N 的测试时间序列 X、长度为 M 的参考时间序列 Y:

$$X = (x_1, x_2, x_3, \cdots, x_i, \cdots, x_N) \tag{3.4.6}$$

$$Y = (y_1, y_2, y_3, \cdots, y_j, \cdots, y_M) \tag{3.4.7}$$

式中，x_i 和 y_j 分别表示 X 和 Y 两个序列第 i、j 个测点的测量值。

DTW 目标是在 $O(N, M)$ 时间内找到最优解。序列的最优排列即是通过最小化代价函数 (即距离) 来排列序列测点。该算法首先建立距离矩阵 $\boldsymbol{C} \in \mathbf{R}^{N \times M}$ 来表示 X 和 Y 间成对测点的距离，这个距离矩阵称为 X 和 Y 两个对齐序列的局部成本矩阵，定义为

$$\boldsymbol{C}_l \in \mathbf{R}^{N \times M} : c_{ij} = \| x_i - y_i \|, \quad i \in [1 : N], \quad j \in [1 : M] \tag{3.4.8}$$

式中，$\boldsymbol{C}$ 是局部成本矩阵，矩阵的第 (i, j) 元素为 x_i、y_j 间的距离 c_{ij}。

当序列相似时，距离函数值小；反之距离函数值大。一旦建立了局部成本矩阵，可找到低成本区域的对齐路径，该对齐路径定义了元素 $x_i \in X$ 到元素 $y_j \in Y$ 的对应关系，边界条件将 X 和 Y 的第一个和最后一个元素指定给彼此。DTW 建立弯曲路径 p 是定义 X 和 Y 间映射的一组连续的矩阵元素集合。p 的第 l 个元素定义为 $p_l = (p_i, p_j) \in [1{:}N] \times [1{:}M], l \in [1{:}K](\max(N, M) \leqslant K \leqslant N + M - 1)$，$K$ 是弯曲路径长度。

弯曲路径受以下条件约束：①边界条件，$p_1 = (p_1, p_1)$、$p_K = (p_N, p_M)$，要求弯曲路径从矩阵的对角单元开始和结束；②单调性条件，给定 $p_l = (p_a, p_b)$，则 $p_{l-1} = (p_{a'}, p_{b'})$，其中 $a - a' \geqslant 0$, $b - b' \geqslant 0$，要求 p 在时间上是单调间隔；③连续性条件，给定 $p_l = (p_a, p_b)$，则 $p_{l-1} = (p_{a'}, p_{b'})$，其中 $a - a' \leqslant 1$, $b - b' \leqslant 1$，限制弯曲路径中允许到相邻单元步数 (包括对角相邻单元)。

与路径相关联的总成本函数 c_p 定义为

$$c_p(X, Y) = \sum_{l=1}^{K} c(x_{li}, y_{lj}) \qquad (3.4.9)$$

式中，$c(x_{li}, y_{lj})$ 是弯曲路径第 l 个元素中两个数据点索引间的距离。

序列 X 和 Y 间相似性度量 $\boldsymbol{D}_{ij}$ 是使代价最小化的最佳弯曲路径 p^*。为克服最优路径指数增长，应用动态规划 (dynamic programming，DP) 得到一定约束条件下的最优匹配：

$$\text{DTW}(X, Y) = c_{p^*}(X, Y) = \min\left\{c_p(X, Y), p \in P^{N \times M}\right\} \qquad (3.4.10)$$

式中，$p^* = \{p_1^*, p_2^*, \cdots, p_l^*, \cdots, p_K^*\}$，$P^{N \times M}$ 是所有可能弯曲路径的集合，并构建累积成本矩阵或全局成本矩阵 $\boldsymbol{D}$，其定义如下：

$$D(1, j) = \sum_{k=1}^{j} c(x_1, y_k), \quad j \in [1, M]$$
$$D(i, 1) = \sum_{k=1}^{i} c(x_k, y_1), \quad i \in [1, N] \qquad (3.4.11)$$

$$D(i, j) = \min\left\{D(i-1, j-1), D(i-1, j), D(i, j-1)\right\}$$
$$+ c(x_i, y_j), i \in [1, N], j \in [1, M]$$

一旦累积成本矩阵建立弯曲路径，就可按贪婪策略从 $p_{\text{end}} = (p_N, p_M)$ 到 $p_{\text{start}} = (p_1, p_1)$ 进行回溯。这种方法会造成时间序列 X 的大量点映射到 Y 的单个点，以至找不到最佳映射。为此，使用 Sakoe Chiba(S-C) 带和 Itakura 平行四边形全局约束，限制允许弯曲路径沿对角线方向，以此来解决找不到最佳映射问题。其中，S-C 带沿主对角线 $i = j$ 运行，并在固定宽度 $T_0 \in N$ 时约束弯曲范围。

S-C 带限制强制递归路径在某一阈值 T_0 停止，全局成本矩阵 $\boldsymbol{D}$ 计算如下：

$$D(i, j)$$
$$= \begin{cases} \min\{D(i-1, j-1), D(i-1, j), D(i, j-1)\} + c(x_i, y_j), & |i-j| < \delta \\ \infty, & \text{其他} \end{cases} \qquad (3.4.12)$$

S-C 带在 $N \sim M$ 时工作良好。一般地，S-C 带的宽度取时间序列长度的 10%。在安全监测中，变量具有特殊物理特性。以边坡变形为例，变形一般滞后于地下水位、库水位 (渠道水位)15 天左右，因此 S-C 带的宽度初定 15 天，并通过改变带宽来确定 S-C 带的最佳弯曲宽度。

在 DTW 相似性度量的基础上进行层次聚类。具体步骤为：采用 DTW 计算序列间距离，得到初始距离矩阵；基于 Huygens 定理的 Ward 标准确定分组，

Huygens 定理允许分解组间、组内方差，Ward 准则使聚合两组时每步总方差增长最小。当 $Q-1 \sim Q$ 组方差增加远大于 $Q \sim Q+1$ 组方差增加时，建议划分为 Q 组。

软动态时间规整 (soft dynamic time warping, Soft-DTW) 是动态时间规整 (DTW) 的一种改进版本。DTW 是用于测量两个时间序列之间相似性的常用方法，它通过允许时间轴上的非线性匹配来计算最优对齐。然而，DTW 本身在某些情况下表现出不连续、不可导等缺点，这对基于梯度的优化方法不利。而 Soft-DTW 引入了一个可微的替代方案，解决了这些问题。

Soft-DTW 是标准 DTW 的一种平滑变体，它引入了一种软化机制，使得最小化过程可微，并且所有可能的对齐路径都参与计算，而不仅仅是最优路径。这通过引入一个平滑参数 γ 来实现，这个参数控制了路径之间的平滑程度。

给定两个时间序列 $X = (x_1, x_2, \cdots, x_N)$ 和 $Y = (y_1, y_2, \cdots, y_M)$，首先计算两者之间的距离矩阵 $\boldsymbol{D}$，其中每个元素 $D(i,j) = d(x_i, y_j)$ 表示时间点 x_i 和 y_j 之间的距离。通常 d 是欧氏距离，也可以用其他距离度量。

Soft-DTW 使用类似于 DTW 的递归方式来计算对齐路径的累积代价矩阵 $G(i,j)$。然而，标准 DTW 中选择最优路径的 min 操作在 Soft-DTW 中被替换为平滑的 softmin 操作。累积代价矩阵 $\boldsymbol{G}$ 的递归计算公式为

$$G(i,j) = D(i,j) + \mathrm{softmin}(G(i-1,j), G(i,j-1), G(i-1,j-1)) \tag{3.4.13}$$

其中，softmin 是使用平滑参数 γ 的软化版本：

$$\mathrm{softmin}(a,b,c) = -\gamma \log(\mathrm{e}^{-a/\gamma} + \mathrm{e}^{-b/\gamma} + \mathrm{e}^{-c/\gamma}) \tag{3.4.14}$$

当 $\gamma \to 0$ 时，softmin 会趋近于标准的 min 操作，Soft-DTW 将变为传统的 DTW。而当 γ 较大时，不同路径的贡献将更加平均化。

Soft-DTW 的距离是从累积代价矩阵的终点提取的，即：

$$\mathrm{Soft\text{-}DTW}(X,Y) = G(N,M) \tag{3.4.15}$$

这表示从时间序列 X 的起点到终点，与时间序列 Y 的起点到终点的平滑最优对齐代价。

Soft-DTW 的一大优势是其可微性。因为 softmin 操作是可导的，整个 Soft-DTW 距离函数也是可导的。这使得它可以用于基于梯度的优化任务中，如时间序列分类、聚类等。

3.4.3　基于多变量 LOF 的潜在滑动面判定方法

异常点检测是指找出行为不同于预期对象的过程，主要分为监督方法和无监督方法。无监督检测假定正常对象在某种程度上是聚类的。作为一种无监督方法，

基于密度的异常点检测方法精度较高。方法核心是：把检测对象周围点的密度与邻域周围点的密度进行比较，正常点周围点的密度与其邻域周围点的密度相似，而异常点则显著不同。基于密度的聚类算法与异常检测相结合，即为局部异常系数 (local outlier factor, LOF) 概念 [29]。

对训练集 $X = [x_1, x_2, \cdots, x_N] \in \mathbf{R}^{D \times N}$，可通过下式获得 $x_a (a = 1, 2, \cdots, N)$ 的 k 近邻：

$$d(x_a, x_b) = \sqrt{\sum_{n=1}^{D} |x_{an} - x_{bn}|^2}, \quad (a \neq b) \tag{3.4.16}$$

x_a 的 k 近邻记为 KNN(x_a)。通过计算 x_a 与 k 近邻距离得到 x_a 的 k 距离，记为 $k_d(x_a)$。x_a 与另一个对象 x_b 的可达距离定义为

$$d_r(x_a, x_b) = \max\{k_d(x_b), d(x_a, x_b)\} \tag{3.4.17}$$

从而，局部可达密度定义为 x_a 的 k 近邻的平均可达密度的倒数：

$$l_{dr}(x_a) = \frac{k}{\sum\limits_{x_b \in \text{KNN}(x_a)} d_r(x_a, x_b)} \tag{3.4.18}$$

LOF 可通过计算 x_a 和 x_b 的局部可达密度得到：

$$\text{LOF}(x_a) = \frac{1}{k} \cdot \sum_{x_b \in \text{KNN}(x_a)} \frac{l_{dr}(x_b)}{l_{dr}(x_a)} \tag{3.4.19}$$

LOF(x_a) 值越大，越可能是异常值。因为 x_a 和 KNN(x_a) 的密度相似，如 x_a 不是异常值，LOF(x_a) 应该接近 1。因为 x_a 和 KNN(x_a) 的相对密度很小，如 x_a 是一个异常值，LOF(x_a) 应明显大于 1。特别地，如 x_a 和 KNN(x_a) 小于或等于 1，那么 x_a 是聚类的核心。LOF 值为 1 表示一个理想的条件，即样本的局部可达密度与其 KNN(x_a) 的平均密度相同。

3.4.4 渠坡运行期内部变形时空演变规律分析

某重大引调水工程膨胀土渠段边坡具有挖深大、地质结构复杂等特点。所处区域为湿润性大陆气候区，四季分明，夏秋两季炎热多雨，冬春干燥少雨，多年平均降水量 815mm。桩号 8+000—12+000 段挖深 39~45m。运行后，部分断面边坡变形呈趋势性发展且未收敛，混凝土拱圈护坡出现上部拱圈拉裂、坡脚拱圈断裂翘起、过水断面衬砌板开裂等刚性结构破损现象。渠段于 2013 年 3 月开挖完成，2014 年 10 月投入运行。重点对 9+300 左岸边坡进行分析 (图 3.4.1)。

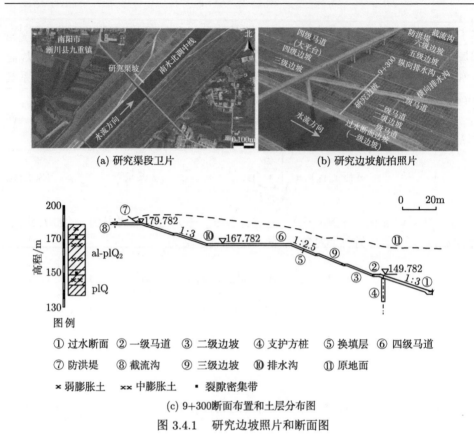

(a) 研究渠段卫片　　　　　　　(b) 研究边坡航拍照片

图例

① 过水断面　② 一级马道　③ 二级边坡　④ 支护方桩　⑤ 换填层　⑥ 四级马道

⑦ 防洪堤　⑧ 截流沟　⑨ 三级边坡　⑩ 排水沟　⑪ 原地面

✕ 弱膨胀土　✕✕ 中膨胀土　▪ 裂隙密集带

(c) 9+300 断面布置和土层分布图

图 3.4.1　研究边坡照片和断面图

一级马道以上的边坡依据开挖揭露裂隙情况采取局部支护措施，该断面地质剖面如图 3.4.1(c)，一级马道以上未揭露大裂隙面，故未设置抗滑桩。

为监测边坡变形情况，2017 年在该段增设变形和地下水位监测设施 (图 3.4.2)。测斜管布置于三级边坡及一、二、四级马道，考虑裂隙密集带分布，孔深 25～28.5m，测斜管布置信息列于表 3.4.1。渗压计 (P1、P2) 布置于一、二级马道，埋深 25m；测压管 (PT3、PT4) 布置于三级边坡和四级马道，孔深 19m、27m，设施信息列于表 3.4.2。该段渠道还布置有降水量、渠道水位和气温等环境量监测设施。

测斜管、测压管、渗压计的观测频次一般为 1 次/周。重点分析测斜管测得的向渠道内部的变形，以朝渠内变形为正。渠道水位年变幅一般在 1m 以内，相对于坡高 39.762m，渠道水位波动较小，故不分析渠道水位变化对边坡变形的影响。

3.4.4.1　变形时间变化规律分析

以各测斜管位移最大值测点为例，测点过程线见图 3.4.3。IN01～IN04 最大值测点距管口深度分别为 0.5m、4m、6.5m 和 2.5m。IN02、IN03 两根测斜管在

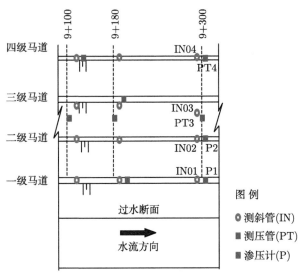

图 3.4.2 边坡安全监测设施布置图

表 3.4.1 测斜管布置表

编号	埋设时间	孔深/m	位置
IN01	2017.4	25	一级马道
IN02	2017.4	25	二级马道
IN03	2017.4	24.5	三级边坡
IN04	2017.4	28.5	四级马道

表 3.4.2 地下水位观测设施布置表

编号	位置	管口高程/m	孔深/m	安装高程/m
P1	一级马道	149.802	25	124.392
P2	二级马道	155.302	25	129.921
PT3	三级边坡	158.104	19	——
PT4	四级马道	167.782	27	——

2020 年 7 月 16 日后重新取基准值开始自动化观测,分析数据截止到 2020 年 7 月 9 日,另外两根测斜管数据截止到 2021 年 6 月 10 日。IN01～IN04 最大位移值分别为 51.86mm、33.20mm、25.97mm 和 20.63mm。一、二级马道水平位移均已经超出设计警戒值 (30mm)。

从图 3.4.3 可见,边坡变形呈现显著的趋势性变化,主要为向渠道内部方向的变形。还可看出,变形在年内也有一定的波动,并呈现一定的季节性和间歇性,符合膨胀土边坡变形的一般规律。其中,IN01、IN04 的最大位移的测点距离管口较近,季节性位移较显著。

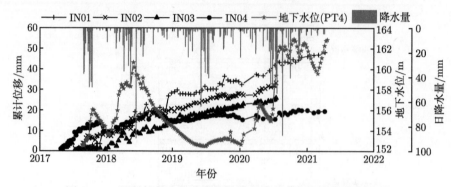

图 3.4.3   测斜管最大位移测点位移与地下水位和降水量的关系

日降水量从 2017 年 7 月开始观测 (图 3.4.3)。一年中降水主要集中在 6~9
月，部分年份 5 月、10 月也有较多降水，冬春季降水较少。观测以来，最大年
降水量为 824mm，出现在 2020 年。其中，6~8 月的月降水量分别为 174.5mm、
181.5mm 和 141.5mm，分别占全年 21.2%、22.0% 和 17.2%。日均气温呈年周期
性变化，最高日均气温一般出现在 6~8 月，最低日均气温一般出现在 12 月至翌
年 2 月。可见，降水和气温变化为大气影响层内的干湿循环提供了良好的条件。

VMD 可根据时间序列在不同尺度上的特征进行自适应分解，使每个分量都
具有明确的物理意义[30]。为更好地分析时间变化规律，采用 VMD 对变形的时
间序列进行分解。考虑变形的趋势性、周期性和波动性特征，将模态数 K 设为 3。
以残余项最小为目标，通过多次试算，将惩罚参数 a 和上升步长 τ 分别设为 0.5、
0.1。图 3.4.3 中各测点时间序列分解后结果见图 3.4.4。

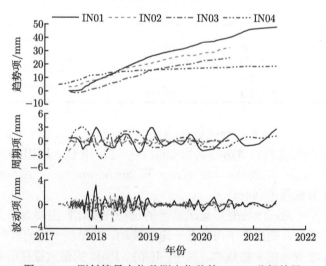

图 3.4.4   测斜管最大位移测点位移的 VMD 分解结果

从图 3.4.4 可看出，各测点位移趋势性增加较明显，其中以 IN01 最为显著，呈对数函数形式发展。同时，各测点周期性位移的变化幅度不尽相同，IN01、IN04 测点变幅最大，且表现出较好的年周期性。坡中的 IN02、IN03 测点变幅最小。波动性位移跳跃均较频繁，采用 Box-Ljung 检验判别，均拒绝白噪声假设，表明波动性位移中蕴含了一定规律。

3.4.4.2 变形空间变化规律分析

选取部分观测日绘制各测斜管位移分布图见图 3.2.10。可见，各测斜管不同深度测点的变形差异较大。整体上看，沿深度方向存在上部的显著变形区、下部的稳定区及中间的过渡带。此外，各测斜管的显著变形区、中间过渡带的深度也各不相同。IN01~IN04 的显著变形区距离孔口分别深 1m、11m、11m 和 3.5m。

为更好地说明边坡变形的空间特征，选取 2018 年 8 月 13 日、2020 年 7 月 10 日两个观测日，绘制位移等值线，如图 3.4.5。可看出，二级边坡底部的累计位移明显大于四级边坡肩。由于过水断面受方桩和坡面梁支护体系制约，过水断面边坡下部变形较小。

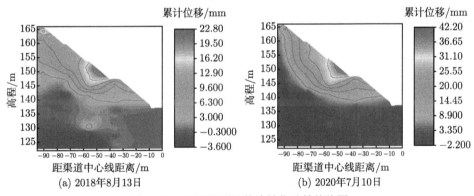

图 3.4.5 不同观测日的边坡位移等值线图

整体看，边坡变形分布与一般膨胀土边坡的变形分布一致，即坡脚位移较大，坡顶位移较小。同时，经现场检查发现，该处边坡二级边坡坡脚抬升和拱圈断裂，变形分布规律与外观破损分布也较为吻合。

3.5 渠坡运行期变形时空演变机理分析

3.5.1 地下水位对渠坡内部变形的影响分析

从图 3.4.3 可见，渠坡地下水位较高，且与降水量存在一定相关性，持续降水地下水位抬升，反之地下水位下降。为更好地说明地下水位对渠坡变形的影响，采用 VMD 对 PT4 测点观测到的地下水位进行分解，参数设置同变形，比较 IN04 最大值测点位移分量与地下水位成分关系，见图 3.5.1。可看出，地下水位与位移均呈现趋势性发展，但趋势性位移初期增长显著，此后减缓。考虑到观测时渠坡已开挖完成 4 年，回弹变形已趋于稳定，地下水位趋势性变化影响显著。除受地下水位波动性成分影响外，波动性位移还受到其他因素影响，跳跃较频繁。

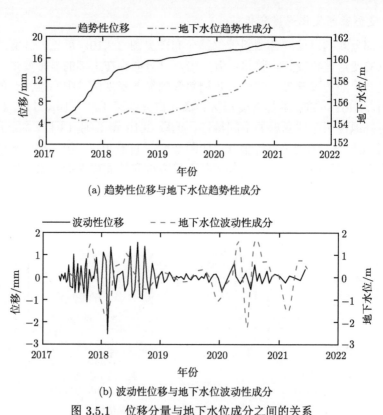

(a) 趋势性位移与地下水位趋势性成分

(b) 波动性位移与地下水位波动性成分

图 3.5.1　位移分量与地下水位成分之间的关系

3.5.2　大气活动对渠坡上部变形的影响分析

同样地，采用 VMD 对降水量进行分解，以便分析降水量成分对位移分量的影响。考虑降水量的年际变化特征，模态数 K 设为 2，将其分解为周期性和波动性成分。比较位移分量与地下水位成分关系，如图 3.5.2。可见，周期性位移与降水量周期性成分呈较好相关性，降水量较多时段，位移增长；降水量较少时段，位移恢复。由于膨胀土渗透性小，降水入渗过程较缓慢，导致位移变化均呈现一定滞后性。相对于地下水位波动性成分，波动性位移与降水量波动性成分相关性更好，波动性位移随降水量波动而波动。

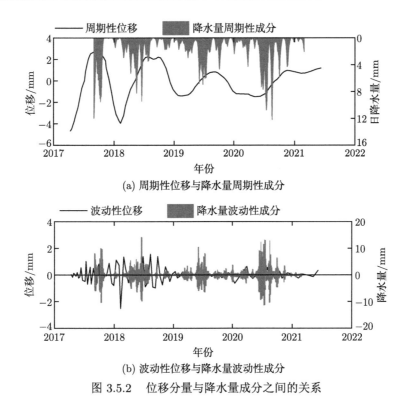

(a) 周期性位移与降水量周期性成分

(b) 波动性位移与降水量波动性成分

图 3.5.2 位移分量与降水量成分之间的关系

3.5.3 变形体及潜在滑动面判定方法

3.5.3.1 变形测点的聚类分析

聚类分析可创建对象不同的集群 (类)。理想情况下，同一聚类中的对象彼此相似，且与其他聚类中的对象尽可能不同。DTW 用时间规整函数描述一个时间序列和参考时间序列之间的对应关系，利用形状相似特点找到两个时间序列之间的最优翘曲路径，求得空间距离[31]。Soft-DTW 采用可微损失函数，它的值和梯度均可以用二次时间/空间复杂度来计算[32]。这种正则化方法适用于时间序列的相似性衡量。层次聚类不需要指定特定聚类数，对于一组选定的对象，总是给出相同的结果。在 Soft-DTW 距离度量基础上，采用层次聚类对各测斜管测点进行聚类分析。

以 IN03 为例描述测点聚类过程。使用 Soft-DTW 计算测点间的空间距离。低平滑参数 γ 的 Soft-DTW 算法产生伪质心，γ 足够大时 soft-DTW 算法可收敛到合理的解。这里，γ 设为 1，对测点进行层次聚类，最优聚类数是 3，结果见图 3.5.3。其中，距管口深度 11.5m 和 20.5m 之间的测点被划分为聚类 2，其上、下测点分别归为聚类 1 和聚类 3。为更好地说明聚类结果，图 3.5.3 中还绘制了测斜管在 2020 年 7 月 9 日 (IN02、IN03) 和 2021 年 6 月 10 日 (IN01、IN04) 的位移分布。

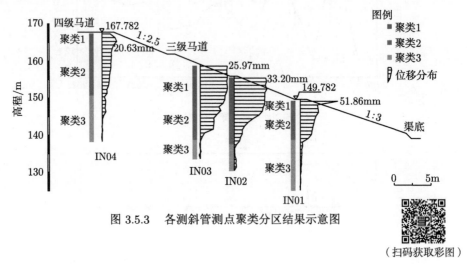

图 3.5.3　各测斜管测点聚类分区结果示意图

（扫码获取彩图）

为说明聚类结果的合理性，以 IN03 上的测点 26 和 32 为例，分析聚类 2 内测点位移时间序列的相似性，两测点距管口分别为 13m 和 16m。两测点时间序列的归一化距离为 0.69，对应变化过程见图 3.5.4(a)。可观察到，聚类 2 中测点 26 和 32 位移的趋势性、周期性和波动性均呈现较好的相似性。为了比较不同聚类间的异同，还选取了聚类 1 的测点 6 进行对比，测点 6 距管口 3m。测点 26 和 6 时间序列的归一化距离为 1.51，明显大于其与测点 32 的距离。测点 26 和 6 对应变化过程见图 3.5.4(b)。两测点位移趋势性、2019 年以后的周期性和波动性均存在一定差异。聚类 1 的测点位移的趋势更显著、跳跃波动也更频繁。

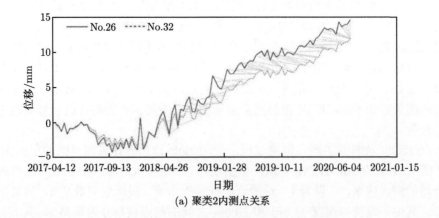

(a) 聚类 2 内测点关系

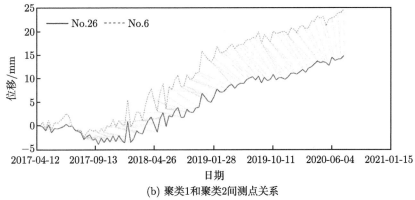

(b) 聚类1和聚类2间测点关系

图 3.5.4　聚类内和聚类间测点之间的变化对比

同样地，采用层次聚类法对其余 3 根测斜管上的测点进行聚类分析，结果也绘于图 3.5.3 中，渠坡上各测斜管测点聚类数均为 3。对比四级马道的 IN04 和三级渠坡的 IN03 聚类结果，聚类 1 深度分别为 3.5m 和 11m，存在显著差异。然而，三级渠坡的 IN03 和二级马道 IN02 中的聚类 1 的深度接近，分别为 11m 和 10m。此外，方桩和坡面梁框架支护体系对过水断面的变形影响很大，过水断面渠坡变形主要发生在上部，IN01 的聚类 1 的深度为 1m。IN03 和 IN04 中聚类 1 与从图 3.5.5 判断的显著变形区深度大致相同。

3.5.3.2　变形体及潜在滑动面判定

LOF(局部离群因子) 是根据对象点与其相邻点间的密度来衡量该点异常程度的指标，LOF 异常点检测在工程应用中表现良好，但 LOF 结果高度依赖于最近邻域 l 的数量 [31]。一旦改变 l，异常值结果显著不同。加权多尺度局部离群因子 (weighted multis cale local outlier factor，WMLOF) 算法基于对不同参数 l 的结果进行加权，确定不同 l 值下的初始 LOF 值，利用熵权法确定各尺度，采用滑动窗口机制计算 WMLOF 值，最大限度地发挥自适应滑动窗口策略的优势，在多个尺度上组合 LOF 特征 [33]。一般地，采用原始时间序列的 1/10 作为滑动窗口长度 W。

窗口长度 W 设为 20，应用 WMLOF 计算 4 根测斜管测点的 LOF 值。以 IN04 和 IN03 为例，结果如图 3.5.5 所示。核密度估计是一种确定离散样本概率密度的非参数方法，采用该方法估计 LOF 阈值，带宽 0.05，置信水平 95%。计算得 IN04 和 IN03 的阈值分别为 3.81 和 3.30。如 IN03 上的测点 22 的 LOF 值为 3.42，超过其阈值 3.30。可看出，两个相邻聚类之间的测量点的 LOF 值相对较大。特别地，聚类 1 和聚类 2 之间测点的 LOF 值均超过其阈值。这与两个聚类间测点之间变形变化规律的骤变有关。

从图 3.5.5 还可观察到，IN04 和 IN03 的聚类 1 的深度显著不同。IN04 的聚类 1 距管口深度仅 3m，而 IN03 的聚类 1 深度为 11m。通过连接相邻测斜管的聚类 1 和聚类 2 间 LOF 值最大测点，即变形存在骤变的测点，可得到潜在滑动面，其上部为变形体，如图 3.5.6 所示。可看出，潜在滑动面前缘大致水平。因受到一级边坡支护体系的限制，潜在滑出口位于接近一级马道的浅层处。

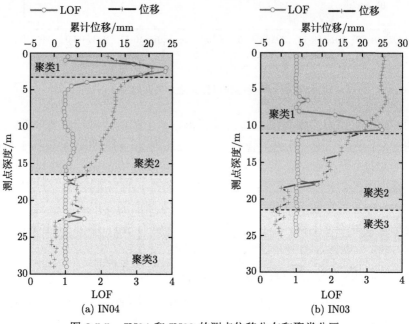

图 3.5.5　IN04 和 IN03 的测点位移分布和聚类分区

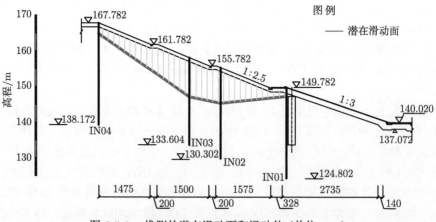

图 3.5.6　推测的潜在滑动面和滑动体 (单位: cm)

3.5.4 变形机理分析

进一步分析地下水位与降水的关系，各测点地下水位与日降水量变化过程如图 3.5.7。其中，三级边坡 PT3 测点在 2020 年 8 月之后灵敏度不符合要求，测值不能反映实际情况。可看出，地下水位与日降水量之间存在良好的相关性，多雨时段地下水位上升，反之下降。如 2020 年 6 月持续降水，6 月 9 日至 30 日累计降水量为 174.5mm。从 6 月 9 日至 19 日，PT4 测点地下水位保持在 155m 左右，然后持续上升，到 7 月 9 日达到 159m。换而言之，地下水位在一个月内上升了 4m。同时也表明，地下水位上升相比降水存在一定的滞后性。PT4 测点 2018~2020 年的年变幅分别为 7.043m、1.904m 和 10.264m，年际变化较大。

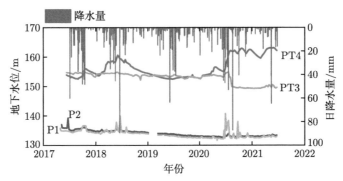

图 3.5.7 各点的地下水位与日降水量的关系

应用灰色关联度分析降水与地下水位的相关性。考虑到降水入渗的滞后性，且入渗量要小于降水量，因此采用有效降水量来表示当日及前 15 天的降水量[34]。灰色关联度分析分辨率系数设为 0.5，即当两个物理量的灰色关联度大于 0.6 时，表明具有良好的相关性。其中，PT3 测点取 2020 年 7 月前的数据。PT4、PT3、P2 和 P1 的地下水位与有效降水量之间的灰色关联度分别为 0.645、0.632、0.586 和 0.511。可见，二级马道以上的地下水位与降水量之间存在良好的相关性，降水入渗补给了坡面上部的地下水。地质勘察资料也表明，该渠段地下水位较高，主要为上层滞水。

地下水位变化引起土体有效应力变化，进而引起边坡变形。自观测以来，4 个测点的地下水位波动深度如图 3.5.8。可看出，地下水位的波动深度较大。四级马道上的 PT4 测点最高地下水位为 163.11m，距管口仅 4.672m，发生在 2021 年 5 月 30 日；最低地下水位为 152.495m，发生在 2019 年 6 月 28 日。最高和最低地下水位之间的高差为 10.615m。相应地，四级马道上 IN04 测点在 16.5m 的深度范围内均表现出一定的变形，其变形深度略大于最深地下水位 15.287m。

根据该段地质调查，大气影响急剧层深度、大气影响层深度分别为 1.6~2.4m 和 0~5.3m，坡肩地带大气影响层深度可接近 10m(图 3.5.9) [14]。大气影响层深度随地形及地下水埋深变化而变化。多雨时段地下水位最浅埋深 3~4m，少雨时段埋藏较深，可达 8m。与该地区的地质调查结果相比，PT4 测点的地下水位波动深度明显更大。

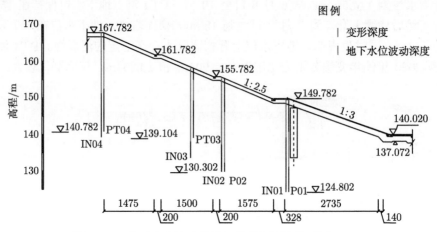

图 3.5.8　地下水位波动范围与变形变化深度 (单位：cm)

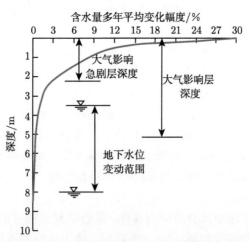

图 3.5.9　土体含水量变化幅度与深度的关系

其余各处的地下水位波动深度和变形范围也绘于图 3.5.8。对 IN03 进行分析，可看出，该处变形范围比地下水位波动深度深得多。根据图 3.4.1(c)，在高程 150m 附近有一个裂隙密集带。可以推断，该处变形还与裂隙密集带有关。对于 IN04 和

IN02，地下水位的波动深度与变形深度之间存在良好的一致性。对于过水断面边坡，变形受边坡支护体系影响，仅发生在上部。

在一定荷载范围内，荷载越大，经历相同的干湿循环次数，膨胀土的绝对和相对胀缩率越小。荷载对干湿循环过程中膨胀土的胀缩幅度及强度衰减具有明显抑制作用[35]。开挖改变了膨胀土的上覆荷载大小和环境条件，该渠段施工期滑坡调查结果表明，受干湿循环影响的浅层变形破坏位于大气影响急剧层，浅层滑动一般沿地下水变化区或地下水位附近剪出。深层滑坡主要受控于各种裂隙，滑动面后缘主要受垂直裂隙控制，拉裂面倾角通常大于 60°；中下部受坡中、坡脚缓倾结构面控制，底滑面近于水平。滑动面呈折线形，而非传统均质土坡滑坡的圆弧形。深层第一类主要受环境作用形成的缓倾角裂隙控制，埋深 3~12m；第二类是结构面，深度变化大[36]。

结合图 3.5.6 和图 3.5.8 可知，二级马道以上的边坡地下水波动范围较大，导致边坡变形深度较大，边坡上部显著变形区位于大气影响层内。边坡中部受到地下水位波动和裂隙密集带双重影响，导致显著变形区域埋深较深，超过 10m。边坡下部受支护体系限制，变形主要位于浅层。潜在滑动面呈折线形，且受裂隙密集带、一级边坡支护体系的影响，滑动面前缘近似水平。

3.5.5 加固处置措施建议

尽管采取了全断面换填改性土措施，通水运行 3 年即开挖完成 4 年后，渠坡仍发生了较严重变形。渠坡上部的地下水位与降水量呈较好的相关性，地下水波动范围较大。

在地下水长期波动作用下，膨胀土强度降低，裂隙密集带进一步弱化，导致渠坡变形范围较深。考虑到目前渠道已经通水运行，且坡面施工场地狭小，特别是该段渠坡属于深挖方渠道，变形部位位于二级渠坡，无现有施工道路可利用，不利于大型施工机械作业。因此，对于二、三级渠坡，可根据渠坡变形监测情况，在距马道一定距离坡体设置微型桩，以增加渠坡的阻滑力，提高渠坡的稳定安全系数。除采取微型桩等支护措施外，还需在边坡上部采取深层排水措施，降低地下水位[37,38]。该段已有多处存在严重变形的边坡，虽然在二、三级马道布置了 2m 深排水盲沟来降低边坡地下水，但排水盲沟只对渠坡浅层起到降排水作用，无法降低坡体较深处地下水。因此，建议采用排水降压井的方式进一步降低地下水位，即采用排水盲沟和排水井组合的方式降低渠坡地下水。具体为：在一级马道、二级和三级马道平台设置排水盲沟 (盲沟内回填满足反滤料要求的级配碎石料)，盲沟通过 PVC 排水管与坡面排水沟相连；在二级和三级边坡坡顶设置排水井，深度 5m 左右。

3.6　本章小结

本章基于工程地质资料、安全监测数据以及 InSAR 数据，应用多种方法研究了深挖方膨胀土渠坡运行期变形时空演化规律。构建了安全相似性指标，并基于熵值法，提出了变形时间综合指标和变形空间综合指标；结合谱聚类方法提出了膨胀土渠坡变形时段划分和空间区域聚类方法，建立了膨胀土渠坡变形时空聚类模型；借助变分模态分解、加权多尺度局部异常系数以及聚类分析等数据挖掘方法，以实际工程为例，分析了深挖方膨胀土渠道边坡表面和内部时空变形特征，得到以下主要结论：

(1) 开挖完成后的膨胀土渠道边坡变形呈现显著的趋势性变化，同时具有季节性和间歇性。深挖方膨胀土渠道边坡空间分布呈现显著的不均匀性，下部变形值较大，往上逐渐减少。

(2) 边坡上部显著变形区深 3m，位于大气影响层内；中部受地下水波动和裂隙密集带影响，显著变形区埋深较深，达 11m；下部受支护体系限制，变形主要位于浅层。边坡上层滞水受雨水补给，波动范围大，导致上部变形深度较深，在 16.5m 深度范围内都存在一定变形。

(3) 基于所建立的时空聚类模型，将渠坡变形时段划分为变形起始阶段、发展阶段和收敛阶段，并对空间区域进行划分，获取了渠坡浅层的变形异常区域。通过与渠坡实际安全状况对比，验证了所提方法的可行性。

(4) 采用聚类分析对不同深度测点进行聚类，聚类数均为 3，从上到下对应于显著变形区、过渡带和稳定区。通过局部异常系数推测了潜在滑动面，潜在滑动面通过聚类 1 和聚类 2 之间的测点，呈折线形。潜在滑动面前缘受气候条件、边坡地下水、裂隙密集带和支护措施影响，近似水平。

(5) 为减少地下水波动对膨胀土胀缩变形的影响，除采取加固支护措施外，还应采用排水盲沟与排水井结合的措施降低地下水。研究成果可为对气候条件敏感的开挖渠道的运行管理和加固处置提供技术支撑。

参 考 文 献

[1] 胡江, 李星, 马福恒. 深挖方膨胀土渠道边坡运行期变形成因分析 [J]. 长江科学院院报, 2023,40(11):160-167.

[2] 陈善雄. 强膨胀土渠坡破坏机理及处理技术 [M]. 北京: 科学出版社, 2016.

[3] 南水北调中线一期工程总干渠初步设计安全监测技术规定 (NSBD-ZGJ-1-5)[S]. 北京: 南水北调中线干线工程建设管理局, 2007.

[4] 朱武, 窦昊, 殷那政, 等. 联合 InSAR 和 SSA 的膨胀土边坡形变特征分析——以南水北调工程为例 [J]. 测绘学报, 2022, 51(10):2083-2092.

[5] 朱建军, 胡俊, 李志伟, 等. InSAR 滑坡监测研究进展 [J]. 测绘学报, 2022, 51(10):2001-2019.

[6] 许强, 朱星, 李为乐, 等. "天-空-地" 协同滑坡监测技术进展 [J]. 测绘学报, 2022, 51(7):1416-1436.

[7] 李春意, 贾彭真, 赵海良, 等. 南水北调中线渠首深挖方膨胀土渠段边坡形变时空演化规律分析 [J]. 河南理工大学学报 (自然科学版), 2023, 42(6):76-85.

[8] 胡江, 马福恒, 李星, 等. 南水北调中线干线工程陶岔管理处专项安全鉴定现场安全检查报告 [R]. 南京: 南京水利科学研究院, 2021.

[9] 宋斌, 李迷, 沈金刚, 等. 南水北调中线一期工程总干渠陶岔渠首 ∼ 沙河南段淅川段设计单元竣工工程地质报告 (施工二标) [R]. 武汉: 长江勘测规划设计研究有限责任公司, 2014.

[10] 韩正国, 刘少华, 张智敏, 等. 南水北调中线一期工程总干渠渠首分局管辖段 (淅川段) 变形体处理专题报告 [R]. 武汉: 长江勘测规划设计研究有限责任公司, 2021.

[11] 陈尚法, 温世亿, 冷星火, 等. 南水北调中线一期工程膨胀土渠坡处理措施 [J]. 人民长江, 2010, 41(16):65-68.

[12] 冷星火, 陈尚法, 程德虎. 南水北调中线一期工程膨胀土渠坡稳定分析 [J]. 人民长江, 2010, 41(16):59-61.

[13] 胡江, 张吉康, 余梦雪, 等. 深挖方膨胀土渠道边坡变形特征分析与预测 [J]. 水利水运工程学报, 2021(4):1-9.

[14] 阳云华, 赵旻, 郭伟, 等. 南阳盆地膨胀土大气影响深度及其工程意义 [J]. 人民长江, 2007, 38(9):11-13.

[15] 朱建平. 应用多元统计分析 [M]. 北京: 科学出版社, 2006.

[16] 张立军, 彭浩. 面板数据加权聚类分析方法研究 [J]. 统计与信息论坛, 2017, 32(4):21-26.

[17] Mohamad I B, Usman D. Standardization and its effects on K-means clustering algorithm[J]. Research Journal of Applied Sciences, Engineering and Technology, 2013, 6(17): 3299-3303.

[18] De Boer P T, Kroese D P, Mannor S, et al. A tutorial on the cross-entropy method[J]. Annals of Operations Research, 2005, 134:19-67.

[19] Von L U. A tutorial on spectral clustering[J]. Statistics and Computing, 2007, 17(4): 395-416.

[20] Zelnik-Manor L, Perona P. Self-tuning spectral clustering[C]//18th International Conference on Neural Information Processing Systems, 2004, 17:1601-1608.

[21] Hagen L, Kahng A B. New spectral methods for ratio cut partitioning and clustering[J]. IEEE Transactions on Computer-aided Design of Integrated Circuits and Systems, 1992, 11(9):1074-1085.

[22] Ng A, Jordan M, Weiss Y. On spectral clustering: Analysis and an algorithm[C]//15th International Conference on Neural Information Processing Systems: Natural and Synthetic, 2001, 14:849-856.

[23] Arbelaitz O, Gurrutxaga I, Muguerza J, et al. An extensive comparative study of cluster validity indices[J]. Pattern Recognition, 2013, 46(1):243-256.

[24] Struyf A, Hubert M, Rousseeuw P. Clustering in an object-oriented environment[J]. Journal of Statistical Software, 1997, 1:1-30.

[25] Krasnov F, Sen A. The number of topics optimization: Clustering approach[J]. Machine Learning and Knowledge Extraction, 2019, 1(1):416-426.

[26] Bholowalia P, Kumar A. EBK-means: A clustering technique based on elbow method and k-means in WSN[J]. International Journal of Computer Applications, 2014, 105(9): 17-24.

[27] Li X, Chen X, Jivkov A P, et al. Assessment of damage in hydraulic concrete by gray wolf optimization—support vector machine model and hierarchical clustering analysis of acoustic emission[J]. Structural Control and Health Monitoring, 2022, 29(4):e2909.

[28] Dragomiretskiy K, Zosso D. Variational mode decomposition[J]. IEEE Transactions on Signal Processing, 2013, 62(3):531-544.

[29] Hu J, Ma F, Wu S. Anomaly identification of foundation uplift pressures of gravity dams based on DTW and LOF[J]. Structural Control and Health Monitoring, 2018, 25(5):e2153.

[30] 胡江, 李星, 马福恒. 基于变分模态分解的深挖方膨胀土渠道边坡变形预测 [J/OL]. 工程地质学报,2023, 1-15[2025-01-02]. https://doi.org/10.13544/j.cnki.jeg.2022-0725.

[31] 杨宏伟, 胡江, 槐先锋, 等. 基于多变量时间行列局部异常系数的滑坡预警方法 [J]. 南水北调与水利科技, 2021, 19(06):1227-1237.

[32] Cuturi M, Blondel M. Soft-DTW: a differentiable loss function for time-series [C]// 34th International Conference on Machine Learning, Sydney, 2017: 894-903.

[33] Shuai C, Sun Y, Zhang X, et al. Intelligent diagnosis of abnormal charging for electric bicycles based on improved dynamic time warping[J]. IEEE Transactions on Industrial Electronics, 2023, 70(7):7280-7289.

[34] 胡江, 杨宏伟, 李星, 等. 高地下水位深挖方膨胀土渠坡运行期变形特征及其影响因素 [J]. 水利水电科技进展, 2022,42(05):94-101.

[35] 杨和平, 唐咸远, 王兴正, 等. 有荷干湿循环条件下不同膨胀土抗剪强度基本特性 [J]. 岩土力学, 2018, 39(7):2311-2317.

[36] Niu X Q. The first stage of the Middle-Line South-to-North Water-Transfer Project[J]. Engineering, 2022, 16:21-28.

[37] 邓铭江, 蔡正银, 郭万里, 等. 竖向排水井对北疆膨胀土渠道稳定性的作用分析 [J]. 岩土工程学报, 2020, 42(S2):1-6.

[38] 马鹏杰, 芮瑞, 曹先振, 等. 微型桩加固长大缓倾裂隙土边坡模型试验 [J]. 岩土力学, 2023, 44(6):1695-1707.

第 4 章　高地下水膨胀土边坡变形破坏机理物理模型试验

膨胀土渠道边坡变形对环境条件变化十分敏感。当开挖渠道边坡地下水位高于渠道水位时，所形成的高地下水位与环境条件耦合作用使得膨胀土边坡变形机理更为复杂，其长期稳定性值得关注。为探究高地下水位深挖方膨胀土渠道边坡变形机理，本章依托某重大引调水工程渠首段深挖方膨胀土渠道边坡，采用室内物理模型试验，分别开展干湿循环与持续降水作用下高地下水位膨胀土边坡变形的物理模型试验，获得内外部变形、含水率分布及裂隙发育规律，进而探讨了高地下水位膨胀土边坡变形破坏机理。

4.1　物理模型试验设计

4.1.1　相似比尺分析

研究模型相似准则主要采用方程分析法和量纲分析法 [1]。量纲分析法利用白金汉定理，基于物理现象的关键变量导出无量纲数，并用这些数建立模型与原型间的比尺准则。量纲分析法在处理复杂物理现象时尤其有效，因为它能生成有助于理解的无量纲数。然而，在运用白金汉定理分析尚未明确机理的物理过程时，其结果可能不尽如人意，因为白金汉定理仅提供得到不变量的必要条件，并不能保证生成的无量纲数会形成一个清晰的量纲结构，尤其当涉及无量纲或量纲相同的变量及参数时。为克服上述弊端，Butterfield 建立了一种使白金汉定理满足充分必要条件的量纲分析法则，具体为 [2]：

(1) 将某一物理过程包含或可能包含的所有变量列出，生成变量集合 V，变量个数记为 n；同时给出这些变量的量纲，所需基本量纲个数记为 m。

(2) 从集合 V 中定义一个集合 R，R 中变量的量纲彼此完全不同。

(3) 从集合 R 中选出变量组成集合 Q，这些变量称为重复变量。重复变量集合中不能含有相同量纲的变量、无量纲的变量、量纲互为幂的变量，且 Q 不能组成一个无量纲数。集合 Q 中包含的变量个数按所需量纲个数 m 确定。

(4) 集合 Q 可与剩下的变量集合 $(V-Q)$ 中的变量逐个不受约束地组成无量纲数。

对于应力应变的相似性，Miller 最早对基于非饱和土中毛细水上升问题的控制方程和边界条件进行推导，认为模型中土体应力 (孔隙水压力、有效应力等) 的相似比尺 (原型/模型) 为 1[3]。对于热传导相似性，Krishnaiah 等指出模型内传热或传质的时间比尺 (原型/模型) 为 N^2，这一结论与反映扩散现象的时间比尺是一致的，且得到应用和验证 [4-6]。试验所采取的相似准则列于表 4.1.1。

表 4.1.1　物理模型试验与原型的相似准则

物理量	模型比尺 (原型/模型)
长度，l	N
密度，ρ	1
黏聚力，c	1
内摩擦角，ψ	1
抗弯刚度，EI	N^4
抗压刚度，EA	N^2
集中力，F	N^2
均布荷载，q	1
力矩，M	N^3
应力	1
应变	1
位移，s	N
温度	1
热扩散系数	1
导热系数	1
孔隙水压力，u	1
速率 (水分迁移)	$1/N$
时间 (水分迁移)	N^2
时间 (热交换)	N^2

在模型实验中，所关注的尺寸无量纲项主要是土层厚度 H、模型宽度 D 所组成的比值 H/L、D/L，这两项均与模型中的尺寸效应有关。对于反映宏观尺寸特征的无量纲数 H/L 和 D/L，要求模型试验中 H/L =1，D/L =1。这一要求在模型试验中可以通过合理的试验布置得以满足。而对于试验所关注的裂隙开展程度的小变形而言，多关注于热扩散效应、孔隙水压力、应力与应变效应是否等同，据表 4.1.1 可知，该部分相似比均为 1，认为模型试验表面裂隙的发育结果与实际工程裂隙发育结果较一致。

4.1.2　试验平台和模型设计

基于某重大引调水工程渠首段深挖方膨胀土渠道的原型尺寸确定膨胀土边坡模型。具体而言，实际工程边坡从坡顶至过水断面的高度为 15m，且坡比为 1:2.5。利用重塑土样和试验设备，按照原型:模型 =10:1 的比例缩小，制作了具有相同初始含水率 20％和 1∶2.5 坡比的边坡模型，设置对应环境变量。通过在模型中埋设水分传感器、基质吸力传感器及位移传感器等仪器，对边坡内部水分场、位移场等关键参数进行监测，探究在高地下水位干湿循环条件下，膨胀土边坡含水率和位移变化的规律，具体方案如图 4.1.1 所示。将边坡原型按照 10∶1 相似比例进行缩尺试验，在制样过程中，控制边坡模型的压实度在 95％以上，地下水位保持为 0.6m 高，初始坡比为 1∶2.5 的边坡模型。

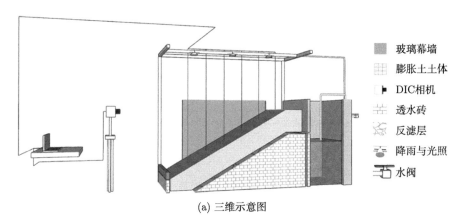

(a) 三维示意图

(b) 现场照片

图 4.1.1 试验示意图

模型土料主要成分为石英与黏土，其中石英占比 41.3％，黏土矿物占 44.9％。黏土矿物中含有较多的膨胀性黏土矿物，黏土矿物主要成分为伊蒙混层、伊利石，占比分别为 48.9%、38.2%，它们具有很强的吸水性、高塑性、快速崩解及剧烈的胀缩性，此外，还有少量的高岭石和绿泥石等，具体如表 4.1.2、表 4.1.3 所示。根据《土工试验方法标准》(GB/T 50123—2019)，测得土料基本物理指标，其中最优含水率为 22%，最大干密度为 1.77 g·cm^{-3}，自由膨胀率为 54.5%。

表 4.1.2　膨胀土矿物成分

南阳膨胀土	石英	斜长石	钾长石	方解石	黏土总量
成分占比/%	41.3	8.8	0.9	4.2	44.9

表 4.1.3　黏土矿物相对含量

黏土矿物相对含量/%				混层比 I/S
	It	Kao	Chl	
48.9	38.2	6.4	6.5	30

注：I/S—伊蒙混层，含有伊利石和蒙脱石两种矿物，It—伊利石，Kao—高岭石，Chl—绿泥石。

4.1.3　环境因素模拟

如图 4.1.1 所示，在离坡顶 50cm 处设置降水与日照装置。

为了更精确地模拟地下水位对边坡的影响，同时考虑到膨胀土的低渗透性，在试验模型的底部设计了一个由透水砖构成的透水区。在此基础上，通过砂土和土工布构成的反滤层将该透水区域与膨胀土边坡模型隔开。

在模拟的实际工程中，渠坡的过水断面常通过设置抗滑桩进行了加固，以提高过水断面的稳定性。考虑到试验未模拟过水断面，在坡脚设置一道混凝土挡土墙来实现过水断面抗滑桩的效果。挡土墙的下部设置了一个透水区，以模拟渠道的自由渗流现象。

为了便于观察边坡侧面裂隙的发展情况，模型箱左侧使用了钢化玻璃封边。此外，为了减少模型箱边界效应对试验结果产生影响，对填筑范围内的模型箱均匀地涂抹凡士林。

4.1.4　试验工况模拟与控制

开展了 4 轮干湿循环条件下高地下水位膨胀土边坡变形性态演化机理试验。通过试验获得了干湿循环的表面裂隙、含水率，以及表面、内部变形数据，并利用数字图像相关 (digital image correlation，DIC) 技术，对边坡表面应力应变及裂隙发育进行了计算分析。

在干湿循环试验模型的基础上，以"暴雨-大暴雨"降水强度等级进行持续降水 (时长 500h)，开展了持续降水影响下高地下水位膨胀土边坡变形破坏机理试验。同样地，获得表面裂隙、含水率及表面、内部变形数据，计算分析表面应力应变及裂隙尺寸等。

4.2 试验方法与过程

4.2.1 边坡填筑与质量控制

膨胀土边坡模型高 150cm，采用分层压实的方法进行填筑。在进行压实之前，依据膨胀土的天然密度、预定的压实度及每层填土的体积，计算所需的填土质量。随后，将土样进行晒干和碾碎处理，并过 5mm 的筛。经过反复地翻晒后，依据计算所需膨胀土与水的质量比例进行混合搅拌，将边坡土体调整至最优含水率为 20% 的状态。在配土过程中，利用钉耙反复打散土样，并采用帆布进行闷制处理，历时 24h，以确保土样的含水率均匀。膨胀土制样如图 4.2.1 所示。

(a) 晒土   (b) 配土

图 4.2.1 膨胀土样制备

在填筑开始前，在模型箱的钢化玻璃外部划出边坡模型的界线、台阶线及仪器放置的具体位置，具体填筑流程如表 4.2.1 所示。在随后的压实过程中，采用打夯机进行土体的夯实处理，过程如图 4.2.2 所示，并使用夯土锤对侧面进行处理，以保证土体与钢化玻璃边界处的紧密贴合。边界土体使用橡胶锤进行了锤实处理。每完成一层土体的填筑，使用环刀进行样品取样，以检测该层土体的压实度和含水率，确保每一步骤都符合试验设计的要求，如图 4.2.3 所示。建成后的模型如图 4.2.4～图 4.2.6 所示。

表 4.2.1 填筑过程

填土次数	填土体积/$10^{-3}m^3$	填土质量/kg	掺水量/kg	埋设仪器
1	0.625	1.00	0.2200	
2	0.875	1.40	0.308	
3	1.125	1.80	0.396	S2

续表

填土次数	填土体积/$10^{-3}m^3$	填土质量/kg	掺水量/kg	埋设仪器
4	1.375	2.20	0.484	S1、J3
5	1.625	2.60	0.572	B1、J2
6	1.875	3.00	0.6600	J1
7	2.215	3.40	0.748	B2、S4
8	2.375	3.80	0.836	S3、J6
9	2.625	4.20	0.924	B3、J5
10	2.875	4.60	1.012	J4
11	3.200	5.12	1.1264	B4、S5
12	3.200	5.12	1.1264	J9
13	3.200	5.12	1.1264	J8
14	3.200	5.12	1.1264	J7
15	3.200	5.12	1.1264	B6

(a) 填筑高40cm时　　　　　　(b) 填筑高80cm时

图 4.2.2　土体填筑过程图

图 4.2.3　土体取样　　　　　　图 4.2.4　边坡整平

图 4.2.5 试验槽侧视图

(a) 浴霸灯和DIC相机布置图

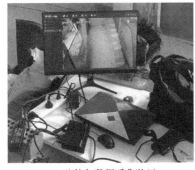

(b) 监控与数据采集装置

(c) 降水喷头布置

图 4.2.6 数据采集和降水装置细节图

4.2.2　监测传感器与布设方案

针对地下水和表面干湿循环工况，试验布设有含水率计、基质吸力计、渗压计、微型测斜仪等传感器，用以监测土体内部含水率及土体位移变化规律。为避免仪器之间相互干扰，不同测点之间均相距 50cm，仪器埋设每 10cm 一层，具体布置如图 4.2.7、图 4.2.8 所示。含水率计、基质吸力计、渗压计均为西安微正电子科技有限公司研制，具体参数如表 4.2.2 所示；微型测斜仪选用南望地智有限公司研制的多点分布式柔性测斜仪。

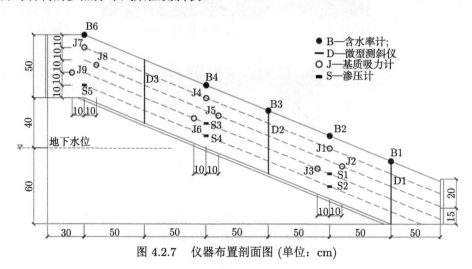

图 4.2.7　仪器布置剖面图 (单位：cm)

图 4.2.8　仪器布置俯视图 (单位：cm)

表 4.2.2　传感器参数

种类	型号	量程	精度	电源
基质吸力计	CYY21	0~100kPa	0.25%	24V
渗压计	CYY2	0~20kPa	0.25%	24V
含水率计	CYY-SF	0~100%	3%	24V

在模型中间离左右边界 50cm 处的坡面布置含水率计，每水平间隔 50cm 布

置一个 CYY-SF 型含水率计，具体为：坡顶表面布置 B6(高 150cm)，按水平距离 20cm 依次布置 B5(高 130cm)、B4(高 110cm)、B3(高 90cm)、B2(高 70cm)、B1(高 50cm)，其中 B5 含水率计在模型填筑后、试验开始前失效。

试验中使用的渗压计量程为 0~20kPa，埋设在与地下水长期接触的部分土体中，用于监测土体地下水位变化情况。其布置位置具体为：坡顶布置含水率计 B6，在其位置表面下 40cm 布置渗压计 S5，在含水率计 B4 位置表面下 30cm、40cm 分别布置渗压计 S3、S4，在含水率计 B2 位置表面下 30cm、40cm 分别布置渗压计 S1、S2。

试验中使用的渗压计量程为 0~30kPa，按一定间距埋设在坡底、坡中和坡顶上，埋深 10~30cm，主要用于监测边坡模型受干湿循环影响的土体含水率变化过程。布置方式具体为：在 B6 位置表面下 10cm 布置基质吸力计 J7，自 B6 往坡脚方向 10cm 且离坡面 20cm 处布置基质吸力计 J8，自 B6 往坡顶方向 10cm 且离坡面 30cm 处布置基质吸力计 J9；B4 位置表面下 10cm 布置基质吸力计 J4，自 B6 往坡脚方向 10cm 且离坡面 20cm 处布置基质吸力计 J5，自 B6 往坡顶方向 10cm 且离坡面 30cm 处布置基质吸力计 J6；B2 位置表面下 10cm 布置基质吸力计 J1，自 B6 往坡脚方向 10cm 且离坡面 20cm 处布置基质吸力计 J2，自 B6 往坡顶方向 10cm 且离坡面 30cm 处布置基质吸力计 J3。

柔性测斜仪采用 5cm 间距定制节点密度，性能如下：变形承受性能不小于 20cm/m(法向变形量/跨度)，测斜 (角度) 精度为 ±0.02°，等效位移精度为 ±0.5mm/m(法向位移/跨度)，倾角测量范围为 −90° ~ 90°，节点功耗不大于 0.1W，单次采样时间不大于 60s，承压不小于 2MPa，工作温度范围为 −25 ~ 120℃。柔性测斜仪主要用于监测地下或结构体内部的位移变，其工作原理基于高精度的倾斜传感器，这些传感器能够测量其自身相对于垂直方向的偏离角度，测斜仪导管及布置具体如图 4.2.9 所示。

测斜仪通过导管 (一种预先安装在监测点的保护管道) 缓慢下放到所需的测量位置。埋设完毕后在导管中填筑好土，抽出导管，以保证在土坡土水平衡过程中对测斜仪造成的扰动较小。其布置方式具体为：分别布置在 B1、B3、B5 三个含水率计附近，坡脚为 D1、坡中为 D2、坡顶为 D3，该测斜仪可测量深度 0~50cm 的土体位移，用以监测边坡内部沿渠道、垂直渠道方向的位移。

4.2.3 试验方法与过程控制

在干湿交替的试验过程中，参照当地的气候资料，进行相应的气候模拟。在模拟降水阶段，降水喷头的最大雨强为 6.49mm/h，即 155.76mm/d，可模拟 "暴雨-大暴雨" 降水强度。在模拟脱湿阶段，光照强度则被设计为恒定的 470W/m²，整个试验的持续时间为 3 个月，共 4 轮干湿循环。试验将 "光照脱湿—降水增湿"

(a) 柔性测斜仪导管　　　　　　　　　　　(b) 测斜仪布置位置

图 4.2.9　　柔性测斜仪示意图

的循环视为一轮完整的干湿交替周期，考虑到当地降水模式和日照时长的不完全一致性，试验结合了试验条件和设计要求，每轮干湿循环以边坡模型含水率作为依据，当边坡模型含水率降至初始含水率则视为脱湿过程的结束。在整个试验中共模拟 4 轮干湿交替循环，每次降水 12h，脱湿过程 168~240h 不等。此外，试验还重点研究了在多轮干湿交替循环影响下，膨胀土边坡模型在地下水影响下的裂隙整体发育情况，以深入探究干湿交替条件对高地下水膨胀土边坡稳定性的影响，以及裂隙发育对边坡整体稳定性的潜在影响。

　　长历时降水试验在室内模拟边坡进行 4 轮干湿循环后进行。保持干湿循环中降水过程的恒定雨强降水，模拟研究持续性"暴雨-大暴雨"雨强下边坡变形破坏规律。试验共计降水 500h。试验数据的分析主要集中在边坡位移、土体含水率的变化规律上，通过对这些数据的深入分析，结合 DIC 分析结果，揭示边坡在长期降水条件下的破坏机理和稳定性变化趋势。

4.3　边坡表面变形和裂隙演化特征分析

4.3.1　表面变形和裂隙发展规律分析

　　对每一轮干湿交替循环的裂隙发展情况进行定时记录。在此基础上，探讨地下水影响下膨胀土边坡表面裂隙发展规律。根据裂隙发育速度、形态和分布，将坡面按变化程度分为非影响带、过渡带及饱和区 3 个分区，如图 4.3.1 所示。

　　图 4.3.1(a)、(b) 表明，地下水的存在使得在 0~48h 内坡底部分的表面裂隙形态更加细密，在整个区域内形成了发育程度不一的裂隙，其中左下角裂隙发育程度较右上角更为明显。边坡靠上坡顶为非影响带，裂隙是水分蒸发的有效通道，

极大地加速了水分从表面蒸发速度。裂隙增大了脱湿接触面积,加速了蒸发效应,影响了水分的流失速率和总量。此外,在第一轮干湿交替循环 95h 时,在左侧高度为 60cm 处出现了渗漏点,推测是由于填筑过程压实度局部控制不佳,使得地下水通过填筑质量欠佳部位渗出土体。

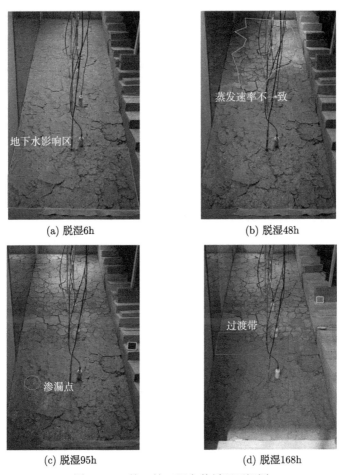

(a) 脱湿6h   (b) 脱湿48h

(c) 脱湿95h   (d) 脱湿168h

图 4.3.1   第一轮干湿交替循环正视图

根据量测可知,受地下水影响的坡面区域高度范围为 0~80cm。地下水高度为 60cm,可知,地下水影响区的高度高出地下水高度 20cm(图 4.3.1(d))。这部分位于地下水面以上土体,由于土体毛管力的作用,形成了一个水分带,该区域内含水率自下而上逐渐减小,推测这部分为毛管水带。

由图 4.3.2 可知,裂隙的发展具有一定的顺序性,自上而下逐渐形成,这表明裂隙的扩展过程受环境条件的影响显著。但是,在地下水影响下的土体内水分蒸发规律具有一定独特性。边坡土体内部水分受向下或向上渗流和向上蒸发效应的双重影响，前者主要受重力与基质吸力影响，而后者主要受热传导效应影响，在两者共同作用下致使边坡裂隙发育呈一定顺序性。在地下水完全饱和区域，裂隙的发育模式与坡顶的非影响区域显著不同，表明了土体饱和度对裂隙的形成有直接影响，在较高地下水的影响下，将不会存在类似非影响带的裂隙发育规律。

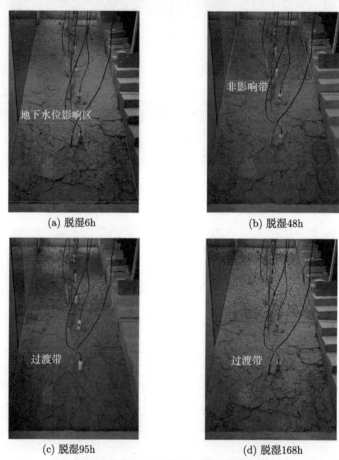

(a) 脱湿6h   (b) 脱湿48h

(c) 脱湿95h   (d) 脱湿168h

图 4.3.2　第二轮干湿交替循环正视图

　　由图 4.3.2(c)、(d) 可知，在高度 60~80cm 处，坡顶的非影响带与坡底的饱和区之间存在一个明显的过渡带。当坡顶地区的土体含水率降低至初始含水率时，过渡带裂隙发育程度仍不明显，与坡顶非影响带及坡底饱和区均存在显著差异。这表明，地下水作用下的土体水分的垂直梯度变化对裂隙的形成与发展有明显相关性，使得膨胀土边坡表面裂隙在不同区域内表现出不同的特征。

　　由图 4.3.3(a) 可知，在降水过程中，坡面出现了一定的表面径流，但过渡带的表层土体对表面径流作用较为不敏感，未受到显著的冲刷效应影响。这表明，在该环境条件下，表面径流对过渡带内裂隙形态的影响有限，或者已存在的不明显裂隙作为沟槽通道引导了水流，减弱了冲刷效应的影响。

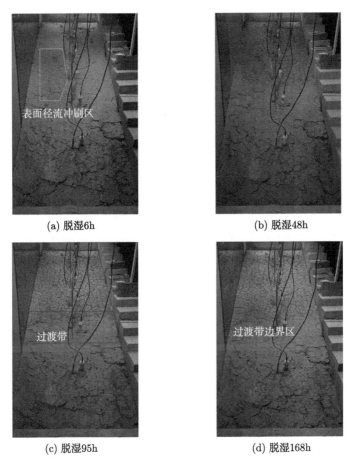

（a）脱湿6h   （b）脱湿48h

（c）脱湿95h   （d）脱湿168h

图 4.3.3   第三轮干湿循环正视图

此外，由图 4.3.3(b)、(c)、(d) 可知，裂隙形成初期显著地受到玻璃幕墙和混凝土墙的影响，呈现自土体中间向两侧发展的趋势。这种模式表明结构对边坡温度场的作用影响了裂隙发展方向和形态。第二轮干湿交替循环过程中，再次观察到与第一轮干湿交替循环相一致的过渡带边界，在高度 60~80cm 之间，表明在反复干湿交替循环的条件下，边坡表面过渡带具有一定的稳定性。此外，当非影响带裂隙完全发育时，过渡带内表面裂隙的发展模式与裂隙初期形成过程呈现相反的趋势，即裂隙自两侧向中间发展。这种发展模式的转变可能同样与四周混凝土墙、玻璃幕墙影响下的温度场有关，即初期四周结构物升温慢导致了裂隙自中间往旁边发育，后期土体受地下水分布影响升温慢，而四周结构物受影响程度反而不高，出现了裂隙自两边往中间发育的趋势，反映了裂隙发育受多种环境因素共同作用的复杂性。

　　由图 4.3.4(a) 发现，第四轮干湿交替循环中，饱和区土体裂隙并未显示出明显的变化，这表明即便在反复的干湿变化条件下，稳定的地下水持续补给为土体提供了相对稳定的外界条件，抑制了在脱湿过程中干缩现象，该区域土体结构保持相对稳定。

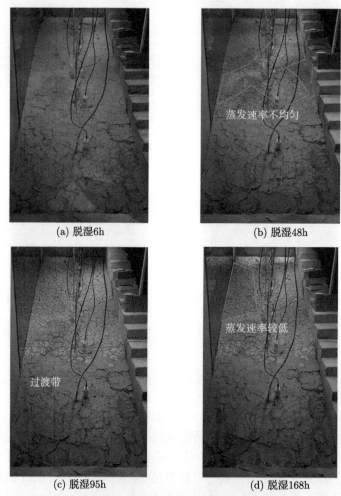

(a) 脱湿6h　　　　　　　　　　　　　　(b) 脱湿48h

(c) 脱湿95h　　　　　　　　　　　　　(d) 脱湿168h

图 4.3.4　第四轮干湿交替循环正视图

　　图 4.3.4(b) 表明，在第四轮干湿交替循环后，坡顶部分土体的持水能力有所增加，相同蒸发时间内的蒸发效果相对减弱，这一现象与土体孔隙结构的变化有

关。随着干湿循环的重复，在土体表面的裂隙发育影响下形成了较为松散的结构，增加了土体的持水能力。因此，即使在相同的蒸发条件下，土体持水能力的提高也导致了蒸发效应的相对降低。此外，与 4.3.3(b) 相对比可知，随着裂隙逐渐发育，土体受蒸发效应影响随之增大，但其发育的不规则性导致相同高度的土体裂隙开展程度并不一致，且蒸发效应在此过程中受持续的正反馈影响，此时边坡表面部分土体在不规则蒸发效应与水流的重力效应双重影响下，形成一道较为明显纵向的蒸发效应作用路径。

由图 4.3.4(c)、(d) 可知，受裂隙发展的影响，土体的过渡带存在一定程度的减少：自第二、三轮干湿交替循环开始，上缘高度从稳定高于地下水位 20cm 降低至 5cm，整体维持在高度 60~65cm 土体中。裂隙的发展改变了土体的渗透性，使得水分在土体中的渗透速率加快，进而减少了过渡带的宽度。试验结果表明，表面裂隙的发展主要受前 2 至 3 天蒸发效应的影响，而随后的持续脱水至初始含水率并未显著改变坡顶的裂隙分布。短期内的蒸发作用是影响表层土体裂隙发展的关键因素，而长期的水分变化对裂隙的影响相对有限。在初期蒸发阶段，土体表面迅速失水导致表层收缩，形成裂隙；而在后期，裂隙发育在蒸发效应影响下，持续受正反馈条件作用，即裂隙发育越大，蒸发效应越明显，直至裂隙发展趋于稳定。

4 轮干湿交替循环中裂隙最发育的部位位于高度 130~140cm 非影响带内靠近玻璃幕墙处，拍摄并测量裂隙在干湿循环过程中的变化。由图 4.3.5(b)~(g) 可知，该处裂缝的宽度自 1cm 增长至 2cm，深度自 2.8cm 增长至 4cm，这表明随着干湿循环轮次的逐渐增加，裂隙位置将不会发生较大变化，但裂隙深度及宽度将缓慢增加。

(a) 第一轮干湿交替循环和测量裂缝位置

 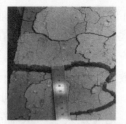

(b) 第二轮干湿交替循环裂缝深度　(c) 第二轮干湿交替循环裂缝宽度

 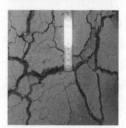

(d) 第三轮干湿交替循环裂缝深度　(e) 第三轮干湿交替循环裂缝宽度

 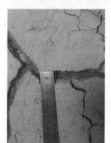

(f) 第四轮干湿交替循环裂缝深度　(g) 第四轮干湿交替循环裂缝宽度

图 4.3.5　干湿交替循环裂隙开展细节图

在 4 轮干湿交替循环的基础上，开展长历时的持续降水。对边坡正视图进行分析，本模型试验中的边坡展示了典型的叠瓦状滑移模式，如图 4.3.6 所示。

根据边坡表面变形情况，将模型边坡划分为 4 个主要的潜在滑块，呈现出叠瓦状滑移。4 个主要潜在滑块内还包含多个更小的滑块，在试验过程中表现出相似的变形特征。由图 4.3.6(a) 可知，在叠瓦状滑移中，第 1 层滑块处于地下水饱和区，这一区域的土体完全饱和，表明地下水在此区域具有重要的作用。这种饱和状态影响土体的力学性质，尤其是减小了土体的抗剪强度，从而增加了滑坡的潜在风险。滑块的上缘处于过渡带，而下缘接近挡土墙，这表明此类缓坡的土体位移呈现浅层变形破坏特质，该特质的主要表现为叠瓦状的多层次不规则变形破坏特征，而非一般黏土边坡所表现的整体性、圆弧状滑坡破坏特征。

由图 4.3.6(b) 可知，第 2 个潜在滑块的位置接近过渡带，表明尽管地下水的影响仍然存在，但其抗剪强度有所减弱。该层滑块的高度范围从 50cm 延伸至 70cm，相对较低的位置可能有助于水分的排出和土体稳定性的提高。然而，即便在这种条件下，持续的地下水活动仍然可能导致土体的力学性能下降。由图 4.3.6(c) 分析表明，第 3 个滑块下缘位于过渡带上部，上缘则进入非影响带。第 3 个滑块高度范围从 70cm 延伸至 100cm。

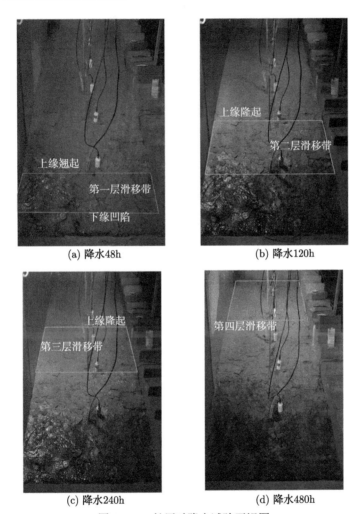

(a) 降水48h　　　　　　　　　　　　(b) 降水120h

(c) 降水240h　　　　　　　　　　　(d) 降水480h

图 4.3.6　长历时降水试验正视图

　　由图 4.3.6(d) 可知，第 4 个滑块位于最上层，从非影响带延伸至坡顶，高度在 110cm 至 150cm 之间。这一层的特点是完全处于非影响带，远离了地下水活动区域，受冲刷效应影响明显。因此，在所有滑块中显示出最低的稳定性。即使在这种情况下，受到地表水流和降水等外部因素的影响，将遭受更为显著的干湿循环影响，水分将由强度更高的干湿循环过程所造成的土体裂隙渗透到较深层次，从而表现出以裂隙为主导的叠瓦状滑坡，如图 4.3.7 所示。

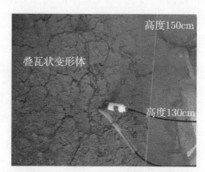

图 4.3.7　非影响带叠瓦状滑坡

　　综合上述分析可以看出，膨胀土边坡浅层变形破坏受到土体的物理和力学性质、地下水的动态变化及边坡自身结构特征多个因素影响。因此，为了有效预防和控制浅层变形破坏风险，必须采取多方面的措施。不同滑块的变形破坏特征如图 4.3.8~图 4.3.10 所示，具体分析如下。

　　对于第 1 个滑块，由图 4.3.8(a)、(b) 可以发现，其下缘的主要裂隙在降水后 48h 内出现，显示出较快的时间响应特征。然而，该滑块中次生裂隙的形成则呈现不同的时间响应特点，裂隙在降水后的 120h 充分发育、明显成型。这种时间差异表明在持续的内外因素作用下，滑块内部的应力状态经历了复杂的变化过程，导致了不同时间尺度上的裂隙存在不同的发展模式。

　　进一步，由图 4.3.8(c) 可知，内部同样存在叠瓦状变形破坏的现象，表现为滑块内部嵌套有小滑块的结构模式。反映了滑块内部土体在地下水影响下存在不同尺度上的稳定性和滑移倾向。

　　此外，由图 4.3.8(d) 可知，第 1 个滑块还存在较显著的上部凹陷、下部隆起变形破坏趋势。

　　由图 4.3.9(a)、(b) 可知，显著的土体隆起现象成为识别不同滑块位置的重要依据。这种隆起是土体膨胀作用引起应力集中现象的外在表现，此类裂隙发育模式和变形特征是判断变形破坏界线的重要依据。隆起区域是滑块下缘的分界，同时，也反映上下两侧土体物理和力学性质在边坡上的空间变化。

　　由图 4.3.9(c) 可知，虽然滑块内部也呈现出叠瓦状的结构特征，但这种现象不如在第 1 个滑块交界处所观察到的那样明显。这可能反映了在不同的滑块和土层中，环境条件和应力状态的变化导致不同程度的结构分层和裂隙发展，这种内部结构的变化和复杂性对于理解滑块的稳定性和动态行为至关重要。因此，隆起区域和内部结构的这些特点表明了边坡滑移动态的复杂性，要求采用综合的方法来分析和评估边坡稳定性。

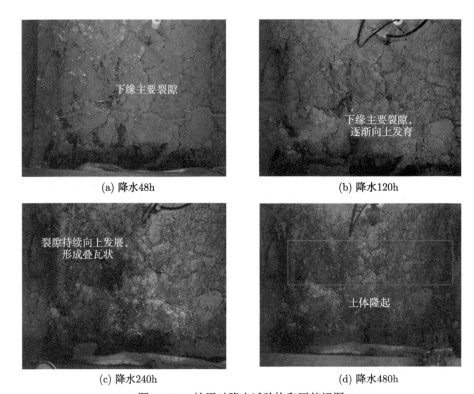

(a) 降水48h

(b) 降水120h

(c) 降水240h

(d) 降水480h

图 4.3.8 长历时降水试验饱和区俯视图

此外，由图 4.3.9(d) 可知，土坡膨胀引起的隆起与裂隙的发育规律在这一区域与滑块内部的情况存在明显差异。这可能是由于在交界区域，土体受到的应力集中，不同于滑块内部，导致了不同的土体响应和裂隙发展模式。

对第 3 个滑块进行分析，对比图 4.3.10(b)、(e)、(f)、(h) 可知，坡面明显受到表面径流冲刷影响。冲刷作用引起的细颗粒物质迁移填充了既有裂隙，在一定程度上促使了滑块内部裂隙出现愈合现象。对比图 4.3.10(i)、(l) 可知，随着降水的持续，竖向裂隙成为裂隙发育的主要方向。这种垂直于坡面的裂隙形态表明了内部应力状态的变化，且反映了滑块在环境条件变化下的动态响应。

观察对比图 4.3.10(a)、(d)、(g)、(i) 可知，第 4 个滑块在降水过程中表现出的与第 3 个滑块不同的特点。其顶部的拉裂缝在降水后变得更加明显，说明滑块顶部的张力作用增强，这可能与水分渗透增加导致的土体膨胀和应力集中有关。拉裂缝的发展不仅揭示了滑块表面的应力状态，也可能预示进一步的滑移潜力。因此，对其进行监测和分析对于评估边坡的稳定性至关重要。

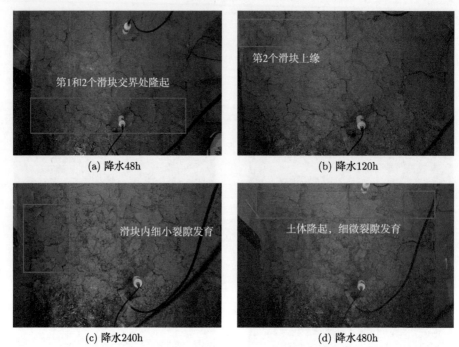

(a) 降水48h   (b) 降水120h

(c) 降水240h   (d) 降水480h

图 4.3.9   长历时降水试验过渡带俯视图

由图 4.3.10(b)、(e) 可知，在第 3 和第 4 个滑块的交界过渡段，观察到更为明显的土坡隆起现象。虽然这一部分也受到表面径流的影响，但其程度并不如第

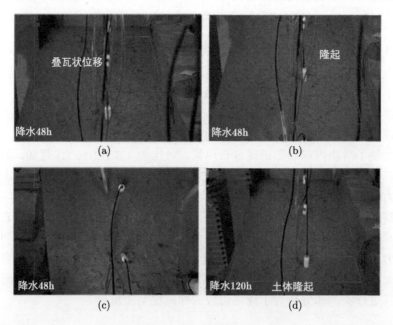

(a)   (b)

(c)   (d)

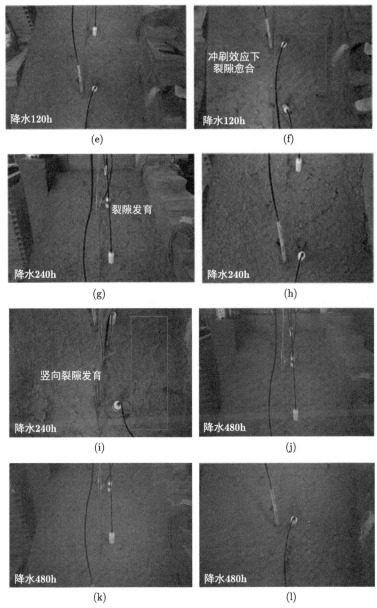

图 4.3.10　　长历时降水试验非影响带正视图

3 个滑块中所见的那样显著。这种差异可能是由土质、坡度或植被等因素的变化所引起的，而这些因素共同决定了表面径流的冲刷强度和土体的侵蚀敏感性。隆起段的形成可能与区域内应力和水文条件之间交互的复杂作用有关，这种交互作用在边坡稳定性分析中是重要的一个考虑因素。

对于第 4 个滑块而言，从图 4.3.10(a)、(g)、(j) 观察到较为明显的叠瓦状变形趋势，这与第 1 个滑块的情况相似，但变形更加显著。这种叠瓦状变形反映了滑块内部应力状态具有层次性且分布不均，与此处受到降水影响较大，存在坡顶应力集中现象有关。显著的叠瓦状变形不仅表明着滑块内部稳定性的差异，还可能表明了不同部分在未来滑动过程中的行为差异。

综上所述，第 3 和第 4 个滑块的变形破坏特征表明，表面径流冲刷、裂隙发展，以及叠瓦状变形是影响滑块稳定性的重要因素。这些特征反映了边坡动态变化的复杂性。

4.3.2 基于数字图像相关法的表面裂隙演化特征分析

DIC 是一种高效的非接触式光学测量方法，广泛应用于材料科学、结构工程、生物医学等领域 [7]。DIC 通过比较同一对象在不同状态下的数字图像，精确测量物体表面的位移和变形。其中，基于归一化互相关 (normalized cross-correlation，NCC) 的 DIC 技术，因其高精度和强鲁棒性，被广泛采用 [8-10]。

DIC 技术的核心是在物体表面或体内选取特定的"子区域"或"子图"作为标记，通过追踪这些标记在不同图像中的位置变化，来计算物体的位移和应变。在基于 NCC 的 DIC 方法中，通过最大化参考图像和目标图像之间的互相关函数来寻找最佳匹配位置。归一化互相关函数的定义如下：

$$\text{NCC}\left(u, v\right) = \frac{\sum\limits_{x,y} \left[f\left(x, y\right) - \bar{f}\right] \left[g\left(x + u, y + v\right) - \bar{g}\right]}{\sqrt{\sum\limits_{x,y} \left[f\left(x, y\right) - \bar{f}\right]^2 \sum\limits_{x,y} \left[g\left(x + u, y + v\right) - \bar{g}\right]^2}} \tag{4.3.1}$$

式中，$f(x, y)$ 是参考图像上的子区域；$g(x + u, y + v)$ 是目标图像上相应的子区域；u 和 v 是子区域在目标图像中相对于参考图像的位移；$\bar{f}$ 和 $\bar{g}$ 分别是 f 和 g 的平均灰度值。NCC 值的范围为 $[-1, 1]$，其中 1 表示完全相关。

通过寻找使 NCC 值最大化的位移 u 和 v，可以确定物体表面的位移场。此外，基于位移场，可以进一步计算出应变场，为材料的力学性能分析提供依据 [11]。

得到位移场后，通过差分方法可以进一步计算应变，即物体的变形程度。例如，平面应变的计算公式如下：

$$\varepsilon_x = \partial \frac{\partial u}{\partial x}, \quad \varepsilon_y = \frac{\partial v}{\partial y}, \quad \gamma_{xy} = \frac{\partial u}{\partial y} + \frac{\partial v}{\partial x} \tag{4.3.2}$$

式中，ε_x 和 ε_y 分别是沿 x 和 y 方向的正应变；γ_{xy} 是剪切应变。

通过精确测量和分析，基于 NCC 的 DIC 技术可以提供关于物体表面位移和变形的信息，有助于深入理解材料和结构的行为，在材料性能评估、结构健康监测等领域具有重要的应用价值。

PIVlab 技术是一种基于 MATLAB 的图像分析工具，专门用于进行粒子图像测速 (particle image velocimetry, PIV) 分析[12-14]。PIV 通过观察流体中悬浮粒子的运动来计算流体速度场。PIVlab 技术的核心是利用连续两帧或多帧图像中的粒子位置变化来计算流体中每个点的速度矢量。这种技术不仅能够提供局部速度信息，还能够捕捉到流动的结构，为深入理解流动特性提供支持。

为刻画粒子运动的轨迹，创建显示流场特征的图像，如流体流动或磁场，提出了线积分卷积 (line integral convolution，LIC) 技术[15-17]。LIC 技术是一种矢量场可视化技术，通过对纹理图进行积分卷积，揭示矢量场的结构。矢量场的局部流向和强度通过图像的纹理密度和方向来表示，为理解复杂的流动模式提供直观的视觉表示形式。LIC 的核心思想是在输入矢量场的每个点上沿着该点的矢量方向对一个局部纹理函数进行积分运算。这个过程类似于在流场中释放一串颗粒，观察它们随流动移动的路径。通过这种方法，LIC 能够产生一种连续的、显示流线特征的纹理图像。

LIC 技术可由如下步骤完成：

(1) 初始化纹理：生成一个白噪声或其他随机纹理，作为 LIC 算法的输入。这个纹理提供了一个随机的基础，通过积分卷积来揭示流场的结构。

(2) 积分卷积：对于纹理中的每一个像素，沿着矢量场指定的方向在前后范围内积分纹理值。这个积分过程模拟了一个粒子随流线移动的路径，并在这条路径上累计纹理值。

(3) 结果可视化：经过积分卷积处理后，得到的纹理图像会显示出流场的流线模式。流场中流速快的区域通常表现为纹理的密集区域，而流速慢的区域则表现为纹理的稀疏区域。

第四轮干湿循环干扰因素较小，照片较为连续翔实，对第四轮干湿循环照片进行 DIC 计算，分析降水结束后边坡土体内部水分动态及其对土体力学行为的影响。重点关注土体内部的水分分布及其随时间的变化，以及这些变化如何影响土体的位移和应力状态。

截取脱湿 96~168h 边坡左半整体 (图 4.3.11) 进行 DIC 计算分析。其中，右上方设计监测仪器的部分设置遮蔽，不参与计算，结果如图 4.3.12~图 4.3.14 所示。其中，速度 U 方向以沿坡底向坡顶为正，V 方向以玻璃幕墙往中心为正。

在进行膨胀土边坡的 DIC 分析中，过渡带的变形特性表现相对不明显，读数较低，这与坡顶和坡脚的明显差异形成鲜明对比。这一区域的应力应变及速度分布较为均衡，表示该区域可能由于外部负载与内部应力状态的平衡，并未达

到触发显著变形的阈值。与此相对的是，坡顶区域由于受到较为均匀的外部影响

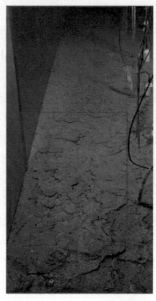

图 4.3.11　DIC 分析域选择

(a) 速度矢量图　　　　　　　　　　(b) LIC

图 4.3.12　脱湿 96~168h 速度矢量图

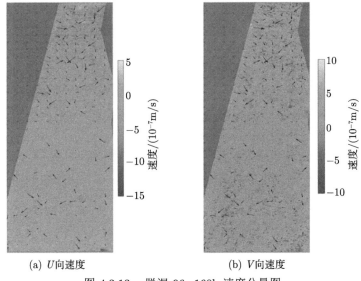

(a) U向速度　　　　　　　　　　(b) V向速度

图 4.3.13　脱湿 96~168h 速度分量图

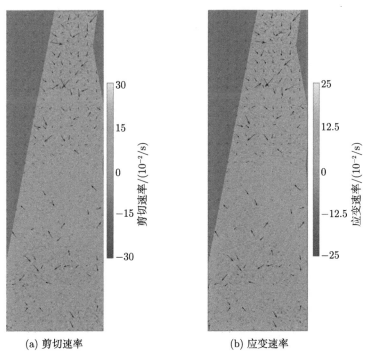

(a) 剪切速率　　　　　　　　　　(b) 应变速率

图 4.3.14　脱湿 96~168h 应力应变与剪切、应变速率示意图

(即彻底的干湿循环过程)，以及具有较高的排水效率，其应力应变和位移场分布

显示出较高的均匀性。然而在坡脚，应力应变场和速度场呈集中分布，存在 2~3 个显著的应力集中点，这可能反映了受稳定地下水渗流的影响，土体结构上存在不均匀性或局部负载。

此外，DIC 技术在应用过程中面临一定的技术限制。由于拍摄角度的固有局限性，造成图像中近大远小的图片效果，这不仅影响了数据的精确度，还可能误导后续的数据解释和分析。这种材料误差在编程处理中难以被完全校正，需要在数据分析时加以关注，避免其对分析产生较大影响。

在试验中变形较为独特的过渡带是值得重点关注的变形区域，故在 DIC 分析中选取分析域时，将在考虑矫正的前提下，选择较为靠近坡底的区域。具体位置如图 4.3.15 所示，计算结果如图 4.3.16~图 4.3.21 所示。

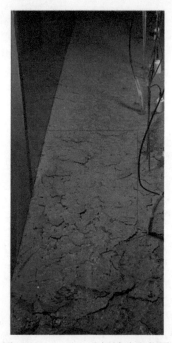

图 4.3.15　DIC 分析域选取位置

由图 4.3.16(a) 可知，在降水终止后，边坡土体内部积水对土体结构产生了显著的影响，尤其是在靠近坡脚部分，蓄水导致土体受到一定的挤压力。在此基础上，土体中的饱和区域受地下水位直接控制，在脱湿阶段不易受到表面蒸发的影响。这导致上部部分土体开始收缩，坡底部分土体变化不大，致使坡底土体开始产生向上位移，并沿边坡逐渐向上传导，表现为过渡带内速度矢量自底向上的发展趋势。同时，脱湿初期土体升温速度超过模型箱边界玻璃幕墙，这一现象是由土体相对于玻璃幕墙具有更高的热容量和较慢的热传导速率决定的。在模型箱边界影响区，还发现了由温度梯度引起的土体压缩现象。这一现象使得土体的速度矢量呈现自两侧向中心聚集的发展趋势。过渡带上部边缘的位移与下部的位移变化不一致，说明此处土体存在一定位移突变现象，处于不同滑块的边缘。

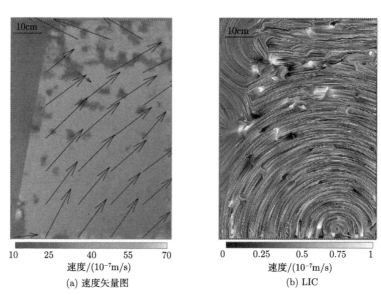

(a) 速度矢量图

(b) LIC

图 4.3.16　脱湿 0~96h 速度矢量图

此外，由 LIC 技术生成的结果 (图 4.3.16(b)) 可知，在观察时间段内，坡面位移场呈现以波状自下而上发展的特性。这种位移模式与土体内部的微裂隙发育状况紧密相关，土体裂隙的主要发育方向倾向于横向，且越靠近上方土体含水率下降越快。含水率下降速率的不一致导致收缩过程以阶梯状发展。LIC 图下部存在一个矢量奇点，在过渡带土体含水率分布并不均匀，可能存在由裂隙引起的高含水带，在坡面存在稳定的渗漏点，从而导致变化量较低。

对边坡土体内部速度场的分布特征进行深入分析，特别关注了纵向和横向速度场的空间变异性。分析图 4.3.17(a) 表明，纵向速度场在坡面的上下位置呈现出相对均匀分布的特征，除了在边缘地区受到邻近结构的影响而显示出较小的位移之外，坡面其他位置的纵向位移呈现出一致性。这种现象表明，土体在上下方向的位移具有一定的共性，土体内部材料特性和外界条件在垂直方向上具有均匀性。

相比之下，图 4.3.17(b) 所示横向速度场在坡面的分布呈现出显著的不一致性。特别是，在过渡带上部的横向位移相对较大，受膨胀效应自中间往左发展。而在下方区域，则保持一定的一致性，尽管速度数值整体较小，但整体呈向下发育的趋势。这种分布模式表明，土体的横向位移整体较小，但在坡面上的分布呈现出明显的非均匀性，与土体内部水分分布、土粒结构，以及外部条件的不均匀性有关。

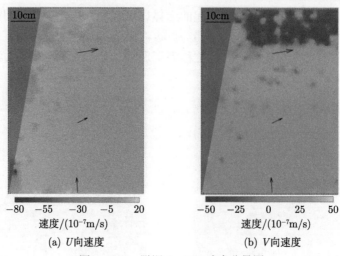

(a) U向速度　　　　　　　　　(b) V向速度

图 4.3.17　脱湿 0~96h 速度分量图

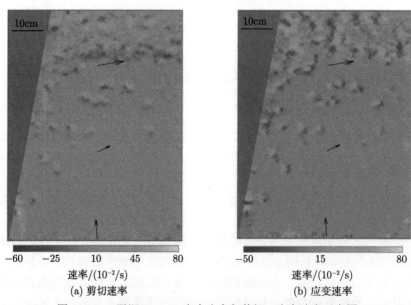

(a) 剪切速率　　　　　　　　　(b) 应变速率

图 4.3.18　脱湿 0~96h 应力应变与剪切、应变速率示意图

　　对边坡土体内部的剪切速率与应变速率分布进行分析。图 4.3.18(a) 结果表明，土体内部的剪切速率沿坡面呈现明显的分层分布特征，以及沿深度变化的断层特征，并且在过渡带上部存在一定的应力集中。在非饱和区下部，土体整体剪应变变化不大，仅存在数个应力集中点。与剪切速率的分层特性相比，图 4.3.18(b) 所示应变速率在过渡带的上部表现出一种在竖直方向上的均匀分布，在过渡带上

部及左边界上以波峰波谷的形式横向分布。这表明此处已经存在一定的竖向裂隙发育趋势。

剪切应变与应力应变的分布模式表明，在过渡带上部，土体的变形行为更为一致。这可能与该区域较低的水分含量和较高的有效应力有关。这种垂直方向上的均匀应变速率分布对于理解土体在脱湿过程中的力学响应尤为重要。此外，本研究中使用 LIC 技术所得到的波状矢量结果在上部显示的特征，可能与土体内部的剪切速率分布密切相关。这种相关性表明，土体内部的剪切行为对于整体位移场的形成有着决定性的影响，尤其是在过渡带，剪切速率的变化直接影响了土体位移矢量的分布和变化。

对边坡土体在脱湿 96~168h 过程中裂隙发育及其对位移场的影响进行分析。由图 4.3.19(a) 可知，在脱湿 96h 后，坡面裂隙发育路径已基本形成，此时的坡面变化主要是由裂隙的进一步扩张和在该脱湿条件下过渡带土体的位移构成。位移场受裂隙扩张影响，位移矢量围绕中心点呈现向外发散的特征，这说明土体位移在这一阶段呈现出以裂隙发展中心为基点的分布特性。

同时，LIC 技术生成的图像结果图 4.3.19(b) 也在一定程度上体现了这一时刻土体速度矢量场的分布特征。具体而言，在非饱和区，速度矢量场主要呈现竖直方向的分布，该阶段该区域的裂隙主要沿竖直方向发展。而在过渡带以上，速度矢量场则显示出由多个波相互叠加形成的复杂矢量形态，这一区域裂隙不仅沿竖直方向发展，还展现出以裂隙为中心向四周扩张的特点。

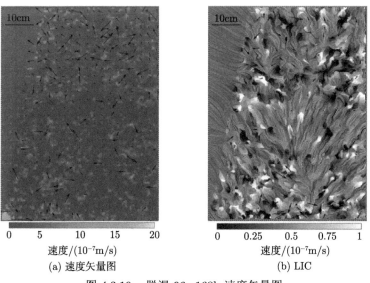

(a) 速度矢量图　　　　　　　　　(b) LIC

图 4.3.19　脱湿 96~168h 速度矢量图

　　对比图 4.3.19(a)、(b) 的结果表明，在脱湿过程中，边坡土体的裂隙发展和相应的位移行为是互相关联的，裂隙的发展不仅影响土体的位移分布，同时也反映了土体内部应力状态的变化。

　　由图 4.3.20、图 4.3.21 可知，在此阶段，坡面上不同方向的位移和剪切应变速率分布呈现出一致性。这种现象表明坡面位移响应和应力响应的主要控制因素发生了转变。具体地，裂隙发育路径最初阶段以蒸发效应主导，到该阶段转化为以裂隙扩张为主导的水分迁移规律。在脱湿的早期阶段，坡面位移和应力响应主要受蒸发效应影响，此时裂隙的形成和发展路径还受到土质特性、含水率的空间分布，以及土体内部应力状态等多种内部因素影响。这些因素共同作用，导致裂隙发展路径呈现复杂性和多样性。然而，随着脱湿过程的持续，尤其是在脱湿 96h 至 168h 的阶段，裂隙已经基本形成，此时坡面位移和应力响应的控制因素转向以裂隙扩张为主导的水分迁移过程。在这一阶段，裂隙内的水分迁移和土体的响应更多受到已存在裂隙的几何特性和连接性的影响。

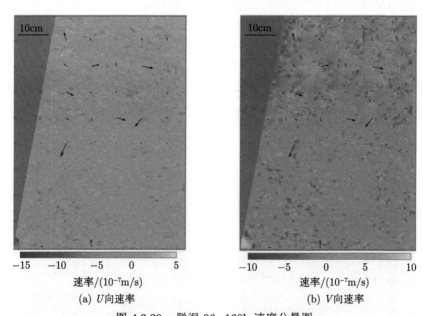

(a) U 向速率　　　　　　　　　　　(b) V 向速率

图 4.3.20　脱湿 96~168h 速度分量图

　　由于长历时降水试验引起的边坡变化多在坡表之下，对于表面的 DIC 分析并不如脱湿阶段明显，且降水历时超过 240h 的对比变化不大，故取降水历时 240h 左右图像对坡表进行分析，具体结果如图 4.3.22~图 4.3.24 所示。

　　由图 4.3.22(a)、(b) 位移矢量场的动态特性可以分析，长期降水条件下边坡变形。分析图 4.3.22(a) 可知，在长历时降水试验中，边坡变形主要集中在非影响带与过渡带的交界处，且位移的方向从该交界面向两侧发展。这说明，降水导致的水分入渗的过程中，边坡过渡带与非影响带的交界处成为变形的活跃区域，该

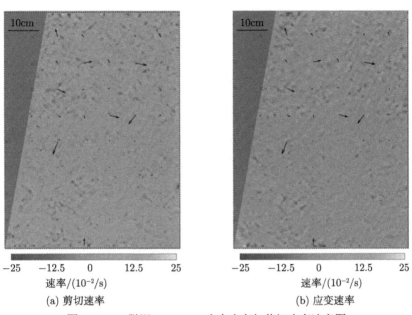

(a) 剪切速率

(b) 应变速率

图 4.3.21　脱湿 96~168h 应力应变与剪切应变速率图

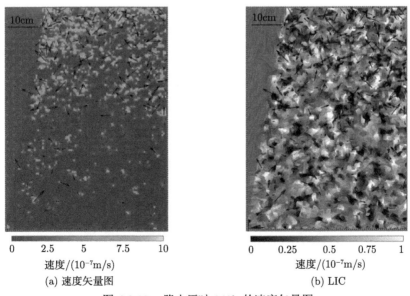

(a) 速度矢量图

(b) LIC

图 4.3.22　降水历时 240h 的速度矢量图

区域的物理性质和水分状况对边坡稳定性有着显著影响。

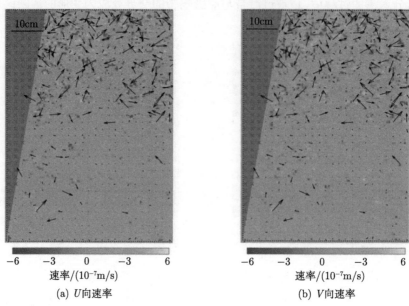

(a) U向速率

(b) V向速率

图 4.3.23   降水历时 240h 速度分量图

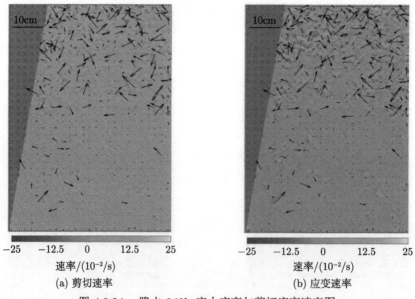

(a) 剪切速率

(b) 应变速率

图 4.3.24   降水 240h 应力应变与剪切应变速率图

尽管边坡变形表现出一种整体的趋势,但由速度矢量场图 4.3.22(b) 可以发现，边坡变形还呈现出由数个波相互叠加而形成的混沌模式。这一结果说明，边坡变形的内在复杂性，边坡变形并非由单一因素引起，而是由多种因素相互作用的结果。过渡带与非影响带交界处的变形破坏在一定程度上决定了边坡的稳定性，边坡表面变形受多个裂隙发育位置相互影响。

由图 4.3.23(a)、(b) 可以发现，在连续降水条件下，边坡表面的位移分布展现出均匀性。这一现象说明，与脱湿阶段相比，长期降水作用下的变形趋势不再受到不同比热容的显著影响，而是在边坡的整个断面上表现出一种统一的行为模式。这种均匀性说明，降水过程中水分入渗的同时影响了边坡的湿度场和温度场。

进一步，由图 4.3.24(a)、(b) 所示边坡的变形机理可知，剪切变形整体上大于应变变形，尤其体现在边坡表面的分层叠瓦状现象。这种分层叠瓦状的结构变化不仅直观地展示了剪切变形的主导作用，也反映了边坡整体在受力过程中剪应力的偏大特性。与此同时，边坡内部小滑块的变形相对较小，这一局部特征进一步导致了整体上应变变形的减少。这种差异性的变形特征表明了在降水诱发的边坡变形过程中，剪切力和应变力之间存在复杂的相互作用机制。

4.4　边坡含水率时空演化规律分析

综合考虑裂隙发育对边坡含水率影响，参考 4.3 节所观测到的表面变形规律，依据裂隙发育程度将边坡分为饱和区、过渡带以及非影响带。通过分析基质吸力的变化、含水率以及渗压计数据，阐释各区域在多轮干湿循环过程中基质吸力、含水率、地下水位等的变化规律。因为供电系统故障，试验在 2024 年 1 月 16 日、21 日、2 月 20 日断电，无读数，其余结果整理如图 4.4.1、图 4.4.2 所示。

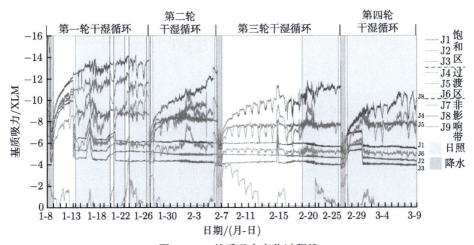

图 4.4.1　基质吸力变化过程线

由图 4.4.1 可知，饱和区受地下水影响，基质吸力计 J1 和 J3 读数变化不大。图 4.4.2 分析表明，饱和区内的土体含水率在干湿循环中变化甚微，这可能是由于该区域的土体已达到饱和状态，其水分运动主要受地下水位变化的直接影响。过渡带的表层含水率变化趋势与非影响带大体一致，变化幅度相对较小。这表明过渡带虽然受到上层土体干湿变化的影响，但由于其特定的水分状态和土体结构，使得水分变化的幅度受到抑制。

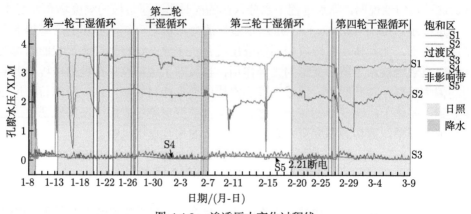

图 4.4.2　渗透压力变化过程线

由图 4.4.2 可知，经过 4 轮干湿循环试验，位于坡顶且埋设深度 40cm 的 S5 和位于坡中且埋设深度 40cm 的 S4 在此过程中读数并未发生增加或降低；位于坡中埋设深度 30cm 的 S3 表现出细微的波动，由 2 月 6 日和 2 月 26 日降水时的数值波动可知，仅受轻微干湿循环影响；位于坡底埋深 20cm 与 30cm 的 S1、S2 均受地下水控制，变化与地下水高度变化一致。干湿循环并未能影响到超过深 30cm 的内部土层，这说明干湿循环对于较深层土体的影响有限。

由图 4.4.1 可知，基质吸力计受优势流影响，数次降水均对埋深 30cm 的 J6、J9 造成影响，且在脱湿过程中变化幅度呈减小趋势。这表明在相同表面含水率的条件下，随着干湿循环轮次的推进，深度 0~30cm 的土体含水率不断上升，造成非影响带埋深 20cm 的基质吸力计 J8 变化幅度逐渐减小。分析表明，4 轮干湿循环影响深度在 20~30cm，对于超过 30cm 的土体影响有限。

由图 4.4.3 可知，在降水期间，过渡带的含水率与饱和区读数一致，但在脱湿阶段，前 2 至 3 天的变化幅度与饱和区保持一致，之后直至脱湿结束，其幅度值有所下降。这种现象表明，过渡带在干湿循环中的水分响应与饱和区存在一定的相似性，但在脱湿过程的后期显示出差异性。这是由于地下水在土体基质吸力作用下，持续从地下水或饱和区吸至过渡带，进而促使蒸发作用与水分迁移达成平衡，使得过渡带含水率变化较慢。

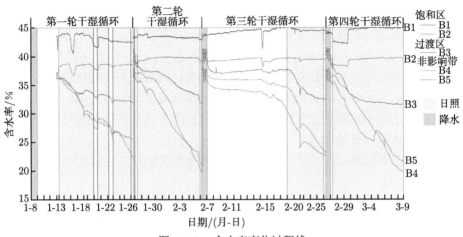

图 4.4.3　含水率变化过程线

在第三轮干循环长期静置时，土体含水率表现出稳定状态，此时仍能发现，过渡带与饱和区、非影响带含水率数值不一致。在进入脱湿阶段后，非影响带和过渡带的含水率的变化速率加快。这一现象表明，如果膨胀土土体不处于饱和状态，就不能忽视土体基质吸力对土体持水能力的影响。高地下水位影响引起垂直含水率分布不均。

非影响带内的基质吸力值也表现出一定的波动性。这种波动性说明裂隙影响了边坡土体的蒸发过程，即表层土体受蒸发效应影响导致含水率下降，基质吸力不断增大，直至出现一定的垂直梯度分布。压实度的不一致和裂隙发育的不均匀性，导致了基质吸力变化的波动性，尤其是在蒸发过程中，裂隙的存在能够加速水分的丧失，从而影响土体的水分状态和相应的物理特性。

第一轮干湿循环中存在 1d 静置期，此后 2~3d 内土体的不同分区含水率变化速率一致，均为 0.5%/d，但对比第二至第四轮干湿循环，在脱湿阶段，非影响带全时段含水率变化速率大于过渡带，前者保持在 (1.5~2.0)%/d，后者降至 (0.1~0.3)%/d。脱湿过程结束后，受土体水分自发平衡的影响，一部分裂隙愈合，使得后续脱湿过程中的一段时间内，过渡带与非影响带坡面蒸发效应将保持一致。对比第二、三、四轮干湿循环，过渡带裂隙受地下水影响，出现一定程度的愈合，虽然在初期 1~2d 内保持与非影响带相同的含水率变化速率，但此后将会影响坡面蒸发效应速率。在整个含水率垂直梯度的变化过程中，裂隙是前期蒸发作用的结果，在后期变化过程中又成为主要的诱因，非影响带裂隙自出现后持续发育并不会闭合。

在非影响带，观察到数值变幅较大且呈现出一定的趋势性。这种变化趋势反映了非影响带在干湿循环中对水分变化的敏感性，以及裂隙在调控土体水分平衡中的关键作用。通过趋势性分析可知非影响带土体的水分响应机制，以及裂隙如何通过影响蒸发过程来调节土体水分状态。此外，通过对比饱和区与过渡带的分析结果发现，该区域在一定程度上受到地下水的影响，而干湿循环对其影响有限。这一发现表明，过渡带仍然受到地下水位动态变化影响，干湿循环引起的表层水分变化对其影响不大。这是因为过渡带位于饱和区与非影响带之间，其土体水分状态受到地下水和表层水分变化的双重影响，但地下水位的变化对过渡带的水分状态影响更直接、更显著。

每轮干湿循环基质吸力计与含水率计读数细节图如图 4.4.4～图 4.4.11 所示。

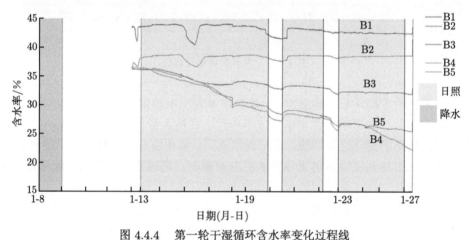

图 4.4.4　第一轮干湿循环含水率变化过程线

在 2024 年 1 月 8 日完成降水后，从 1 月 12 日起开始维持高 60cm 的稳定的地下水头，并从 1 月 13 日开启浴霸灯模拟自然脱湿过程。

由图 4.4.4 可知，自 2024 年 1 月 12 日起，B1、B2 均受地下水控制，B3 虽然和 B4、B5 存在相同的初始值，但含水率变化率较慢，含水率变化幅度在 10% 左右，不及 B4、B5 的 15%～20% 变化幅度。由图 4.4.5 可知，在此期间所有基质吸力计读数除 J7 外，以相同速率缓缓上升，表明边坡在试验条件下整体含水率变化一致。在 1 月 12 日开始维持地下水位后，J1～J6 均出现不同程度的下降，初步推测由于基质吸力计埋设处形成一处薄弱点，地下水较为轻易地渗入基质吸力埋设点，使得地下水不足 12h 便达到了 J4～J6 基质吸力计附近。在此后 J1～J3 基本位于饱和区，用于指示地下水变动情况。

J6 读数和变化趋势与 J1～J3 基本一致，但存在较为剧烈的波动。结合 S3 读数变化也存在剧烈波动趋势可知，此处位于过渡带，受地下水和表面脱湿的双重作用。在 2024 年 1 月 23 日至 25 日，J6~J9 均出现了相同趋势的波动，而 J1~J3 并未出现，进一步说明此处的控制因素并非地下水，而是表面脱湿作用。但是，J6 整体变化幅度不大，此处已接近表面脱湿作用的极限深度。

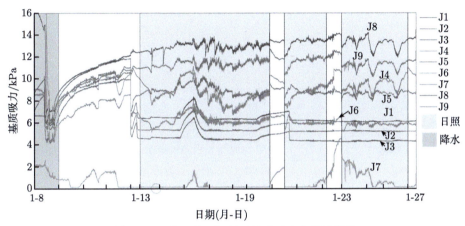

图 4.4.5　第一轮干湿循环基质吸力变化过程线

由图 4.4.6 可知，降水结束时，B4 与 B5 读数相近，但比 B2、B3 高出 2%~3%，在静置 8h 内 B5 含水率迅速下降，B3、B4 相对下降幅度不大，B1、B2 受地下水控制并无变化。当模拟脱湿过程时，B3、B4 和 B5 在前 48h 内变化幅度与变化速率保持一致；超过 48h 后 B4、B5 含水率迅速下降，B3 含水率则以静置期间速率缓慢变形。初步推测是脱湿过程的蒸发效应，在短时间内蒸发掉表面水分，引起吸力变大，从而从土体深处抽出更多的水，使得含水率变化保持一定的

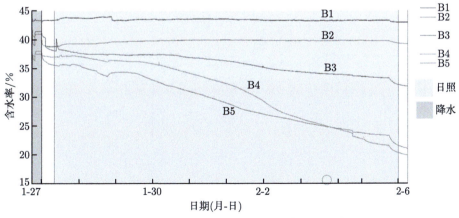

图 4.4.6　第二轮干湿循环含水率变化过程线

波动状，且变化速率呈前慢后快的趋势。对于 B3 而言，其不断受地下水影响出现的孔隙水则会持续不断的被蒸发而不影响土体，表现出幅度较小、变化速率较慢的现象。由图 4.4.7 可知，基质吸力 J4~J9 均出现与干湿循环第一周期相同的变化模式，其在前 48h 内变化较大，此后变化呈波动状，变化幅度较小。

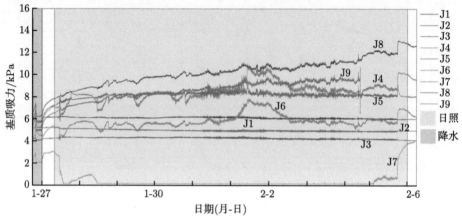

图 4.4.7　第二轮干湿循环基质吸力变化过程线

　　由图 4.4.8 可知，接近两周的静置并不会使边坡含水率出现较大变化，但随后脱湿过程的持续，使 B3~B5 含水率下降速率加快，且呈现出相同的下降速率，48h 后 B3 下降速率逐渐变慢直至消失。由图 4.4.9 可知，静置过程中边坡基质吸力存在剧烈变化，在自然风干作用下边坡脱湿过程较为缓慢，且脱湿过程基质吸力计读数并未出现变化，此时蒸发效应与吸力作用达到平衡。

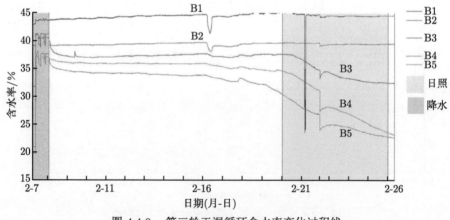

图 4.4.8　第三轮干湿循环含水率变化过程线

第四轮干湿循环前 3 天地下水位下降至 40cm，3 月 1 日恢复至 60cm 高度。由图 4.4.10、图 4.4.11 可知，此过程直接影响 J1~J4 的读数，以及 B3 的变化趋势。B3 在地下水下降阶段明显表现出与 B4、B5 相同的下降速率与幅度，但地下水抬升后，则与前几轮干湿循环保持一致，说明地下水作用的过渡带高度在 20cm 左右。在地下水位降低至 40cm 时，B1、B2 读数则是由稳定的 45% 降低至 42%，同时 J1~J4 读数也略有上升，但在抬升地下水位后的 2~3h 内恢复至先前读数。表明在此类工程运行过程中，地下水动态的变化将较快影响整个边坡的水分分布规律，即在完全土水平衡的土体内部水分传导效应较快，可在较短时间内引起相应监测数据的上升或下降。

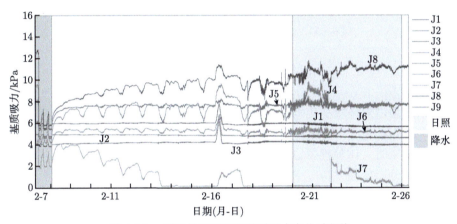

图 4.4.9 第三轮干湿循环基质吸力变化过程线

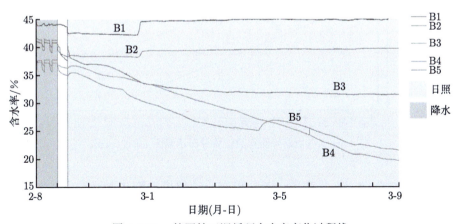

图 4.4.10 第四轮干湿循环含水率变化过程线

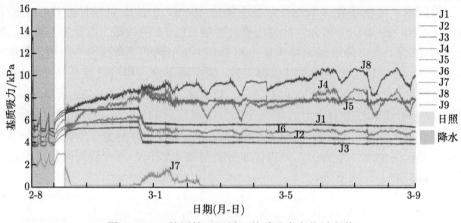

图 4.4.11　第四轮干湿循环基质吸力变化过程线

4.5　边坡内部变形时空演化规律分析

在研究边坡对环境变化响应的过程中，边坡变形是评估土体稳定性和工程安全性的关键指标之一，其变化特征对于理解边坡对干湿循环的响应机理至关重要。干湿循环结束时，试验模型边坡变形和各轮干湿循环中各测斜管测得的垂直边坡的最大位移分布如图 4.5.1、图 4.5.2 所示。

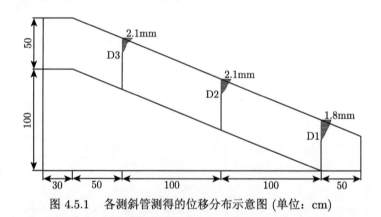

图 4.5.1　各测斜管测得的位移分布示意图 (单位：cm)

首先，结合图 4.5.1 和图 4.5.2 可知，边坡模型变形主要发生在土体表面 0~10cm 深处，而在较深层的 10~40cm 变形则不太明显，该范围最大位移值不超过 2.5mm。由 4.1 节所述的相似比尺可知，大气作用所产生的滑弧深度约为 1m，且最大位移不超过 2.5cm，符合现场勘测资料。这一现象与膨胀土较低的渗透系数，以及浅层和深层的土体物理特性差异有关。土体表层受到直接蒸发和降水影响较大，干湿循环的影响更为直接，导致表层土体水分含量变化剧烈，进而引发显著的位移。而深层土体由于受到上层土体的保护，水分变化较为缓和，从而导致深层位移不明显。

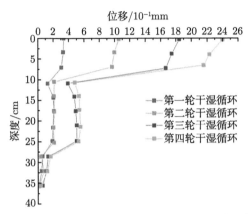

图 4.5.2 各测斜管在各轮干湿循环中的最大位移值分布示意图

随着干湿循环的进行，边坡变形呈现出一定的变化趋势。干湿循环导致土体水分状况周期性地变化，土体体积也随之发生膨胀和收缩，引起边坡变形。在脱湿阶段，水分的蒸发使土体体积收缩，产生向下或向内的位移；在增湿阶段，水分的吸收则使土体体积膨胀，可能导致向上或向外的位移。这种位移变化的周期性对于理解边坡在自然条件下的动态响应具有重要意义。尽管干湿循环对边坡变形有明显的影响，但观察到的整体位移量相对较小，未导致边坡产生较大的变形量。这表明在当前的环境条件和土体类型下，土体结构具有一定的稳定性和恢复能力。小幅度的变形可能是土体自我调节的表现，通过微小的体积变化来适应外界水分条件的变化。然而，即便是小幅度的变形，长期累积也可能对土体结构产生不可逆影响，特别是在极端气候条件或人为活动频繁的区域，边坡变形的累积效应值得进一步研究。

在对边坡稳定性的综合分析中，由图 4.5.3 与图 4.5.4 可知，边坡变形现象在整体上并不十分显著，其幅度低于 15mm，这与典型的叠瓦状破坏模式相比显得较小。这种微小的位移幅度说明边坡当前的稳定状态相对较好，或者表明破坏过程处于初期阶段，尚未发展到显著的滑坡活动。叠瓦状破坏作为一种典型的滑坡形态，通常涉及更大范围的土体移动和更高的位移速率，因此，当前的观测结果表明边坡可能处于破坏的早期阶段或较为缓慢的变形过程中。

变形主要集中在边坡表层的 0~20cm 深度范围内，如图 4.5.5 所示。这一深度范围的变形受到土体的物理性质、地下水位的变化，以及外部荷载等多种因素的影响。边坡表面较浅的部分受到干湿循环的直接影响,如降水和温度变化等,可能更容易发生变形破坏。

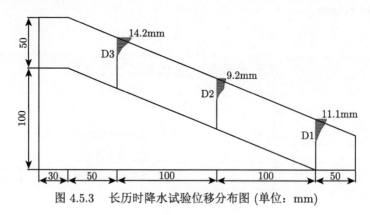

图 4.5.3　长历时降水试验位移分布图 (单位：mm)

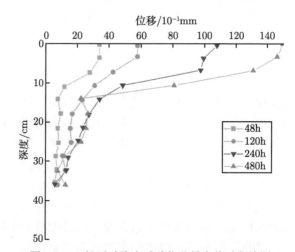

图 4.5.4　长历时降水试验位移最大值过程线图

依据表面变形规律和位移可将边坡模型划分为 4 个不同滑块,各滑移块深度不超过 15cm。非影响带内存在两个滑坡,与内部高度 70～90cm 形成的高富含水带相关,与过渡带交界面存在不连续的应力集中,最大位移 14.2mm;过渡带和饱和区分别与一个滑块重合。在地下水影响下,过渡带和饱和区应力应变变化均较低,其中过渡带最大位移 9.2mm,饱和区最大位移 11.1mm。

对于实际膨胀土渠坡而言,大气活动的直接影响深度为 2.3～3m,滑裂面深度位于 2～7m。模型试验中,由 4.1 节所述相似比尺可知,在历经 4 轮干湿循环和持续降水 500h 后,变形现象主要集中在土体表层的 0～20cm 范围内。换算到实际工程,浅表型滑动的滑移面深度为 2.5～3m,试验结果与实际工程较为吻合。

对于缓坡而言，初始位移多发在地下水位之上，位移发生后，作为推力作用于坡底部分土体，在充分入渗的地下水作用下，使得此类滑移面较为光滑。

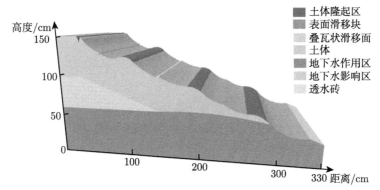

图 4.5.5　长历时降水试验滑坡示意图

边坡变形呈现出明显的浅层性。位移的总体趋势呈现随时间扩大的特征。时间因素在滑坡发展中扮演着关键角色，因为它不仅关系到变形过程的演化速度，也与土体的强度降低和破坏模式的发展密切相关。这种趋势表明了边坡在长期的环境作用和环境影响下可能会逐渐累积变形，最终可能导致更明显的浅层变形破坏。

4.6　本章小结

本章依托某重大引调水工程渠首段深挖方膨胀土渠道边坡，考虑实际工程地质、水文地质条件和支护措施，通过室内物理模型试验，研究了高地下水位膨胀土边坡在干湿循环条件和持续降水两种不同工况条件下的裂隙发育和变形破坏规律，以及含水率和应力应变响应。主要研究结论如下：

(1) 坡面裂隙发育程度受地下水影响显著，自下至上可分为饱和区、过渡带及非影响带。饱和区及过渡带坡面的裂隙发育速度受地下水影响而减缓。非影响带脱湿阶段裂隙发育明显，含水率变化速率最快、位移变化幅度最大；饱和区裂隙不甚发育，位移变化幅度最小，在坡脚存在应力集中现象；过渡带一定程度上受地下水影响，但含水率变化幅度仅为非影响带一半，其变化速率也较非影响带慢，位移幅度较非影响带小但大于饱和区。脱湿开始阶段，过渡带与非影响带交界处存在连续剪切应力集中，裂隙呈横向发展，此后应力集中消散，裂隙发育转化为以纵向为主。

(2) 模型边坡变形范围为表层 40cm 以内，且主要在表层 10cm 以内，这与膨胀土的物理特性和蒸发路径有关。干湿循环导致膨胀土土体周期性膨胀和收缩，表现出膨胀土土体对环境变化的敏感性，在长期不断的干湿循环过程中累积的微小位移可能对土体结构产生不可逆影响。

(3) 在长历时降水过程中,边坡位移随降水时间增加而增长,边坡非影响带表层呈现出叠瓦状破坏特征。依据内外部变形数据,可将边坡浅层划分为 4 个不同滑动带,滑动带深度不超过 15cm。其中,非影响带与过渡带交界面存在不连续的应力集中,过渡带与饱和区交界面处存在一个浅层滑动带。

参 考 文 献

[1] Intrieri E, Carlà T, Gigli G. Forecasting the time of failure of landslides at slope-scale: A literature review[J]. Earth Science Reviews, 2019,193:333-349.

[2] Butterfield R. Dimensional analysis for geotechnical engineers[J]. Geotechnique, 1999, 49(3):357-366.

[3] Miller R D. Applications of soil physics[M]. New York: Academic Press, 1972.

[4] Krishnaiah S, Singh D N. Centrifuge modelling of heat migration in soils[J]. International Journal of Physical Modelling in Geotechnics, 2004, 4(3):39-47.

[5] Yang D, Goodings D J. Predicting frost heave using FORST model with centrifuge models[J]. Journal of Cold Regions Engineering, 1998, 12(2):64-83.

[6] Krishnaiah S, Singh D N. Centrifuge modelling of heat migration in soils[J]. International Journal of Physical Modelling in Geotechnics, 2004, 3:39-47.

[7] 林銮, 唐朝生, 程青, 等. 基于数字图像相关技术的土体干缩开裂过程研究 [J]. 岩土工程学报, 2019, 41(7):1311-1318.

[8] Rawat N, Kim B, Kumar R. Fast digital image encryption based on compressive sensing using structurally random matrices and Arnold transform technique[J]. Optik-International Journal for Light and Electron Optics, 2016, 127(4):2282-2286.

[9] Shen Q, Liu W. A novel digital image encryption algorithm based on orbit variation of phase diagram[J]. International Journal of Bifurcation and Chaos, 2017, 27(13): 1750204.

[10] Hua Z, Zhou Y. Image encryption using 2D Logistic-adjusted-Sine map[J]. Information Sciences, 2016, 339:237-253.

[11] Zhang Y, Xu B, Zhou N. A novel image compression-encryption hybrid algorithm based on the analysis sparse representation[J]. Optics Communications, 2017, 392:223-233.

[12] Tigan G, Opris D. Analysis of a 3D chaotic system[J]. Chaos, Solitons & Fractals, 2008, 36(5):1315-1319.

[13] Ye G, Pan C, Huang X, et al. A chaotic image encryption algorithm based on information entropy[J]. International Journal of Bifurcation and Chaos, 2018, 28(1):1850010.

[14] Sari W S, Rachmawanto E H, Sari C A. A good performance OTP encryption image based on DCT-DWT steganography[J]. Telkomnika, 2017, 15(4):1987-1995.

[15] El-Rahman S A. A comparative analysis of image steganography based on DCT algorithm and steganography tool to hide nuclear reactors confidential information[J]. Computers & Electrical Engineering, 2018, 70:380-399.

[16]　Saidi M, Hermassi H, Rhouma R, et al. A new adaptive image steganography scheme based on DCT and chaotic map[J]. Multimedia Tools and Applications, 2017, 76(11): 13493-13510.

[17]　Poljicak A, Botella G, Garcia C, et al. Portable real-time DCT-based steganography using OpenCL[J]. Journal of Real-Time Image Processing, 2018, 14(1):87-99.

第 5 章 深挖方膨胀土渠坡运行期稳定性的数值模拟分析

膨胀土边坡稳定分析的常用方法是将具有裂隙结构的膨胀土边坡简化为分层均质的膨胀土边坡，依据现场取样或试验结果获取膨胀土的抗剪强度参数，并将其作为各层土体的代表性强度参数，进而采用极限平衡法计算概化边坡的安全系数。然而，这种传统的稳定分析方法仅能通过整体土体强度的变化间接反映裂隙的影响，难以准确描述裂隙结构，得到的变形破坏模式与工程实际情况存在偏差。为此，在阐述膨胀土边坡失稳破坏特点和常用支护、加固处置措施的基础上，对深挖方膨胀土边坡的裂隙性空间分布状态进行研究分析，提出膨胀土边坡裂隙概化模型，并将膨胀土的强度分为土块强度和裂隙面强度，膨胀土土块强度参数采用试验测定的膨胀土强度，裂隙面强度通过机器学习算法联合安全监测资料进行反演分析获取，采用 Morgenstern-Price 方法计算膨胀土边坡稳定安全系数，实现考虑裂隙空间分布的膨胀土边坡稳定性分析。

5.1 膨胀土边坡稳定性分析中的主要因素

5.1.1 渠坡变形破坏的控制性因素

5.1.1.1 土体胀缩性

膨胀系数与膨胀土吸水后的胀缩量密切相关，膨胀系数越大，膨胀率越高，膨胀土的膨胀潜势也越大。虽然膨胀系数对边坡塑性应变范围的影响有限，塑性应变主要集中在边坡表层，尤其是坡脚处，但随着膨胀系数的增加，边坡各处的塑性应变值会显著增加。

因此，随着膨胀系数的增大，边坡土体的膨胀性增强，坡体的水平和竖向变形呈线性增加，塑性应变也明显增大，导致边坡更易发生失稳破坏。

5.1.1.2 土体抗剪强度

土体抗剪强度的变化对边坡塑性变形范围的影响较小。不同抗剪强度的边坡，其塑性应变主要在边坡表层展开，坡脚处的塑性应变较大。然而，随着抗剪强度的提高，边坡各处的塑性应变值显著减小。黏聚力和内摩擦角越大，土体抗剪强度越高，边坡的水平和竖向变形也呈线性减小，塑性应变范围缩小，边坡趋于更稳定的状态。

5.1.1.3 初始孔隙水压力

边坡土体在水分入渗前的初始基质吸力决定了初始含水率的大小。初始基质吸力越大，含水率越低。在水分入渗过程中，不同初始含水率的边坡其水分入渗速率与入渗量不同，对膨胀土的吸水变形产生影响不同，进而导致边坡变形和稳定性的差异。

初始基质吸力越大，土体整体含水率越低，在入渗过程中吸水量增加，含水率变化梯度变大，导致边坡水平和竖向变形线性增大，同时塑性应变有所增大。尽管这种变化幅度较小，但最大初始基质吸力仍会对边坡变形和稳定性产生一定影响，基质吸力越大，边坡越不稳定，但总体影响较为有限。

5.1.1.4 降水强度与历时

由于膨胀土渗透性差，导水率低，各种降水强度通常超过土体的渗透能力。因此，降水历时对水分入渗的影响尤为显著。边坡的最大水平和竖向变形与降水历时呈对数关系，短历时降水事件中水分入渗时间对变形影响较大，而随着降水历时延长，变形增长趋势逐渐减缓。降水事件结束后，边坡的塑性变形范围差异显著。在相同降水历时条件下，由于小雨入渗充分，塑性变形范围最大、深度最深，各处的塑性应变值也最大。随着降水强度增大和历时缩短，水分入渗深度受限，塑性变形范围逐渐减小 [1]。

因此，对于渗透性较差的膨胀土边坡，降水强度易达到并超过土体的渗透能力，而降水历时则成为决定边坡稳定的关键因素。降水历时越长，坡体的水平和竖向变形越大，但变形增长速度逐渐减缓，同时塑性变形范围加深，边坡破坏风险增加，尤其是在边坡中部以下区域，最易发生失稳破坏。

5.1.1.5 膨胀土的裂隙性

膨胀土的一个显著特征是其发育的多裂隙。膨胀土区域的天然边坡上常见垂直于地表的无规则龟裂状裂缝，这些裂缝深度通常位于浅表层，受到大气影响，且在降水时会迅速闭合。由于这些裂隙是由膨胀土在湿胀干缩过程中产生的拉裂破坏，通常称为"胀缩裂隙"[2]。除此之外，膨胀土中还存在另一类裂隙，称为"非胀缩裂隙"。这些裂隙在天然状态下通常处于闭合状态，具有一定的连续性和优势倾向，并成层分布。部分裂隙内填充有灰白或灰绿色的软塑状黏土，只有在开挖施工或边坡发生较大变形时，这些裂隙才可能被拉开。

关于非胀缩裂隙的成因，大多数学者认为是由构造应力引起的 [3,4]，另有一些观点认为是超固结土层剥蚀卸荷和侧向卸荷所致 [5]。还有一种推测认为，非胀缩裂隙可能是胀缩裂隙在充填黏土后形成的，但从裂隙通常呈水平成层分布的形态来看，这些解释尚缺乏确凿依据。

广义上，非胀缩裂隙包括原生裂隙、地层结构面或分界面。这类裂隙在膨胀土边坡中大量存在，其延伸性和规模远超胀缩裂隙。以南水北调中线工程淅川、南阳等地为例，该地区的膨胀土属于第四系上、中更新统湖相或河湖相沉积的黏性土，地层中普遍存在延伸长度达数米至数十米的原生裂隙和层间界面。类似现象在广西、安徽、四川等地区的膨胀土也有描述。如广西南友路膨胀土地段的"节理""层理面"[6]，安徽引江济淮工程中的膨胀土存在底层短小裂隙及泥岩软化带等。有学者据此将膨胀土形象地称为"裂土"[7]。

胀缩裂隙和非胀缩裂隙对边坡稳定的影响机制截然不同。胀缩裂隙是次生裂隙，由土体的湿胀干缩循环引起，破坏了土体的整体结构，使地表水更容易渗透至地层深处，导致土体强度和变形发生显著变化。而非胀缩裂隙则源于土体的各向异性，并在应力场作用下逐渐扩展和贯通，影响了边坡的稳定性。

胀缩裂隙可以通过室内的干湿循环试验模拟生成。文献 [8] 中对南阳膨胀土进行干湿循环试验 ($N = 1 \sim 5$) 后，通过数字图像技术分析裂隙面积，绘制了试样含水率与净面积的关系曲线。结果表明，裂隙数量在塑限含水率之前迅速增多，净面积快速减小；在塑限与缩限之间，裂隙增长速度减缓，达到缩限后裂隙不再发展。

非胀缩裂隙的调查和统计通常通过现场开挖完成。在南水北调中线工程中，对膨胀土渠段的现场勘察发现，某渠段的开挖边坡上共统计有 1374 条长度超过 2m 的长大裂隙，在 $788m^2$ 的开挖窗口中有 929 条长度在 0.5~2.0m 之间的裂隙。上述数据显示，裂隙密度与膨胀土的膨胀性密切相关，膨胀性越大，裂隙发育越密集 [9]。

裂隙对膨胀土边坡的稳定性有着重要影响。胀缩裂隙通常在大气影响的浅表层内发展，造成土体结构破碎、强度衰减，并加剧雨水的入渗。对具有防护结构的工程边坡，土体含水率的变化幅度有限，但降水引发的土体膨胀变形仍对边坡的应力状态产生较大影响。

非胀缩裂隙则类似于岩体中的断层，是膨胀土边坡中的薄弱环节，控制着边坡的稳定性。一旦裂隙的倾向和倾角有利于滑坡发生，边坡沿裂隙面滑动的风险将大幅增加。这类滑坡通常具有较强的时效性和整体性，多数工程在运行期发生的滑坡都属于这一类型。

5.1.2 常用加固处置措施

5.1.2.1 浅层变形破坏处置措施

膨胀土渠坡的浅层变形破坏主要是因外部环境、干湿循环以及土体强度降低，导致雨淋沟、滑坡和土体流失等浅表层变形破坏。针对这一问题，目前常用的处置措施主要包括防渗截排措施和换填保护措施，分别解决地表水问题和土体强度降低问题。

1) 防渗截排措施

边坡上的大多数病害都与水有关，尤其对水敏感的膨胀土，水的作用更为显著。因此，防渗截排措施是膨胀土边坡治理中不可或缺的一部分。主要的防渗截排措施包括：在坡顶设置截流沟和挡水土埂，疏导和阻止地表水；在渠坡表层布置拱形骨架并植草护坡，保护坡面并引导坡面水流；在坡顶和坡面设置导流盲沟，以排导入渗的地表水和地下水；在坡面土体内部布置排水管，降低地下水位，减少孔隙水压力；在坡顶和坡面还可采取防渗措施，如土工膜和黏性土，以减少地表水入渗，保持膨胀土相对稳定的干湿环境。此外，常见的排水设施还包括天沟、吊沟、侧沟、排水沟，以及结合支挡和疏导功能的支渗沟、渗水井和渗水暗沟等。

2) 换填保护措施

换填保护措施是指采用非膨胀性黏性土置换坡面表层的强膨胀土。这种方法不仅能隔离膨胀土与外部环境的直接作用，还能吸收膨胀能量，并替换掉易受外界影响、导致强度降低的浅层土体。常用的换填材料为黏性土或改性土。

(1) 非膨胀黏性土。采用一定厚度的非膨胀性黏土换填边坡表层膨胀土，能有效避免下部膨胀土体的含水量剧烈变化。这种方法在国内外工程中得到了广泛应用，施工简便且效果显著。换填厚度一般为 1.0~1.5m。例如，印度 Purna 渠道、南非 Zukerbosch 渠道以及河南省刁南渠道均采用了 1.0~1.5m 的换填厚度。研究表明，换填厚度达到 0.6m 后，膨胀力的削减效果显著，且在 0.2m 深度时，削减幅度可达到 60% 左右。然而，对于大面积膨胀土地区，非膨胀性土的资源较为有限，运输成本较高，且开挖过程中产生的大量弃土可能占用土地，增加征地移民和工程成本，并对生态环境造成一定破坏。

(2) 改性处理。改性处理包括水泥或粉煤灰改性法、掺砂改性法、纤维土法和化学改性法等。① 水泥或粉煤灰改性法：在膨胀土中掺入一定比例的石灰或水泥 (如粉煤灰、矿渣) 可以降低膨胀潜势，增强土体强度和水稳性。南水北调中线南阳试验段的经验表明，在弱膨胀土中掺入 2%~4% 的水泥，或中膨胀土中掺入 5%~7% 的水泥后，土体基本转变为非膨胀土，膨胀率降至 40% 以下。类似地，掺入 15%~40% 的粉煤灰也能显著降低膨胀率。改性后的膨胀土具有较高的强度，因此所需的改性厚度一般比换填厚度要小。例如，广西那板北干渠的石灰处理厚度为 0.4m, 水泥处理厚度为 0.2m; 美国加利福尼亚州 Friantkem 渠道的坡面改性处理厚度为 1.1m, 渠底处理厚度为 0.6m。② 掺砂改性法; 在膨胀土中掺入一定比例的砂砾料, 能够有效降低膨胀潜势并提高土体强度。实验表明, 掺砂后膨胀土的液限和塑性指数显著降低, 弱、中膨胀土可通过掺砂处理转变为非膨胀土, 而强膨胀土则可降级为弱膨胀土。③ 纤维土法; 在膨胀土中加入人工合成的高强度纤维, 能够增强土体的抗拉性能, 限制膨胀变形, 从而提高边坡的稳定性。④ 化学改性法; 在膨胀土中掺入高分子材料、粉体固化剂或化学试剂, 可以减少或消除土体的膨胀潜势, 防止膨胀裂隙的产生。工程中常用的化学改性剂包括电化学土壤处理剂、坚土酶、膨胀土生态改性剂、羟乙基纤维素 (hydroxyethyl cellulose, HEC) 系列固结剂等。实际应用中, 化学改性剂的效果会随着时间逐渐增强, 膨胀土的性质逐渐转变为非膨胀土。

总体而言, 换填和改性处理措施在膨胀土渠坡的治理中发挥了显著作用, 结合现场实际情况, 合理选择换填厚度和改性方法, 可以有效提升边坡的稳定性。

5.1.2.2 深层破坏处置措施

膨胀土渠坡的深层破坏主要指深层滑坡。由于膨胀土的特殊工程特性, 自然边坡或人工边坡极易发生滑坡。根据滑坡的形式, 深层破坏可分为两类: 一是由坡脚表层土体失稳引发的牵引式滑坡, 二是由地下水作用或开挖卸荷导致沿结构面滑动的深层滑坡。针对膨胀土的深层滑动, 常采用削坡减载和抗滑支挡措施。

1) 削坡减载

削坡减载主要是指通过合理确定边坡的坡率来减轻边坡负荷。然而, 由于膨胀土的工程性质复杂, 采用常规土力学方法分析膨胀土边坡的稳定性存在诸多实际问题。实践表明, 确定膨胀土边坡的坡比是一个复杂的工程地质问题。现场调查显示, 无论是公路、铁路还是渠道工程, 当膨胀土边坡的坡比放缓至 1:2 至 1:3 时, 稳定性依然较差, 甚至在坡比放缓至 1:5 至 1:8 的情况下, 也未必能保证完全稳定。尤其是在地质条件和环境地质条件较为复杂的边坡, 如裂隙发育、地下水丰富或存在软弱夹层的区域, 膨胀土边坡稳定性问题更为突出。因此, 当前对膨胀土渠坡的设计仍以工程类比法为主, 辅以力学分析对边坡稳定性进行验算。

2) 抗滑支挡措施

强膨胀土边坡因开挖引发的施工效应尤为明显。开挖暴露了原本处于稳定状态的强膨胀土, 显著降低了浅层土体的上覆压力, 导致坡面土体因风化和胀缩变形而容易发生灾害。此外, 强膨胀土内部常含有软弱结构面, 使得这种边坡比其他土质边坡更易发生滑坡。因此, 针对强膨胀土边坡采取抗滑支挡措施尤为重要。

抗滑支挡结构的作用包括两方面: 一是用于预防强膨胀土开挖边坡的滑坡, 二是用于治理已发生滑动的边坡, 以确保工程的正常运行。支挡结构类型的选择应基于对剩余下滑力的计算结果，以及滑动面或软弱结构层的位置。此外，还需结合地形地貌、土层结构及性质、边坡高度、滑体的大小和厚度、受力条件及滑坡的危害程度等因素，选取相应的支挡结构形式。

常见的抗滑支挡方法包括：挡土墙、加筋挡土墙、土钉墙、抗滑桩、锚杆、钢筋网、喷射混凝土护坡、框架锚固结构等。这些方法能够有效控制边坡滑动，提升边坡的稳定性。

5.2 渠坡失稳破坏机理的数值模拟分析方法

5.2.1 渠坡概化模型构建

膨胀土边坡的失稳往往比一般岩土边坡更加复杂，失稳可能发生在施工期、运行期，甚至某些膨胀土边坡在运行数十年后依然可能失稳。此外，即便采用了表层换填、抗滑桩等处理措施，或者将边坡坡度放缓至 1:4，边坡失稳仍可能反复发生 [1]。单纯从土体强度衰减的角度并不足以解释膨胀土边坡失稳的机理。

岩土界普遍认为膨胀土边坡的失稳模式有 3 个重要特征：① 浅层性。是指膨胀土边坡失稳多为大气影响深度范围的滑坡，认为深层滑动与一般黏性土无异，无须特别关注。② 逐级牵引性。膨胀土边坡失稳通常从坡脚处开始，逐渐向上发展，最终形成多级滑坡。③ 降水后滑坡。鉴于大多数膨胀土边坡失稳多发生在降水之后，岩土专家更多关注于膨胀土从非饱和状态到饱和状态的演化过程，以非饱和土理论分析滑坡的机理认为：降水入渗到膨胀土裂隙中，导致土体吸力降低，含水率增大，土体强度由非饱和强度变化到饱和强度，在裂隙附近形成低强度区域，当下滑力 (剪应力) 增大到一定数量后，沿边坡发生破坏。而从饱和土强度理论分析滑坡机理认为：超固结土的应力–应变关系具有明显的应变软化特征，当下滑力 (剪应力) 超过土体的抗剪强度后，剪切面上的抗剪强度将达到土体的残余强度。因此，在开挖卸荷的作用下，坡脚的区域首先达到塑性平衡，同时，随着塑性平衡区域逐渐向上发展，最终形成渐进性破坏 [10]。

对膨胀土边坡裂隙的研究表明 [1]，浅表层裂隙在约 50cm 深度内分布较为密集，形成混乱的裂隙网络，这些裂隙往往与竖直方向呈一定角度。浅层裂隙的形成与风化、重力以及周期性大气营力密切相关；而较深处的裂隙则由于土体反复胀缩和降水溶滤作用逐渐发育。膨胀土边坡在长期的外部因素作用下 (如降水、日照、重力) 会形成广泛的裂隙网络，影响边坡稳定性。

与一般黏性土边坡不同，膨胀土的裂隙具有明显的方向性，裂隙面强度远低于土块强度。边坡的稳定性主要受裂隙面空间分布及其强度的影响，具有明显的各向异性。稳定性分析的难点在于：如何对膨胀土边坡中的裂隙结构进行合理概化，并准确模拟裂隙面空间分布及其强度特性。

为此，提出了一种裂隙性膨胀土边坡的稳定分析方法。具体步骤如下：

(1) 在地质勘察中，选择具有代表性的地段，进行深槽开挖，获取边坡断面上裂隙的分布形态；

(2) 使用两组强度指标——土块强度和裂隙面强度来表征裂隙性土体的强度特性；

(3) 对边坡的裂隙分布形态进行概化，建立裂隙网络计算模型 (图 5.2.1)；

(4) 采用折线滑动面条分法，自动搜索"最危险滑动面"，并计算边坡的稳定安全系数。

这种方法通过分别考虑土块和裂隙的强度，模拟裂隙的空间分布，并对边坡稳定性进行计算，类似于岩体边坡的稳定性分析。区分于传统的条分法分析模型，将这种方法称为"裂隙性土边坡稳定类岩分析模式"。

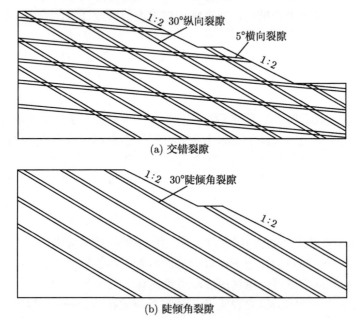

(a) 交错裂隙

(b) 陡倾角裂隙

图 5.2.1　某挖方膨胀土边坡概化模型图

5.2.2　裂隙面抗剪强度参数反演

长期以来，由于膨胀土裂隙分类的混乱，在讨论膨胀土强度时常产生混淆，尤其是将含裂隙土块的强度等同于裂隙面强度。因此，首先需要明确一个概念——膨胀土的土体强度。土体强度可以定义为包含或不包含裂隙的完整土块强度，并进一步细分为三类：不含裂隙的土块强度、含裂隙的土块强度和裂隙面强度。

在一般黏性土中,室内单元体测试得到的土块强度通常能够代表该土体在工程结构中的实际强度。然而,对于膨胀土来说,由于裂隙的存在,土块的强度未必能够全面反映土体的整体强度。在含裂隙土块的三轴剪切试验中,如果剪切面与裂隙面不完全重合,不同试样中的剪切面与裂隙面夹角不同,最终测得的强度只能代表含裂隙土块的强度。而当剪切面与裂隙面完全重合时,测得的才是裂隙面强度。裂隙面强度通常会随着裂隙与剪切面重合比例的不同而发生微小变化。因此,拟通过反演分析确定裂隙面抗剪强度值。

5.2.2.1 基于 SVR 和 HGWO 的裂隙抗剪强度参数反演算法

混合灰狼算法具有较高的寻优能力,因此将借助混合灰狼优化算法对 SVR 的关键参数进行寻优,以得到性能较高的 SVR 模型,进而用训练好的 SVR 进行预测以替代边坡稳定计算数值模拟,构建裂隙抗剪强度参数反演模型,实现裂隙抗剪强度参数的反演。

1) 灰狼优化算法基本原理

灰狼优化 (grey wolf optimization, GWO) 算法通过模拟灰狼的群体捕食行为,基于狼群跟踪接近、追捕包围、攻击猎物等过程实现优化目的 [11]。如图 5.2.2 所示,狼群有一个非常严格的社会统治层次。群体的领导者是 alpha 狼,是种群中所有事物的决定者,且其所有决定都会被传送到整个种群并且被遵守。beta 狼的地位仅次于 alpha,其辅助 alpha 制定决策并且给予 alpha 反馈,还是 alpha 的继任者。位于第三层次是 delta 狼,其主要任务是寻找猎物和充当侦察兵,保证种群安全,并同时服从 alpha 和 beta 狼。位于最底层的是 omega 狼,它们必须听从位于其上层狼的命令。GWO 算法的寻优过程如下:在搜索域随机产生一群灰狼,将其按等级从高到低为 alpha、beta、delta 和 omega。由 alpha、beta、delta 对猎物的位置进行评估定位,并且共同负责指定 omega 狼的移动方向,实现对猎物的包围攻击,最终捕获猎物。

2) 混合灰狼优化算法基本原理

灰狼优化算法具有收敛速度快和优化精度高的特点,但对于一些复杂的问题容易陷入局部最优。差分进化 (differential evolution, DE) 算法的全局搜索能力强,但其对参数敏感,局部搜索能力较弱。为了充分发挥各自的优点并弥补存在的缺陷,Zhu 等 [12] 提出将 DE 整合到 GWO 中,得到一种新型混合灰狼优化 (hybridizing grey wolf optimization, HGWO) 算法。这种算法利用 DE 的强大搜索能力更新 alpha、beta、delta 狼的最优位置,能有效避免 GWO 陷入局部最优,还能加快 GWO 的收敛速度。该新型算法实现的具体过程为:

(1) 初始化参数,主要包括种群规模 N、最大迭代次数 t_{max}、交叉概率 C_R、缩

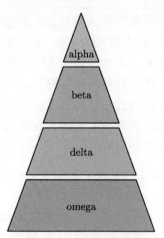

图 5.2.2　灰狼种群结构

放因子 F 范围等基本参数，并通过式 (5.2.1) 随机生成三个相同大小的初始种群：

$$X_p^k(0) = X_p^{\text{low}} + \text{rand}(0,1) \times \left(X_p^{\text{up}} - X_p^{\text{low}}\right) \tag{5.2.1}$$

式中，$X_p^k(0)$ 为初始种群中第 k 个个体的第 p 维值；rand(0, 1) 表示 [0,1] 范围内生成的随机数；X_p^{up} 和 X_p^{low} 分别为第 p 维值的上界和下界。

用 POP 表示一个初始种群，可以用下式进行定义：

$$\text{POP} = \left\{X^1, X^2, \cdots, X^k, \cdots, X^{p_{\text{size}}}\right\} \tag{5.2.2}$$

式中，p_{size} 为种群大小；k 为个体编号，$k = 1, 2, 3, \cdots, p_{\text{size}}$；每个个体可表示为

$$X^k = \left(X_1^1, X_2^2, \cdots, X_p^k, \cdots, X_d^{p_{\text{size}}}\right) \tag{5.2.3}$$

式中，$p = 1, 2, 3, \cdots, d; k = 1, 2, 3, \cdots, p_{\text{size}}$。

按非递减顺序对父代种群进行排序，找出种群中排序为第一、第二、第三的父代个体，分别称为 α、β、δ。

(2) 对种群个体进行 DE 变异操作，其实现过程如式 (5.2.4) 所示，以此产生中间体，并进行竞争选择操作形成父代、子代、变异种群个体。

$$V_p^k(t+1) = X_p^{r1}(t) + F \times \left(X_p^{r2}(t) - X_p^{r3}(t)\right), \quad r1 \neq r2 \neq r3 \neq k \tag{5.2.4}$$

式中，t 表示当前迭代次数；$r1$、$r2$、$r3$ 表示三个不同的随机数。

(3) 计算种群中每个灰狼个体的适应度值，并依据适应度值的大小进行排序，选出最优的前 3 个个体位置分别记为 X_α、X_β 和 X_δ。

(4) 根据式 (5.2.5) 计算种群中其他灰狼个体与最优的 X_α、X_β 和 X_δ 的距离，并依据式 (5.2.6) 和式 (5.2.7) 更新每个灰狼个体的当前位置：

$$D_\alpha = |C_1 X_\alpha(t) - X(t)|$$

$$D_\beta = |C_2 X_\beta(t) - X(t)| \tag{5.2.5}$$

$$D_\delta = |C_3 X_\delta(t) - X(t)|$$

$$X_1(t+1) = X_\alpha(t) - A_1 D_\alpha$$

$$X_2(t+1) = X_\beta(t) - A_2 D_\beta \tag{5.2.6}$$

$$X_3(t+1) = X_\delta(t) - A_3 D_\delta$$

$$X(t+1) = \frac{X_1 + X_2 + X_3}{3} \tag{5.2.7}$$

式中，t 为当前迭代次数；A 为收敛因子，其中，$A_1 = 2a_1 r_1^1 - a_1$，$A_2 = 2a_2 r_2^2 - a_2$，$A_3 = 3a_3 r_3^3 - a_3$，变量 a 随迭代次数的增加从 2 线性递减到 0，r_1 和 r_2 为 [0,1] 范围内的随机数。C 为摇摆因子；D 为灰狼个体与最优个体位置 X_α、X_β 和 X_δ 之间的距离；$X(t)$ 为第 t 次迭代的灰狼位置。

(5) 按式 (5.2.8) 对种群个体进行交叉、选择操作，保留优良成分并产生新子代个体，计算个体的适应度值。

$$U_p^k(t+1) = \begin{cases} V_p^k(t+1), & \text{rand}(0,1) \leqslant P_{\text{CR}} \text{或} P = P_{\text{rand}} \\ X_p^k(t), & \text{rand}(0,1) > P_{\text{CR}} \text{或} P \neq P_{\text{rand}} \end{cases} \tag{5.2.8}$$

式中，$U(t+1)$ 表示 $V(t+1)$ 经过交叉操作后的新变体；P_{CR} 为一常数，表示一个特定的交叉概率；P_{rand} 表示随机维度。

DE 通过贪婪准则来确定是否保留新变异个体 $U(t+1)$ 进入下一代。该操作可以表示为

$$X(t+1) = \begin{cases} U(t+1), & f(U(t+1)) \leqslant f(X(t+1)) \\ X(t), & f(U(t+1)) > f(X(t+1)) \end{cases} \tag{5.2.9}$$

式中，$f(\cdot)$ 为适应度函数。

(6) 更新参数 a、A 和 C。

(7) 判断是否达到最大迭代次数 $t_{\max}$，如果已达到，则停止迭代并输出当前最优解，否则返回步骤 (3) 继续进行迭代。

5.2.2.2　支持向量机关键参数的混合灰狼优化算法实现流程

惩罚因子 C 作为 SVR 模型的超参数之一，是确保 SVR 性能的关键参数之一。C 值越大，相当于惩罚松弛变量越接近 0，表示错误预测的代价越大，这样对训练集测试时准确率很高，但泛化能力弱；C 值越小，表示错误预测的代价越小，允许容错，将预测错误的点当成噪声点，泛化能力较强。即使是在线性可分的情况下，若将 C 值设置的非常小，也可能出现错误预测。在线性不可分的情况下，设置过大的 C 值会导致训练无法收敛。C 值的默认值是 1.0，需要从一个较大的范围中一步一步进行筛选，直到找到最适合的 C。

不敏感系数 g 是选择高斯径向基函数 (Gaussian radial basis function, Gaussian RBF) 作为核函数后，该函数自带的一个参数，隐含地决定了数据映射到新的特征空间后的分布。g 值越大，支持向量越少；g 值越小，支持向量越多。而支持向量的个数会影响训练与预测的速度。RBF 核函数中 σ 和 g 的关系如下：

$$k\left(x, z\right) = \exp\left(-\frac{d\left(x, z\right)^2}{2\sigma^2}\right) = \exp\left(-g \cdot d\left(x, z\right)^2\right) \Rightarrow g = \frac{1}{2\sigma^2} \tag{5.2.10}$$

g 值会影响每个支持向量对应的高斯作用范围，从而影响泛化性能。如果 g 值太大，σ 值会很小。σ 值很小会造成高斯分布又高又瘦，导致其作用范围仅局限在支持向量样本附近，对于未知样本预测效果很差，使得训练准确率较低。如果 σ 无穷小，则理论上高斯核的 SVR 可以拟合任何非线性数据，容易造成过拟合，出现预测准确率不高的情况。另一方面，如果 g 值过小，则会造成平滑效应太大，无法在训练集上得到较高的准确率，也会影响测试集的预测准确率。

因此，C、g 取值对 SVR 模型的性能会造成较大影响，要获得较为理想的 SVR 模型关键是选择合适的 C、g 值。为了降低参数选择的随机性，提高网格的泛化能力和预测精度，将 HGWO 算法引入到 SVR 的样本训练过程中，将原来 SVR 参数的随机选取进化为高效、可靠且有依据的选定。HGWO 算法搜索 SVR 参数的过程如图 5.2.3 所示，具体步骤如下：

1) 建立目标函数

混合灰狼优化算法的依据是目标函数值，目标函数值是个体空间到实数空间的映射。取 SVR 滑动面位置坐标预测值与数值模拟计算的滑动面位置坐标误差平方和最小，作为选择最优 C 和 g 值的依据。因此，混合灰狼优化算法进行 SVR 参数搜索时的目标函数可建立为

$$F\left(X\right) = \left\{\frac{1}{k}\sum_{i=1}^{n}\left[\mathrm{SVR}_i\left(X\right) - U_i\right]^2\right\}^{1/2} \tag{5.2.11}$$

式中，$X = \{C, g\}$ 为一组待寻优的参数；$\text{SVR}_i(X)$ 为滑动面位置坐标预测值；U_i 为数值模拟计算的滑动面位置坐标结果值；n 为数值模拟获取的用于参数优化的数据总个数。

SVR 参数寻优的计算，就是求解式 (5.2.1) 的目标函数，寻找一组适当的 C、g 值，使相应的目标函数值最小。

2) 初始化混合灰狼优化算法参数

对 HGWO 算法的主要参数 (如种群规模、缩放因子范围、交叉概率、种群迭代次数等) 进行设置，同时根据具体问题，设置寻优变量 C 和 g 的取值范围，便于混合灰狼优化算法的快速搜索。

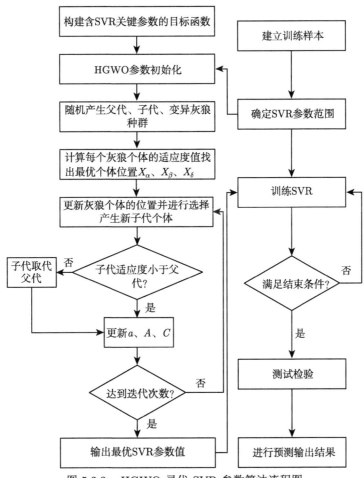

图 5.2.3　HGWO 寻优 SVR 参数算法流程图

3) 算法迭代条件

基于所设置的 HGWO 算法初始参数，计算灰狼的适应度函数值，并调整灰狼的位置和移动方向。依据迭代准则，当结果达到或小于寻优精度，或者达到迭代次数时，返回当前的最优结果作为优化后的输出，完成最佳 C 和 g 寻优。

综上所述，当应用到裂隙面抗剪强度参数反演时，HGWO 算法先对支持向量回归机进行训练样本参数确定，寻找到最佳 C 和 g 值并代入支持向量回归机中，建立支持向量回归机模型，再执行预测或测试样本的模拟学习、对比分析等操作。

通过以下性能评价指标对所构建 SVR 模型的预测精度进行评价：

(1) 平方相关系数 (squared correlation coefficient, R^2)。

$$R^2 = \frac{\left(\sum_{i=1}^{n}(y_i - \bar{y})(\hat{y}_i - \bar{y}')\right)^2}{\sum_{i=1}^{n}(y_i - \bar{y})^2 \sum_{i=1}^{n}(\hat{y}_i - \bar{y}')^2} \tag{5.2.12}$$

式中，y_i 是实测值；$\hat{y}_i$ 是预测值；$\bar{y}$ 为原始测值序列平均值；$\bar{y}'$ 为预测值序列平均值；n 是样本数量。

该指标广泛应用于衡量模型拟合效果，该值越接近 1，表明预测值与实际值拟合效果越好。

(2) 平均绝对误差 (mean absolute error, MAE)[13]。

$$\text{MAE} = \frac{1}{n}\sum_{i=1}^{n}|y_i - \hat{y}_i| \tag{5.2.13}$$

该指标是绝对误差的平均值，反映的是预测误差的实际情况。

(3) 平均绝对百分比误差 (mean absolute percentage error, MAPE)[14]。

$$\text{MAPE} = \frac{1}{n}\sum_{i=1}^{n}\left|\frac{y_i - \hat{y}_i}{y_i}\right| \tag{5.2.14}$$

该指标是相对误差的平均值，反映的是相对于实测值的误差大小，无法反映绝对误差的大小。

(4) 均方误差 (mean squared error, MSE)[15]。

$$\text{MSE} = \frac{1}{n}\sum_{i=1}^{n}(y_i - \hat{y}_i)^2 \tag{5.2.15}$$

该指标是预测值与实测值差值平方的均值，MSE 越小，预测效果越好。

5.2.2.3 裂隙面抗剪强度参数的混合灰狼反演算法

基于数值模拟计算和边坡实测数据的裂隙面抗剪强度参数反演问题，在本质上等价于如下的优化问题：

$$
\begin{aligned}
&\text{Minimize}: f\left(x\right)\\
&\text{Subject to}: K\left(x\right)u = F\\
&\qquad\qquad\quad x \in D_x
\end{aligned}
\tag{5.2.16}
$$

式中，$f(x)$ 为优化的目标函数；$x = \{x_1, x_2, \cdots, x_m\}$ 为待反演的裂隙面抗剪强度参数；D_x 为参数的可行域。

裂隙面抗剪强度参数反演的优化目标函数为

$$
f\left(x\right) = \left\{\frac{1}{k}\sum_{i=1}^{n}\left(\text{SVR}_i\left(x\right) - U_i\right)^2\right\}^{1/2}
\tag{5.2.17}
$$

式中，$\text{SVR}_i(x)$ 为根据 SVR 模型得到的滑动面位置坐标预测值；$x = \{x_1, x_2, \cdots, x_m\}$ 为待反演的裂隙面抗剪强度参数；U_i 为研究渠坡断面通过第 i 个测斜仪测取的内部滑动面 (与图 3.8.6 类似) 的位置坐标值；n 为从监测数据中选取研究点的个数。

基于混合灰狼优化算法的裂隙面抗剪强度参数反演算法与基于混合灰狼优化算法的 SVR 参数寻优算法的基本流程相似，两者的最大区别是优化目标函数不同。对于 SVR 模型，(C, g) 参数寻优的 HGWO 算法的目标函数是基于数值模拟结果与 SVR 模型预测值之间的关系建立的，而对于裂隙面抗剪强度参数反演的目标函数则是由监测数据推演结果与 SVR 模型预测值的关系建立的。基于混合灰狼算法的裂隙面抗剪强度参数反演流程如图 5.2.4 所示。

5.2.2.4 裂隙面抗剪强度参数反演实现流程

裂隙面抗剪强度参数反演的具体实现流程如图 5.2.5 所示。抗剪强度参数反演的实现主要包含两部分：① 借助混合灰狼优化算法优化支持向量回归机的参数 C 和 g，具体的实现步骤已经在 5.2.2.2 节中进行详细阐述；② 通过混合灰狼优化算法，搜索由训练好的 SVR 计算输出的结果与实测数据最接近的输入裂隙面抗剪强度参数。这两部分按照顺序有序地搭建和结合。具体步骤如下：

(1) 确定待反演裂隙面抗剪强度参数的个数及相应的取值区间，针对具体问题选择具有代表性和决定性的关键抗剪强度参数，其取值范围可以由试验、试算、经验、类比等方式得到。

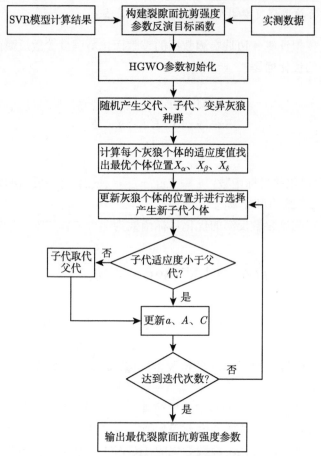

图 5.2.4　HGWO 反演裂隙面抗剪强度参数算法流程图

(2) 构建样本参数。一般可通过多种方式构建，若参数个数较多，划分的水平也较多，可采用正交试验方法、均匀实验方法或随机取样方法；若个数和水平数在可控范围内，则可选择完全试验方法。

(3) 参数归一化。参数样本构建完成即表示多种数值模拟方案设计完成。需要注意的是，在将抗剪强度参数和模拟结果组成的数据集用于 SVR 学习前，需要对数据进行归一化处理。对于具有 n 个样本点 $\{x_i\}, i = 1, 2, \cdots, n, x_i \in R$，归一化到 $[-1, 1]$ 区间，采用如下的映射：

$$f : x \to y = \frac{2\left(x - x_{\min}\right)}{x_{\max} - x_{\min}} + 1 \tag{5.2.18}$$

式中，$x = (x_1, x_2, \cdots, x_n)$ 为原始数据；$y = (y_1, y_2, \cdots, y_n)$ 为对应 x 的归一化结果，且 $y_i \in R, i = 1, 2, \cdots, n$；$\min(x)$ 为样本 x 的最小值；$\max(x)$ 为样本 x

的最大值。

(4) 将上述样本作为训练数据, 按照 5.2.2.2 节详述的寻优流程对 SVR 模型进行参数寻优, 以获得在该训练样本下的最优 SVR 参数 (C, g)。此外还要将这部分样本作为测试集, 测试已经训练好的 SVR 模型的回归效果。得到的训练好的 SVR 模型是已经建立好的输入待反演抗剪强度参数和输出结果之间的非线性映射关系, 也可以看作是通过对训练数据的反复学习得到的一个具有预测功能的回归机 SVR。

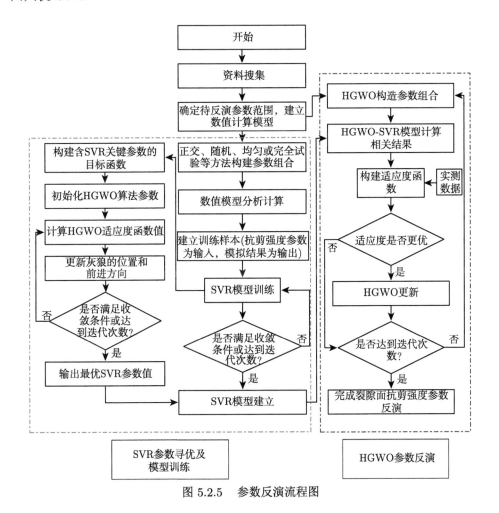

图 5.2.5 参数反演流程图

(5) 在抗剪强度参数反演部分, 首先要确定待反演抗剪强度参数的个数和相应的取值区间, 此时采用正交方法构建待反演参数的组合, 然后通过训练后的 SVR 模型预测相应的结果 (值得注意的是, 这里是通过训练好的 SVR 预测结果替代数值模拟计算结果)，将预测结果与实测数据构建如式 (5.2.17) 所示的适应度函数。

(6) 在 HGWO 算法寻优的过程中，通过计算适应度值达到预期的精度或者达到最大迭代次数，即意味着完成参数反演，代表反演过程结束，输出反演参数结果。

5.2.3 膨胀土渠坡稳定性分析方法

1965 年由摩根斯坦提出的 Morgenstern-Price 法适用于不规则任意形状滑动面的边坡稳定计算 [16]。因此，采用 Morgenstern-Price 法计算膨胀土渠坡的安全系数，应稳定计算中考虑条块间的相互作用力。该方法首先对曲线形状的滑裂面进行了分析，导出了满足力的平衡及力矩平衡条件的微分方程式，然后假定两相邻土条法向条间力和切向条间力之间存在对水平方向坐标的函数关系，根据整个滑动土体的边界条件得到问题的答案。

如图 5.2.6(a) 表示一任意形状的土坡，其坡面线、侧向孔隙水应力和有效应力的推力线及滑裂线分别以函数 $y = z(x)$，$y = h(x)$，$y = y'_t(x)$ 及 $y = y(x)$ 表示。图 5.2.6(b) 为其中任一微分土条，其上作用有重力 dW，土条底面的有效法向反力 dN' 及切向阻力 dT，土条两侧的有效法向条间力 E'，$E' + dE'$ 及切向条间力 X，$X + dX$，U 及 $U + dU$ 为作用于土条两侧的孔隙水压力，dU_s 则为作用于土条底部的孔隙水应力。

对微分土条的底部中点 (O 点) 取力矩平衡，则：$\sum M_0 = 0$,

$$E'\left[(y - y'_t) - \left(-\frac{dy}{2}\right)\right] - (E' + dE')\left[(y + dy) - (y'_t + dy'_t) + \left(-\frac{dy}{2}\right)\right]$$

$$-X\frac{dx}{2} - (X + dX)\frac{dx}{2} + U\left[(y - h) - \left(-\frac{dy}{2}\right)\right]$$

$$-(U + dU)\left[(y + dy) - (h + dh) + \left(-\frac{dy}{2}\right)\right] - dU_s g = 0$$

将上式略去高阶微量，并且认为 dU_s 的作用点与 dT、dN' 的作用点重合 (取 $g = 0$)，整理化简，得到每一土条满足力矩平衡的微分方程式：

$$X = \frac{dE'(y'_t)}{dx} - y\frac{dE'}{dx} + \frac{dU(h)}{dx} - y\frac{dU}{dx} \tag{5.2.19}$$

再取土条底部法向力的平衡 $\left(\sum F_{dN'} = 0\right)$，得

$$dN' + dU_s = dW\cos\alpha - dX\cos\alpha - dE'\sin\alpha - dU\sin\alpha \tag{5.2.20}$$

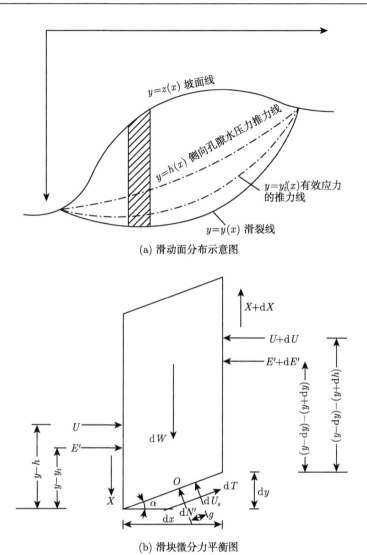

(a) 滑动面分布示意图

(b) 滑块微分力平衡图

图 5.2.6　Morgenstern-Price 法计算简图

取平行土条底部方向力的平衡，可得

$$\mathrm{d}T = \mathrm{d}E'\cos\alpha + \mathrm{d}U\cos\alpha - \mathrm{d}X\sin\alpha + \mathrm{d}W\sin\alpha \qquad (5.2.21)$$

又根据安全系数的定义及摩尔-库伦准则：

$$\mathrm{d}T = \frac{1}{F_s}\left[c\mathrm{d}x\sec\alpha + \mathrm{d}N'\tan\varphi\right] \qquad (5.2.22)$$

同时引用关于孔隙应力比的定义：

$$r_u = \frac{\mathrm{d}U_s}{\mathrm{d}W \sec \alpha} \tag{5.2.23}$$

综合以上各式，消去 $\mathrm{d}T$ 及 $\mathrm{d}N'$，得到每一土条满足力的平衡微分方程为

$$\frac{\mathrm{d}E'}{\mathrm{d}x}\left[1 - \frac{\tan\varphi}{F_s}\frac{\mathrm{d}y}{\mathrm{d}x}\right] + \frac{\mathrm{d}X}{\mathrm{d}x}\left[\frac{\tan\varphi}{F_s} + \frac{\mathrm{d}y}{\mathrm{d}x}\right]$$

$$= \frac{c}{F_s}\left[1 + \left(\frac{\mathrm{d}y}{\mathrm{d}x}\right)^2\right] + \frac{\mathrm{d}U}{\mathrm{d}x}\left[\frac{\tan\varphi}{F_s} + \frac{\mathrm{d}y}{\mathrm{d}x} - 1\right]$$

$$+ \frac{\mathrm{d}W}{\mathrm{d}x}\left\{\frac{\tan\varphi}{F_s} + \frac{\mathrm{d}y}{\mathrm{d}x} - r_u\left[1 + \left(\frac{\mathrm{d}y}{\mathrm{d}x}\right)^2\right]\frac{\tan\varphi}{F_s}\right\} \tag{5.2.24}$$

土条侧面力为

$$E = E' + U \tag{5.2.25}$$

其作用点位置为

$$E y_t = E' y_t' + U h \tag{5.2.26}$$

而 E 与 X 间存在一个关于 x 的函数关系，可以选为

$$X = \lambda f(x) E \tag{5.2.27}$$

式中，λ 为任意常数。

对每一土条进行分析，由于 dx 可以取得无限小，使 $y = z(x)$，$y = h(x)$ 及 $y = y(x)$ 在土条所选小范围内近似看成一直线，同样，函数 $f(x)$ 在每一土条的小范围内也可以看成一直线。因此，在每一条块内有

$$y = Ax + B \quad \text{(地表直线)} \tag{5.2.28}$$

$$\frac{\mathrm{d}W}{\mathrm{d}x} = px + q \tag{5.2.29}$$

$$f(x) = kx + m \tag{5.2.30}$$

式中，A，B，p，q 均为任意常数；k, m 可通过几何条件及所选 $f(x)$ 的类型来确定。

由式 (5.2.25) 和式 (5.2.26)，式 (5.2.19) 基本微分方程式可简化为

$$X = \frac{\mathrm{d}}{\mathrm{d}x}(E y_t) - y \frac{\mathrm{d}E}{\mathrm{d}x} \tag{5.2.31}$$

而式 (5.2.24) 可简化为

$$\left[1 - A\frac{\tan\varphi}{F_s} + \lambda k x \left(A + \frac{\tan\varphi}{F_s} \right) + \lambda m \left(A + \frac{\tan\varphi}{F_s} \right) \right] \frac{\mathrm{d}E}{\mathrm{d}x}$$

$$+ \lambda k E \left(A + \frac{\tan\varphi}{F_s} \right)$$

$$= px \left[\frac{\tan\varphi}{F_s} + A - r_u(1+A^2)\frac{\tan\varphi}{F_s} \right] + \frac{c}{F_s}(1+A^2)$$

$$+ q \left[\frac{\tan\varphi}{F_s} + A - r_u(1+A^2)\frac{\tan\varphi}{F_s} \right]$$

$$(Kx + L)\frac{\mathrm{d}E}{\mathrm{d}x} + KE = Nx + Q \tag{5.2.32}$$

式中,$K = \lambda k \left(A + \dfrac{\tan\varphi}{F_s} \right)$;$L = \lambda m \left(A + \dfrac{\tan\varphi}{F_s} \right) + 1 - A\dfrac{\tan\varphi}{F_s}$;$N = p\left[\dfrac{\tan\varphi}{F_s} + \right.$
$\left. A - r_u(1+A^2)\dfrac{\tan\varphi}{F_s} \right]$;$Q = \dfrac{c}{F_s}(1+A^2) + q\left[\dfrac{\tan\varphi}{F_s} + A - r_u(1+A^2)\dfrac{\tan\varphi}{F_s} \right]$。

现在取土条两侧的边界条件为 $E = E_i, x = x_i, E + \mathrm{d}E = E_{i+1}, x + \mathrm{d}x = x_{i+1}$。对式 (5.2.32) 从 x_i 到 x_{i+1} 进行积分,可以求得

$$E_{i+1} = \frac{1}{L + K\Delta x} \left(E_i L + \frac{N\Delta x^2}{2} + Q\Delta x \right) \tag{5.2.33}$$

这样就可以从上到下,逐条求出法向条间力 E,然后求出切向条间力 X。当滑动土体外部没有其他力作用时,最后一土条必须满足条件:

$$E_n = 0 \tag{5.2.34}$$

同时,土条侧面的力矩可以用微分方程式 (5.2.31) 积分求出,即

$$M_{i+1} = E_{i+1}(y - y_t)_{i+1} = \int_{x_i}^{x_{i+1}} \left(X - E\frac{\mathrm{d}y}{\mathrm{d}x} \right) \mathrm{d}x \tag{5.2.35}$$

最后也必须满足条件:

$$M_n = \int_{x_0}^{x_n} X - E\frac{\mathrm{d}y}{\mathrm{d}x}\mathrm{d}x = 0 \tag{5.2.36}$$

在计算时,我们可以先假设 λ、F_s 值,然后逐个积分得到 E_n 及 M_n,如果不为零,再用一个有规律的迭代步骤不断修正 λ 及 F_s,直到式 (5.2.34) 及式 (5.2.36) 条件得到满足为止。

5.3　渠坡运行期严重变形渠段的案例分析

5.3.1　工程与地质概况

1) 工程概况

某重大引调水工程桩号 11+700—11+800 右岸渠坡挖深约 42m，断面布置和现场照片见图 5.3.1。渠道底宽 13.5m，渠底高程 138.902m，设计、加大水深分别为 8m、8.77m。渠坡共七级，过水断面 (一级渠坡) 坡比 1:3，一级马道宽 5m，以上每 6m 设一级马道，除四级马道宽 50m 外，其余马道宽均为 2m，二—四级渠坡坡比均为 1:2.5，五—七级渠坡坡比为 1:3。渠坡全断面的表层换填水泥改性土，

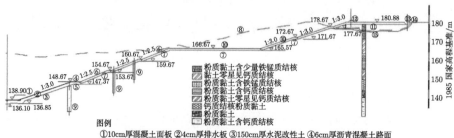

图例
①10cm厚混凝土面板 ②4cm厚排水板 ③150cm厚水泥改性土 ④6cm厚沥青混凝土路面 ⑤20cm厚石灰稳定土 ⑥混凝土坡面梁 ⑦100cm厚水泥改性土 ⑧开挖线 ⑨抗滑桩 ⑩10cm耕植土 ⑪回填弱膨胀土 ⑫防护堤 ⑬永久截流沟 ⑭防护栏 ⑮清基厚50cm

(a) 渠坡横断面图(单位: cm)

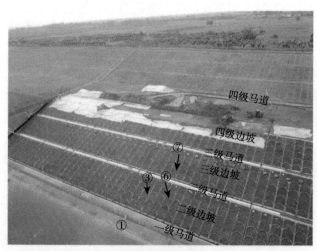

(b) 渠段形象面貌

图 5.3.1　渠坡设计横断面图及渠段形象面貌

过水断面换填厚 1.5m，以上换填厚 1m。采用混凝土拱骨架、拱内植草的方式护坡，各级马道上均设置有纵向排水沟，一级马道以上渠坡坡面上设置有横向排水沟。该渠段 2013 年 12 月完工，2014 年 12 月通水运行。

2) 地质概况

(1) 地层岩性

渠坡主要由第四系中更新统 (al-plQ$_2$) 和第四系下更新统 (^{pl}Q$_1$) 粉质黏土、钙质结核粉质黏土组成。分层情况见图 5.3.1(a)，具体描述如下：

第四系中更新统 (al-plQ$_2$)。第①层：粉质黏土，褐、黄褐色，含少量铁锰质结核，零星见钙质结核，硬可塑，厚约 8.0m，分布于高程 176m 以上右侧渠坡。第②层：黏土，棕黄、黄红色，零星见钙质结核，硬可塑，厚 2.5~10m，底界高程 164m 左右，左坡薄、右坡厚，以透镜体状分布于桩号 11+600—11+800 段。第③层：粉质黏土，棕黄杂灰绿色，杂灰绿色条纹，含铁锰质结核，局部富集，零星见钙质结核，硬塑，厚 4~6m，底界高程 158~160m。第④层：粉质黏土，棕黄色灰绿色互杂，含钙质结核，局部含量达 20%，硬塑，厚 2.4~5.5m，底界高程 152.5~156.7m。为裂隙密集带。第⑤层：粉质黏土，褐黄、棕黄色，零星见钙质结核，硬塑，厚 4.5m 左右，底界高程约 151m。第⑥层：钙质结核粉质黏土，灰黄、灰白色，钙质结核含量约 60%，厚度分布不均，一般 2~5.8m，底界高程 146.5~149m。第⑦层：粉质黏土，棕黄杂灰绿色，坚硬，厚 4m 左右，底界高程 141~152m。

第四系下更新统 (plQ$_1$)：第⑧层：粉质黏土，棕红色，含钙质结核，结构紧密，硬塑，厚度大于 10m，底界高程 131m 以下，其中桩号 11+600—11+800 段，高程 141~145m，钙质结核富集成层，厚度不均 (1~3m)。

(2) 裂隙发育情况

第①层：弱偏中等膨胀。竖直根孔裂隙发育，微裂隙及小裂隙较发育。大裂隙较发育，主要有 3 组：倾向 355°~17°，倾角 15°~25°；倾向 270°~310°，倾角 18°~30°；倾向 49°~69°，倾角 20°~33°，分布高程 176~180m。长大裂隙不发育。

第②层：中等膨胀。微裂隙及小裂隙较发育。大裂隙较发育，主要有 3 组：倾向 350°~25°，倾角 16°~23°；倾向 158°~200°，倾角 10°~20°；倾向 75°~108°，倾角 9°~26°，分布高程 164~170m。长大裂隙主要有 2 组：倾向 355°，倾角 65°~72°，长 40~70m，分布高程 169~175m；倾向 160°，倾角 15°，长约 40m，分布高程 175m 左右。

第③层：中等膨胀。微裂隙、小裂隙极发育。大裂隙发育及长大裂隙发育，主要有 4 组：倾向 243°~280°，倾角 16°~23°；倾向 65°，倾角 20° 左右；倾向 96°~126°，倾角 57°~70°；330°~16°，倾角 7°~10°。长大裂隙发育于第 1 组和第 4 组，分布高程 158~164m。

第④层：中偏强膨胀。裂隙极发育，纵横交错，呈网状结构，为裂隙密集带，分布高程 153~160m。

第⑤层：中等膨胀。微裂隙及小裂隙发育。大裂隙发育，主要有 5 组：倾向 306°~340°，倾角 45°~55°；倾向 30°~38°，倾角 50° 左右；倾向 10°，倾角 23°；倾向 160°，倾角 40°；倾向 102°~135°，倾角 26°~58°，分布高程 151~155m。长大裂隙不甚发育。

第⑥层：膨胀性不均一，中等膨胀为主。裂隙较发育，见有 4 组大裂隙：倾向 100°~122°，倾角 64°~72°；倾向 210°，倾角 4°；倾向 350°，倾角 35°；倾向 275°，倾角 64°。长大裂隙发育于第 1 组和第 3 组，分布高程 147~149.3m。

第⑦层：中等膨胀。微裂隙及小裂隙极发育。见有 3 组大裂隙：倾向 70°~102°，倾角 34°~54°；倾向 25°，倾角 26°；倾向 153°，倾角 47°。长大裂隙不甚发育。

第⑧层：中等膨胀。微裂隙、小裂隙极发育。大及长大裂隙不甚发育。

3) 施工期加固处理措施

该段渠坡在施工期发生滑坡，具体滑坡情况见 2.3.4 节。施工期该段挖方渠道渠坡支护措施主要针对膨胀土中裂隙面，以提高一级马道及一级马道以下的渠坡稳定性为目的。对于一级马道以上的渠坡，依据渠坡开挖揭露的具体裂隙情况相应地采取局部支护措施，以提高坡体沿裂隙面抗滑稳定的安全度。一级马道以上局部支护措施主要有微型桩、抗滑桩等。

根据施工期地质编录资料，一级马道至四级马道渠坡以粉质黏土为主，土体膨胀性属于中等膨胀或中等偏强膨胀，裂隙发育，其中三级渠坡高程 152.5~156.7m 处分布一层裂隙密集带。

该段在过水断面设置方桩和坡面梁框架支护体系，其中方桩宽 × 高为 1.2m× 2m，桩长 13.6m，桩间距 4m；坡面梁和渠底横梁宽 × 高为 0.8m× 0.7m。对于一级马道以上渠坡，在三级渠坡坡脚和靠近坡顶处分别设置了抗滑桩，其中，坡脚抗滑桩桩径 1.3m、桩长 12m、桩间距 4m；靠近坡顶处抗滑桩桩径 1.3m、桩长 10m、桩间距 4m。渠坡施工期的支护措施见图 5.3.1(a)。

对于施工期五级以上渠坡采用刷方减重的措施，对坡顶及周缘地表排水进行疏导，对坡脚采取反压和排水措施，再自上而下清理至滑带以下原状土层，开挖成台阶状，布设排水盲沟，回填弱膨胀土，改性土外包。

5.3.2　渠坡变形与安全监测设施布置

5.3.2.1　渠坡外观病害及其发展过程

该段渠坡的主要外观病害见图 5.3.2，病害出现时间和部位具体阐述如下。

2015 年起，三级和四级渠坡中部的混凝土拱骨架出现多处裂缝，裂缝宽度随时间进一步扩展，最大宽度超过 1cm，该范围内裂缝主要形态为拉裂缝。

2016 年 12 月，二级渠坡坡脚混凝土拱骨架存在细小裂缝。2017 年 3 月，二级渠坡坡脚拱骨架裂缝扩展。2018 年 4 月，二级渠坡坡脚混凝土拱骨架裂缝进一步扩展，拱骨架开始出现断裂、挤压拱起等现象。

三级、四级渠坡及四级马道大平台排水沟均常年有不同程度渗水，表明渠坡地下水位较高。

拱骨架裂缝和渗水点分布见图 3.2.4。总体看，拱骨架发生裂缝的范围位于二—四级渠坡坡面，其中低高程拱骨架裂缝 (二级渠坡坡脚) 形态以挤压拱起为主，高高程拱骨架裂缝以拉裂变形缝 (三、四级渠坡中部) 为主。

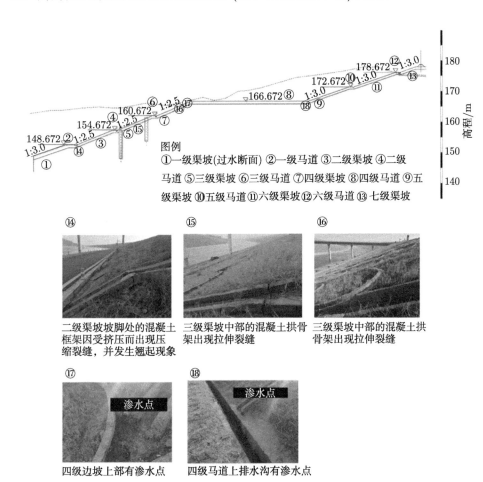

图 5.3.2 渠段的主要外观病害

5.3.2.2　安全监测设施布置

为监测内部变形，在 11+762 断面三级马道附近的抗滑桩内部布设有测斜管 IN06KHZ，深度 14.6m。为了监测渠坡地下水位及其动态变化情况，在五级马道和三级马道分别设置有渗压计，编号分别为 BV16QD、BV17QD。

为进一步监测渠坡变形情况，2017 年 8 月，在抗滑桩测斜管 IN06KHZ 对应断面二级渠坡坡脚增设一孔测斜管，深度 18.5m，编号 IN01-11762。2018 年 4 月，在桩号 11+715 二级马道又增设一孔测斜管，编号为 IN01-11715，深度 15.5m。此外，在 11+700、11+800 断面的一级、四级马道各增设一个水平位移测点，各级马道分别增设一个垂直位移测点。共增设了 12 个垂直位移测点、7 个水平位移测点。

现阶段一级—四级边坡范围内的安全监测设施布置见图 5.3.3，测斜管和渗压计的信息列于表 5.3.1。

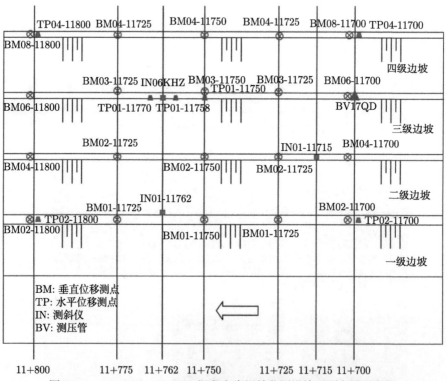

图 5.3.3　11+700—11+800 渠段右岸渠坡监测设施平面布置示意图

表面垂直、水平位移，以及测斜管 A 方向位移分别以下沉、顺坡向和指向渠道为正。外部变形自通水运行以来开始观测，渗压、测斜管等渗流项目从增设以后开始观测，渗压计、测斜管、外部变形观测频次分别为 4 次/月、2 次/月和 1 次/月，其中表面位移自 2019 年起改为 1 次/2 月。

表 5.3.1　11+700—11+800 渠段右岸渠坡测斜管和渗压计信息表

序号	类型	编号	桩号	埋设时间	孔口高程/m	孔深/m	位置
1	测斜管	IN01-11762	11+762	2017.8.15	148.67	18.5	一级马道
2	测斜管	IN06KHZ	11+762	2014.11.1	160.67	20.5	三级马道
3	测斜管	IN01-11715	11+715	2018.4.1	154.67	15.5	二级马道
4	渗压计	BV17QD	11+700	2016.6.27	160.60	6.6	三级马道
5	渗压计	BV16QD	11+700	2016.1.2	178.60	6.6	五级马道

5.3.3　渠坡变形及其统计模型分析

5.3.3.1　变形监测数据分析

1) 内部变形

本次分析时间段从监测仪器埋设开始到实施排水设施后的 2021 年 8 月底。

2015 年 10 月至 2016 年 12 月，测斜管 IN06KHZ 的 A 方向位移存在趋势性变化，截至 2016 年 12 月 17 日，最大累计位移为 18.57mm。2017 年 3 月，IN06KHZ 的 A 方向位移变化趋势仍未见收敛。截至 2021 年 7 月 26 日，A 方向的最大累计位移达 79.68mm。

2017 年 3 月，11+762 断面附近区域二级渠坡坡脚土体存在拱起。2017 年 9 月在该断面新增设 IN01-11762，在 2017 年 9 月—2018 年 4 月的 8 个月期间，孔口 1m 以下部位保持稳定，但孔口附近 A 方向存在变形较为显著。截至 2018 年 4 月 26 日，最大累计位移达 21.07mm。2021 年 8 月 10 日，A 方向的孔口累计位移为 88.44mm。孔口以下 2m 深度范围内的变形较大，土体拱起位置与孔口保护装置较近。

2018 年 4 月，11+715 断面二级马道增设一孔测斜管 IN01-11715。2018 年 4 月—2020 年 7 月，该测斜管孔口以下 11m，A 方向存在趋势性变化。截至 2021 年 8 月 19 日，最大累计位移达 56.92mm。

IN06KHZ、IN01-11762、IN01-11715 等三孔测斜管的 A 方向位移典型观测日、最大累计位移过程线分别见图 5.3.4、图 5.3.5，各测点最大累计位移分别位于孔口以下 0.5m、1.0m 和 4.5m。截至 2021 年 7 月，三孔测斜管的 A 方向位移最大累计位移量均大于设计参考值 30mm。

2) 表面变形

11+700 断面水平位移、垂直位移过程线分别见图 5.3.6(a)、(b)。可以看出，该断面渠坡测点呈上抬变形。截至 2021 年 5 月 14 日，一—四级马道测点的累计垂直变形在 −44.26～20.52mm 范围内，目前呈逐渐收敛的趋势。该断面一级马道水平位移呈年周期性变化，测值在 −4.73~15.28mm 范围内；四级马道水平位移在 2014 年 7 月至 2018 年 6 月期间逐渐增加，此后增长趋势减缓，截至 2021 年 5 月 22 日，该点水平位移为 23.27mm。

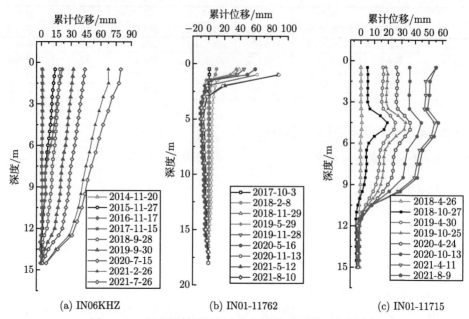

(a) IN06KHZ　　　　　(b) IN01-11762　　　　　(c) IN01-11715

图 5.3.4　渠段测斜管测得内部位移典型观测日变化过程

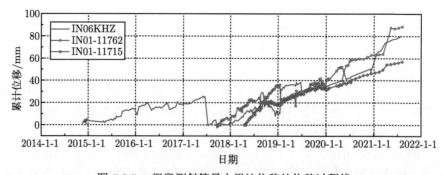

图 5.3.5　渠段测斜管最大累计位移处位移过程线

11+800 断面水平位移、垂直位移过程线分别见图 5.3.6(c)、(d)。可以看出，该断面渠坡垂直位移测点也呈上抬变形，截至 2021 年 5 月 14 日，一——四级马道测点的累计垂直变形在 −36.72~19.76mm 范围内，目前呈逐渐收敛的趋势。该断面一级马道水平位移也呈年周期性变化，测值在 −7.11~9.32mm 范围内。截至 2021 年 5 月 22 日，四级马道水平位移为 28.44mm，从 2021 年 3 月开始有下降的趋势。

3) 潜在滑动面分析

将测斜管 A 方向位移突变作为剪切变形深度判断的依据，基于 2021 年 7 月底数据，推测 11+762 断面潜在滑动面。一级马道 2m 深度处累计位移量较大，为潜在滑动面剪出口；三级渠坡抗滑桩 12.5m 深度处变形较大，为潜在滑动面。潜在滑动面的示意图见图 5.3.7。

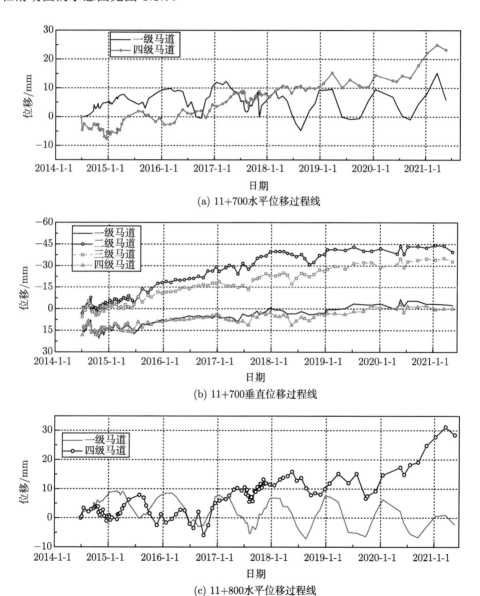

(a) 11+700水平位移过程线

(b) 11+700垂直位移过程线

(c) 11+800水平位移过程线

(d) 11+800垂直位移过程线

图 5.3.6　　11+700、11+800 断面的水平和垂直位移变化过程线

由图 5.3.7 可知，潜在滑动面表现出前缘缓倾角和后缘陡倾角折线组合滑动面特征，受裂隙面和过水断面抗滑桩布置影响，潜在剪出口在一级马道，变形体仍在发展中，后缘不明显。

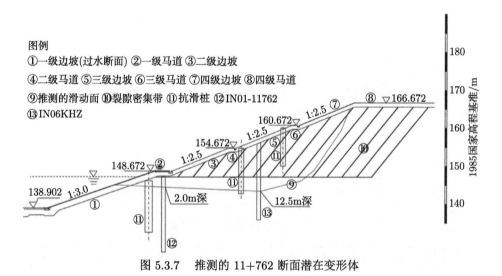

图 5.3.7　　推测的 11+762 断面潜在变形体

5.3.3.2　地下水位监测数据分析

地下水与渠道水位、降水量的过程线见图 5.3.8。五级马道测压管 BV16QD 自安装之日 (2016 年 1 月 2 日) 起，测值就较高。2020 年 11 月 21 日，测压管水位为 177.87m，仅低于孔口高程 (178.60m)0.73m；三级马道测压管 BV17QD 水位为 159.48m，低于孔口高程 (160.60m)1.12m。两处测点测值均表明该渠坡地下水位较高，在连续降雨及暴雨时段，BV16QD 水位变化与降水量有一定的相关

性；相对而言，测压管 BV17QD 水位则受降雨的影响不显著。具体地，2020 年 6 月至 2021 年 3 月，降水频次较密且降水量较大，该渠段三级马道和五级马道地下水位均出现了一定程度升高。该渠段排水措施于 2021 年 4 月 13 日 (图中竖向虚线) 完工后，五级马道测压管水位未明显下降，三级马道测压管水位初期明显下降。

渠坡坡面土体较为湿润，可见渗水点主要位于四级渠坡和四级马道大平台的排水沟上部，四级马道排水沟局部可见明显的水流。

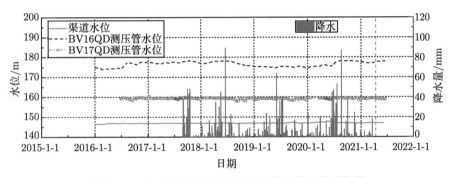

图 5.3.8 11+700 断面测压管和渠道水位测值过程线

对降水和 BV16QD 地下水位进行灰色关联度分析，有效降水量与地下水位、水平位移和垂直位移的关联度分别为 0.912、0.911、0.88，均大于 0.85，相关性显著。

5.3.3.3 位移统计模型分析

为分析渠坡变形的主要影响因素，选取 11+700 断面的表面水平位移建立统计模型，时间序列为 2017 年 10 月至 2021 年 5 月。选取有效降水量、地下水位、渠道水位、日均气温和时效等影响因素，并参考文献 [17] 确定因子表达式，建立统计模型。一、四级马道表面水平位移统计模型复相关系数分别为 0.928、0.901，模型拟合精度较高，拟合值与实测值对比见图 5.3.9，各因素的相对影响程度列于表 5.3.2。

一级马道表面水平位移统计模型中时效分量占比极低，位移已趋于收敛；温度分量占比最大，为主导因素；一级马道受渠道水位变化和降水量影响较大。四级马道表面水平位移统计模型中降水分量占比最大，受降水影响很大；温度分量占比较大，为主要影响因素；水压分量占比为 0，基本不受渠道水位变化影响；时效分量占比 8.47%，水平位移仍在发展中。

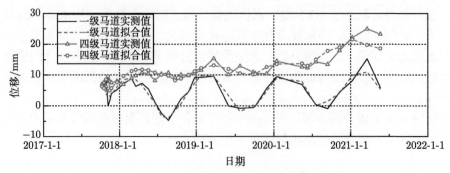

图 5.3.9   11+700 断面表面水平位移拟合效果

表 5.3.2   11+700 断面水平位移统计模型各分量占比

测点	各分量占比/%			
	水压分量	温度分量	降水分量	时效分量
一级马道水平位移	18.88	60.99	19.41	0.72
四级马道水平位移	0	28.82	62.71	8.47

5.3.4   渠坡地下水位与缺陷探测

5.3.4.1   综合探测方法与测线布置

综合采用地质雷达法、高密度电阻率法与浅层地震面波法探测渠段地下水位和缺陷分布，现场探测时间 2021 年 9 月。地质雷达法探测隐患部位和规模，电阻率检测土体含水量和地下水分布，浅层地震面波法反映土层属性，3 种方法互为补充。地质雷达法的设备为 SIR-3000 型地质雷达、100MHz 和低频组合一体式天线。高密度电阻率法采用 WGMD-6 三维高密度测量系统，电极 3m 间距布置。浅层地震面波法的设备为 MA-48，采用 0.5m 道距、24 道接收、4 次覆盖，以及人工锤击震源中间激发、双边接收模式。对起点桩号 11+625 与终点桩号 11+800之间的区域进行渠坡情况检测。测线的具体布置见图 5.3.10，地质雷达探测法沿着一、二级马道纵向布置 2 条、1 条测线，桩号 11+625—11+800；高密度电阻率法沿着二级马道纵向布置 1 条测线，桩号 11+625—11+721；地震波法沿着二级马道纵向布置 1 条测线，桩号 11+625—11+721。高密度电阻率法沿着 11+750断面横向方向布置 1 条测线，测线长度 92m。

5.3.4.2   隐患探测结果

11+625—11+800 段的地质雷达解译图见图 5.3.11。

地质雷达一级马道靠近渠坡侧部位地质雷达两处存在显著的不规则散射波(图 5.3.11(a))，11+753—11+765 段深度 1~3m 区域土质不均匀异常、11+773—11+798 段深度 0.5~3m 区域土质不均匀异常。一级马道靠近渠道侧部位地质雷达 1 处存在显著的不规则散射波 (图 5.3.11(b))，11+765—11+785 段深度 1~3m 区域土质不均匀异常。

地质雷达二级马道靠近渠道侧部位地质雷达 2 处存在显著的不规则散射波 (图 5.3.11(c))，11+725—11+734 段深度 2.5~7.5m 区域土质不均匀异常、11+746—11+763 段深度 0.5~2.5m 区域土质不均匀异常。

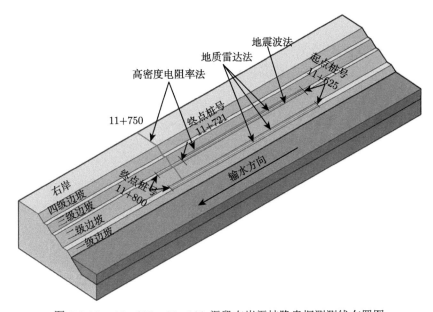

图 5.3.10　11+625—11+800 渠段右岸渠坡隐患探测测线布置图

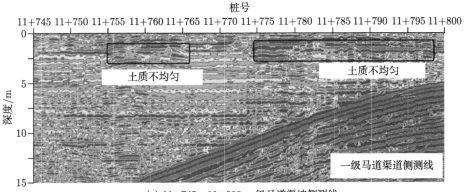

(a) 11+745—11+800 一级马道渠坡侧测线

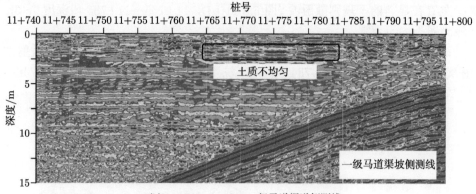

(b) 11+745—11+800 一级马道渠道侧测线

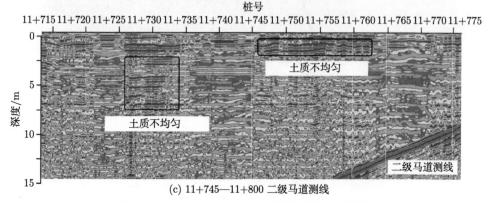

(c) 11+745—11+800 二级马道测线

图 5.3.11 11+625—11+800 段地质雷达解译图

11+625—11+721 二级马道高密度电阻率法解译图见图 5.3.12。二级马道深度 1.5~7m 范围的视电阻率总体上偏低，呈现单个整体低阻闭合区，均为低电阻率区域。推定表明渠道 11+641—11+709 段二级马道深度 1.5~7m 范围含水量极高，土体高含水 (图中虚线框部分)。

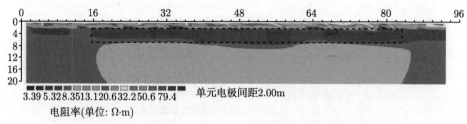

图 5.3.12 11+625—11+721 二级马道高密度电阻率法解译图

断面 11+750 探测长度 92m，高密度电阻率法检测结果见图 5.3.13。断面存

在三处低阻闭合区,分别分布在二级马道下方深度 4~11m、三级马道下方深度
2.5~7m、三级马道与四级大平台之间渠坡下方深度 3~13m,这三处为高含水土
体,三级马道渠坡与四级大平台相交处下方深度 9~21m 存在富水区域,四级大
平台下方深层部位为高阻闭合区,土体含水量极低。

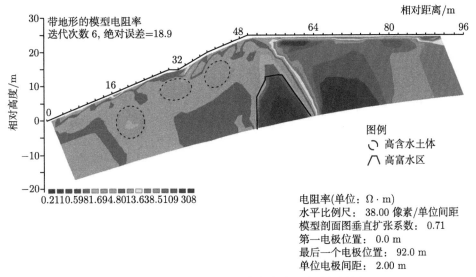

图 5.3.13　11+750 断面高密度电阻率法解译图

11+625—11+721 二级马道 (探测长度 96m) 地震波法解译见图 5.3.14。地震
测线下方存在 1 处地震波异常区域,地震反射波同相轴波幅较强,波形扭折,频

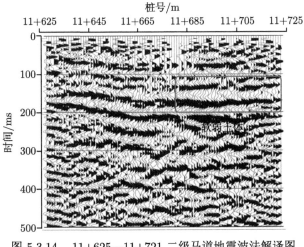

图 5.3.14　11+625—11+721 二级马道地震波法解译图

散图显示为低频带，表明地层介质的波阻抗差异增强，地震反射波成层性差，推断渠道二级马道 11+678—11+721 段深度 3.5~7m 区域渠道土体不密实。

综合探测成果可以看出，渠段一级马道 1~3m 区域土质不均匀异常，二级—四级马道局部换填层以下到 7m 范围内土体的含水量较高，二级马道部分区域深度 2.5~7m 区域渠道土体不密实。

5.3.5　渠坡运行期稳定性分析

5.3.5.1　渠坡稳定分析方法与计算模型

根据位移监测资料和渠坡坡体裂隙发育特征，推测渠段发生深层变形，变形范围主要位于二—四级渠坡。

膨胀土裂隙面光滑、抗剪强度低，为软弱结构面。在地下水作用下渠坡易沿倾坡外裂隙或不利裂隙组合交线滑动，规模受裂隙分布和连通情况控制。南水北调工程已有滑坡也证实滑动面由前缘缓倾角与后缘陡倾角裂隙面构成。依据地勘资料，渠段中存在大量裂隙面，采用折线形组合滑动面反映坡体沿裂隙的滑动面。将裂隙视为 0.1m 薄土层，在分析域内预设一系列不同位置的缓倾角和陡倾角裂隙面，概化裂隙分布形成网格模型。对同一节点上关联的缓倾角和陡倾角裂隙面构成的滑动面采用折线滑动法进行稳定分析，当滑动面与裂隙面不一致时，采用土体强度参数，考虑条块间相互作用力，采用 Morgenstern-Price 法计算安全系数。最小安全系数对应节点关联的滑动面为最不利滑动面。

参考已有成果，尽管难以准确确定分区界限，但膨胀土渠坡稳定分析时，分区比不分区更符合实际。考虑到四级马道布置和变形实际状况，建模区域为一—四级渠坡，施加荷载有土重、地下水渗压力、渠道水压力和坡面荷载。

根据地质勘察和安全监测资料，考虑裂隙分布和大气影响，将图 5.3.1 的断面概化为图 5.3.15 所示分区模型。其中，大气影响带和过渡带厚度均为 3m，裂隙密集带厚度为 5m。模型侧面和底面取位移边界条件，侧面限制水平位移、底面固定。计算工况包括设计水深、运行、排水处理、四级渠坡挖坡处理、微型桩加固处理等工况，设计工况时不考虑内部裂隙，其他工况采用概化裂隙进行稳定计算。

5.3.5.2　滑动面参数反演

将强度参数分为土体强度参数和裂隙面强度参数。根据该段渠坡地质资料，土体、滑裂面的土体物理参数及抗剪强度建议值列于表 5.3.3。裂隙面强度远低于土块强度，渠坡的稳定性受裂隙面的强度控制。根据变形监测数据和渠坡坡面裂缝分布规律，推测为深层变形，变形范围主要位于二—四级渠坡，潜在滑动面见图 5.3.7。渠坡地下水位根据渗压计测值情况确定。

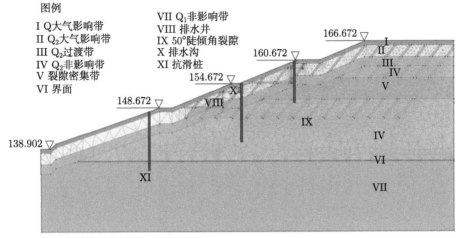

图 5.3.15 典型断面分区图 (单位：m)

表 5.3.3 渠坡土体物理力学参数

地层	分带名称	渗透系数/(cm/s)	容重/(kN/m³)	抗剪强度	
				黏聚力 c/kPa	内摩擦角 φ/(°)
Q_2	大气影响带	8×10^{-7}	19.5	13	16
	过渡带	8×10^{-7}	19.5	23	15.5
	非影响带	5×10^{-6}	19.5	28	16
Q_1	非影响带	4×10^{-6}	19.5	32	19
Q_1/Q_2	界面	1×10^{-6}	19.5	16	17
	水泥改性土	2×10^{-6}	20	50	22.5
	裂隙面	—	19.5	12	10

以 2021 年 6 月 22 日渠道水位 147.02m 运行时的状态为参考标准进行反演计算。当天 11+700 断面三级、五级马道渗压计水位分别为 158.95m、177.69m。此时排水措施已完工，因此需考虑排水措施的影响。排水盲沟和排水井渗透系数设计值为 5.0×10^{-2}cm/s。采用正交试验方法进行数值模拟设计，然后用 5.2.2 节所述方法对裂隙面的抗剪强度 c、ϕ 进行反演，混合灰狼优化算法的初始参数设置为：种群规模为 30，迭代次数为 500，缩放因子下界为 0.2，缩放因子上界为 0.8，交叉概率为 0.2，ε 值为 0.01。以 IN01-11762 和 IN06KHZ 测斜管的滑动面深度 2m 和 12.5m 作为控制因素，由此反演得到的滑动面抗剪强度为 c、ϕ 分别为 12kPa、10°。当滑动面抗剪强度取为反演结果时，实际运行工况和设计工况下最小浅层、深层抗滑稳定安全系数结果见图 5.3.16，在设计和实际运行工况时，深层抗滑稳定安全系数不满足规范要求的安全系数 1.3。

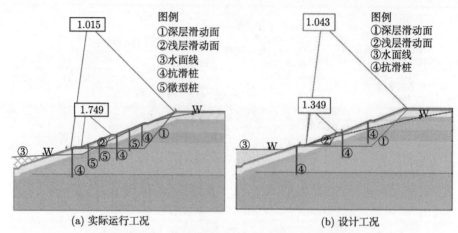

(a) 实际运行工况　　　　　　　　　　　　　　(b) 设计工况

图 5.3.16　典型断面抗滑稳定安全系数计算结果

5.3.6　加固处置措施效果的数值模拟分析

5.3.6.1　加固处置措施

结合安全检查、监测数据分析及隐患探测等结果可知[18]，二级渠坡坡脚普遍出现混凝土拱骨架开裂翘起；三、四级渠坡拱骨架出现不同程度拉裂缝；三、四级渠坡及四级马道大平台排水沟均有不同程度渗水。判定二、三级渠坡已发生蠕动变形。

该段渠坡为受裂隙控制的滑动变形体，变形体前缘位于二级渠坡坡脚，因变形体目前还在变形发展中，变形体后缘暂未发现。二级渠坡向渠道中心侧变形后，三级渠坡坡脚和坡顶抗滑桩桩前推力减小，导致相应测斜管观测到向渠道中心线侧显著变形，三级、四级渠坡拱骨架产生拉裂缝。

该段属深挖方段，Q_2、Q_1 土体裂隙发育，存在缓倾角长大裂隙，土体具中等膨胀性，局部具中偏强膨胀性。其中，三级渠坡高程 152.5～156.7m 处还分布一层厚 2.4～5.5m 裂隙密集带，渠坡稳定性差。

渠坡地下水位较高，坡表采用水泥改性土换填后，未完全隔绝膨胀土与大气的水汽交换。在降水较为频繁时段，雨水入渗导致渠坡原状土的含水量升高，膨胀土胀缩，抗剪强度降低；膨胀土反复胀缩，土体中的裂隙与陡倾角长大裂隙逐步贯通，由此产生变形。渠坡变形体前缘位于二级渠坡坡脚，后缘及滑坡范围不明显，可能是滑坡体仍在发展中。

渠坡地下水位较高，且与降水量大小存在一定的相关性。干湿循环导致渠坡裂隙发育贯通，降低渠坡抗滑稳定性。变形体处理方案一般采用开挖换填和抗滑桩或微型桩加固方案。

1) 渠坡加固措施

该重大调水工程膨胀土渠坡在施工阶段发生的变形体处理方案一般采用开挖换填和抗滑桩或微型桩加固方案。

从完工至目前已运行 6 年的效果来看，经过抗滑桩或微型桩加固处理的渠坡或变形体运行状态良好，基本处于稳定状态。因此，在运行期间对渠坡出现变形且具备施工条件的，也可参照施工阶段所采用的变形处理方案进行处理。

开挖换填方案可全部或大部分挖除变形体，换填工程性质相对好的土体，提高渠坡稳定安全。但是，目前该工程已通水运行，开挖换填方案也存在以下缺点：

(1) 按照 1:2.5 的坡比开挖变形体会产生大量弃土，需寻找弃土场所，且采用换填方案，需换填满足要求的土料并压实，也需寻找合适的土料场。

(2) 滑坡体开挖后不再回填，不仅需要放缓渠坡，因膨胀土高渠坡的基本性质未发生变化，仍然存在滑坡的风险。如果要减少膨胀土高渠坡滑动的可能性，则需要采取必要的加固措施。

(3) 如果采用开挖回填方案，土方量较大，开挖部位在二、三级渠坡位置时，与过水断面较近，开挖和回填时需采取严格有效的防护措施，避免土体进入渠道影响水质安全。

(4) 本渠段为提高一级马道以上渠坡深层抗滑稳定，建设期间在三级渠坡坡脚和坡顶侧设置有直径 1.3m，长度分别为 10m 和 12m 的抗滑桩。若采用削坡减载方案，该桩号范围内抗滑桩全部大面积露头，既不美观，又会影响抗滑桩加固效果，存在加剧渠坡变形的风险。

因此，结合该段变形渠坡的特点综合分析，二、三级渠坡不宜采取开挖换填方案，四级渠坡可以适当采用放缓渠坡、开挖减载的方式，但开挖料尽量能够采用综合利用措施，避免产生大量弃土。同时在开挖时需采取严格有效的防护措施，避免土体进入渠道影响水质安全。另外，考虑到目前渠道已经通水运行，坡面施工场地狭小，特别是该段渠坡属深挖方渠道，变形部位又位于二级渠坡，无现有施工道路可利用，不利于大型施工机械作业，需研究施工便捷、设备轻型化、效果有保障的渠坡加固措施。因此，对于二、三级渠坡，可根据渠坡变形监测情况，在距马道一定距离坡体设置微型桩，增加渠坡的阻滑力，提高渠坡的稳定安全系数。

为了降低该段渠坡荷载，减缓渠坡变形趋势，结合现场地形条件，对该段渠坡采用自上而下开挖减载处理措施，具体要求为：从距离四级渠坡坡顶 12.3m 处的四级马道大平台按 1:3 向下放坡至三级马道高程 160.68m 处，开挖减载后的坡面断面示意图如图 5.3.17 所示。开挖时以测斜管、测压管、北斗测点、水平垂直观测墩等监测设施为中心半径 1m 预留保护土墩，土墩按 1:2.5 放坡。开挖减载渠坡弃土统一临时弃至防护围栏 30m 以外。卸载完成后的渠坡,先回填 30cm 厚砂砾石或中粗砂,并铺设复合土工膜 (576g/m²),土工膜与四级马道宽平台土工膜搭接宽度为 2m。为充分利用开挖料,在铺设土工膜的坡面回填装有开挖料的土工袋,土工袋厚度 100cm,其中表层 20cm 为装填种植土和草籽的土工袋,换填断面如图 5.3.18 所示,现场照片如图 5.3.19(a)。根据工程现场情况,土工袋回填压实度不小于 0.85。工程开挖弃土及拆除的混凝土拱骨架,结合现场实际情况,运至指定的渣场。

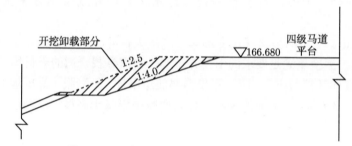

图 5.3.17　渠坡开挖减载示意图 (单位:m)

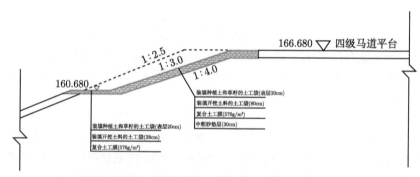

图 5.3.18　四级渠坡土工袋换填示意图 (单位:m)

根据现场实际情况及施工条件,拟在二级渠坡设置两排圆形 PRC 预制微型桩,桩径 300mm,壁厚 70mm,桩长 9.6m,桩顶采用 0.3m×0.4m 钢筋混凝土横梁连接成整体。第一排桩距坡脚距离为 3.0m,微型桩排间距为 6m,桩间距为 2m,微型桩起始桩号为 11+650,终止桩号为 11+800;在三级渠坡设置一排微型桩,桩径 0.3m,桩长 10.0m,桩顶采用 0.3m×0.4m 钢筋混凝土横梁连接成整体,微型桩距坡脚距离为 6.0m,桩间距为 2m,微型桩起始桩号为 11+650,终止桩号为 11+800。两级渠坡共布置微型桩 228 根,加固结构图横剖面如图 5.3.20 所示,现场照片如图 5.3.19(b)。每排微型桩提供的水平抗滑力不小于 30kN/m,单根桩剪切承载力设计值不低于 100kN,抗弯承载力设计值不低于 45kN·m。

(a) 开挖卸荷

(b) 新增的微型桩

(c) 排水盲沟和排水井施工

(d) 增设完成后的排水盲沟

图 5.3.19 加固处置措施

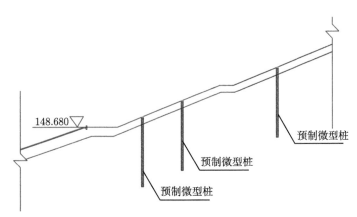

图 5.3.20 微型桩加固示意图

2) 渠坡排水措施

根据渗透压力监测资料显示，该段渠坡地下水位较高，在地下水长期作用下，渠坡膨胀土强度有可能进一步降低，影响渠坡稳定，需采取排水措施以提高该段渠道渠坡的坡体稳定性。目前常用的排水措施有排水板、排水管和排水盲沟，其中排水板铺设需对渠坡较大范围进行开挖并回填，排水板与渠坡结合面作为潜在滑动面，在一定程度上会降低渠坡稳定性。目前该段已有多处采用排水盲沟和排水管的形式进行渠坡降排水，效果较好。然而排水盲沟只对渠坡浅层 (坡表以下 2m 范围内) 降排水作用较好，而无法降低坡体较深处地下水，需采用排水降压井的方式进一步降低地下水位，因此本次变形体加固采用排水盲沟 + 排水井的形式降低渠坡地下水。具体方案为：在一级、二级和三级马道平台设置排水盲沟 (盲沟内回填满足反滤料要求的级配碎石料)，盲沟通过 PVC 排水管坡面排水沟相连；并在二级和三级渠坡坡顶设置排水井，排水井直径 0.5m，间距 4m，深度 5m 左右。

尽管对渠坡设置了坡面排水及复合土工膜排水，为了将降水入渗的地下水和上层滞水尽快排出坡体，在一级马道排水沟以下，二、三级马道平台设置排水盲沟。排水盲沟由级配碎石料充填，盲沟内设置透水软管，透水软管通过三通接头每隔 3.4m 与 ϕ76mm PVC 排水管相连接，PVC 排水管出口搁置在拱骨架坡面排水沟。盲沟底部宽度 0.5m，深度 2m，顶部宽度 0.5m，盲沟布置示意图如图 5.3.21，现场照片如图 5.3.19(c)、(d)。盲沟开挖前，先在盲沟靠近坡脚处进行钢管桩支护。钢管桩直径 90mm，深度 4.0m，间距初步设置为 1.0m，钢管内充填防水砂浆。盲沟开挖过程中根据渠坡变形情况钢管桩可加密至 0.5m。盲沟采用土料回填时不易压实，因此可采用素混凝土回填。

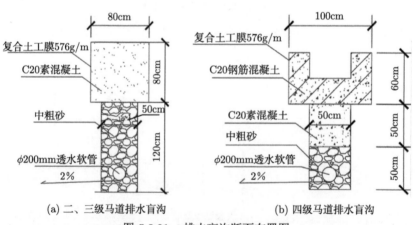

(a) 二、三级马道排水盲沟　　　　　　(b) 四级马道排水盲沟

图 5.3.21　排水盲沟断面布置图

为了进一步降低渠坡地下水位，提高渠坡稳定性，在二、三级渠坡坡顶处靠近马道位置设置排水井，如图 5.3.22 所示。排水井间距 4m，直径 50cm，深入坡体约 5m，井内设置直径为 30cm 的 PVC 排水花管 (开孔率 30%)，同时在井内填充满足反滤要求的级配碎石料。排水井底部通过 PVC 排水管将汇集的地下水排出坡体，为了防止雨水入渗排水井，因此可采用素混凝土将排水井封口。

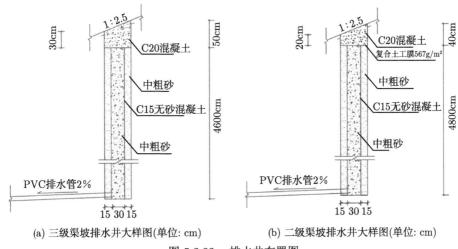

(a) 三级渠坡排水井大样图(单位: cm)　　(b) 二级渠坡排水井大样图(单位: cm)

图 5.3.22　排水井布置图

5.3.6.2　加固后渠坡稳定性分析

对膨胀土渠坡进行加固初期,尚未获得充足的监测数据,无法通过监测数据反映各加固措施效果。因此,拟按 5.2 节中提出的带裂隙膨胀土渠坡稳定分析方法,对不同加固处置措施下渠坡的浅层和深层抗滑稳定进行计算。若在将来一段时间内不发生环境突变或外力作用,通过该方法获取的稳定分析计算结果在未来的一段时间均具有参考性,可反映渠坡的长期稳定性。此外,还可优化其他未进行加固处理渠坡段的加固处置措施,并为加固处置效果提供参考。

根据变形监测数据分析和渠坡裂隙分布规律,渠坡变形体为浅层或深层滑动,潜在滑动范围位于二—四级渠坡,而非整体深层滑动。重点分析单级坡局部与多级坡浅层、深层抗滑稳定问题。利用 5.2 节中提出的带裂隙膨胀土渠坡稳定分析方法,对不同加固处置措施下渠坡的浅层和深层抗滑稳定进行计算。不同加固措施下膨胀土渠坡的长期浅层和深层抗滑稳定安全系数结果见图 5.3.23。

与一般黏性土渠坡不同,膨胀土渠坡裂隙具有方向性。采用二、三级马道设 1.4m 深排水盲沟和渠坡坡顶设 5m 深排水井的组合形式降低渠坡地下水。渠坡地下水位基本下降至坡面以下 5~6m,逸出点在一级马道附近。深层抗滑稳定安全系数由 1.011 提高到 1.178(图 5.3.23(a))。虽低于设计和规范安全系数要求的 1.30,但仍能保持稳定,且稳定性有较大提高;浅层抗滑稳定安全系数为 1.568,也有一定提高。排水措施对提高渠坡浅层和深层安全系数均有一定作用。

对四级渠坡进行开挖减载后,铺设复合土工膜,在铺设土工膜后的坡面回填装有开挖料的土工袋,土工袋厚度 100cm。完建工况下渠坡深层安全系数为 1.266(见图 5.3.23(b)),虽低于设计和规范安全系数要求的 1.30,但仍能保持稳定,且深层安全系数较现阶段运行已有较大提高；浅层安全系数为 1.507，与现阶段实际运行安全系数较为接近。开挖换填对提高深层安全系数作用显著，对提高浅层抗滑安全系数作用较小。

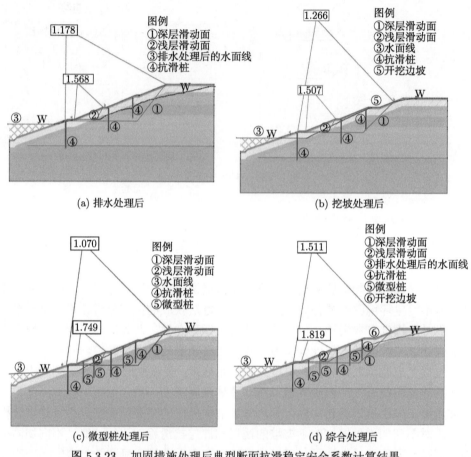

(a) 排水处理后　　　　　　　　　　　　　(b) 挖坡处理后

(c) 微型桩处理后　　　　　　　　　　　　(d) 综合处理后

图 5.3.23　加固措施处理后典型断面抗滑稳定安全系数计算结果

　　在二级渠坡设置两排圆形 PRC 预制微型桩，在三级渠坡设置一排微型桩进行加固。完建后渠坡深层抗滑安全系数为 1.070(图 5.3.23(c))，较实际运行稍有提高；浅层抗滑安全系数为 1.749，较实际运行有明显提高。微型桩加固对提高渠坡浅层安全系数效果更明显。

　　通过计算分析，该段渠坡加固措施推荐采用开挖减载、微型桩加固和排水井与盲沟排水的组合方案进行处理，深层抗滑安全系数可以提高到 1.511(图 5.3.23(d))，浅层抗滑安全系数可以提高到 1.819，均满足设计和规范安全系数 1.30 的要求。因此，所采取的加固处置措施能保障渠坡的稳定。且在将来一段时间内若不发生环境突变或外力作用,该段渠坡能保证长期稳定。

5.4 本 章 小 结

本章总结了膨胀土渠坡稳定性分析的控制性因素和常用加固处置措施,分析了膨胀土边坡的裂隙性空间分布状态,提出了膨胀土边坡裂隙概化模型,并将膨胀土土体的强度分为土块强度和裂隙面强度。其中,土块强度参数采用试验测定的膨胀土强度,联合机器学习算法和安全监测资料反演分析获取裂隙面强度参数,并采用 Morgenstern-Price 方法计算膨胀土边坡稳定安全系数,实现了考虑裂隙空间分布的膨胀土边坡稳定性分析。主要结论如下:

(1) 水泥改性土未能完全隔断深挖方膨胀土渠坡土体与大气的水汽交换,渠坡中的上层滞水层在雨季受雨水补给而水位上升,在旱季水位下降,导致渠坡开挖运行后经历了多轮干湿循环。

(2) 研究渠坡土体属中强膨胀土,裂隙较发育,多次干湿循环引起渠坡中膨胀土缩胀,产生干缩裂隙,也导致原有裂隙贯通,引起了渠坡沿裂隙面的剪切变形。

(3) 基于渠坡内部变形监测数据,综合 SVR 和 HGWO 的算法能有效反演裂隙面抗剪强度参数。裂隙面的抗剪强度远低于土块抗剪强度,中强膨胀土渠坡整体稳定受长大裂隙面控制。采用反映裂隙空间分布的裂隙概化模型,得到最危险滑动面为前缘缓倾角和后缘陡倾角裂隙面组合式折线滑动面,与综合现场检查、安全监测资料推测出的潜在滑动面吻合较好。

(4) 该段深挖方中强膨胀土渠坡加固措施采用排水井与排水盲沟、抗滑桩加固和开挖减载的组合方案后,深层抗滑稳定安全系数和浅层抗滑稳定安全系数均能满足设计和规范要求的最小安全系数。排水措施布置的深度应能排出上层滞水,抗滑桩宜布置在潜在剪出口。

参 考 文 献

[1] 陈善雄. 强膨胀土渠坡破坏机理及处理技术 [M]. 北京: 科学出版社, 2016.

[2] 殷希麟, 殷宗泽. 膨胀土裂隙对强度指标影响的思考 [J]. 价值工程, 2019, 38(2):111-114.

[3] Fookes P G. Orientation of fissures in stiff overconsolidated clay of the Siwalik system[J]. Geotechnique, 1965, 15(2):195-206.

[4] 卢再华, 陈正汉, 孙树国. 南阳膨胀土变形与强度特性的三轴试验研究 [J]. 岩石力学与工程学报, 2002, 21(5):717-723.

[5] Skempton A W, Schuster R L, Petley D J. Joints and fissures in the London Clay at Wraysbury and Edgware[J]. Geotechnique, 1969, 19(2):205-217.

[6] 郑健龙, 张锐. 公路膨胀土路基变形预测与控制方法 [J]. 中国公路学报, 2015, 28(3):1-10.

[7] 黄健, 胡卸文, 贺书恒. 九寨沟景区熊猫海上游右岸危岩发育特征及失稳机理分析 [J]. 四川地质学报, 2020, 40(2):284-289.

[8] 张家俊, 龚壁卫, 胡波, 等. 干湿循环作用下膨胀土裂隙演化规律试验研究 [J]. 岩土力学, 2011, 32(9):2729-2734.

[9] 冷挺, 唐朝生, 徐丹, 等. 膨胀土工程地质特性研究进展 [J]. 工程地质学报, 2018, 26(1): 112-128.

[10] 包承纲. 非饱和土的性状及膨胀土边坡稳定问题 [J]. 岩土工程学报, 2004, 26(1):1-15.

[11] Mirjalili S, Mirjalili S M, Lewis A. Grey wolf optimizer[J]. Advances in engineering software, 2014, 69:46-61.

[12] Zhu A, Xu C, Li Z, et al. Hybridizing grey wolf optimization with differential evolution for global optimization and test scheduling for 3D stacked SoC[J]. Journal of systems engineering and electronics, 2015, 26(2):317-328.

[13] Schuurmann G, Ebert R-U, Chen J, et al. External validation and prediction employing the predictive squared correlation coefficient test set activity mean vs training set activity mean[J]. Journal of Chemical Information and Modeling, 2008, 48:2140-2145.

[14] Chai T, Draxler R R. Root mean square error (RMSE) or mean absolute error (MAE)?—Arguments against avoiding RMSE in the literature[J]. Geoscientific Model Development 2014, 7:1247-1250.

[15] De Myttenaere A, Golden B, Le Grand B, et al. Mean absolute percentage error for regression models[J]. Neurocomputing, 2016, 192:38-48.

[16] Morgenstern N R, Price V E. The analysis of the stability of general slip surfaces[J]. Geotechnique, 1965, 15(1):79-93.

[17] 吴中如, 顾冲时, 沈振中, 等. 大坝安全综合分析和评价的理论、方法及其应用 [J]. 水利水电科技进展, 1998, 18(3):5-9.

[18] 胡江, 李星, 马福恒, 等. 南水北调中线干线工程陶岔管理处专项安全评价报告 [R]. 南京: 南京水利科学研究院, 2021.

第6章 深挖方膨胀土渠坡变形预测模型
与失稳预测方法

滑坡是有征兆的，在变形上主要表现在位移持续增大，甚至伴随有突变现象；在外观上主要表现为坡顶出现裂缝，坡底出现隆起等现象。膨胀土渠道边坡运行期变形受降水、蒸发，以及地下水位波动等干湿循环作用的显著影响，变形预测可为渠坡稳定性态评判提供依据。以某重大引调水工程的一处深挖方膨胀土渠段为例开展研究，该段渠坡地下水位较高，开挖完成3年后渠坡的刚性支护结构出现了损坏，变形超设计警戒值且还在持续发展。基于工程地质、水文地质与现场检查检测数据，分析渠坡变形特征与影响因素，发展位移统计模型，阐释渠坡变形机理；融合VMD和最小二乘支持向量机 (least squares support vector machine, LSSVM) 等算法，构建基于机器学习算法的深挖方膨胀土渠道边坡垂直位移预测模型；利用多变量局部异常系数划分滑坡变形演化阶段，基于统计学方法拟定基于变形时间序列局部异常系数的滑坡预警阈值，提出基于多变量局部异常系数阈值的滑坡预警方法。提出的深挖方膨胀土渠坡变形预测模型与失稳预测方法，可为类似工程膨胀土渠道边坡安全监控和应急管理提供借鉴。

6.1 研究渠段概况

6.1.1 工程概况

某重大引调水工程的膨胀土渠段以南阳盆地段最集中，桩号8+000—12+000段渠坡具有挖深大、地质条件复杂等特点。以桩号9+070—9+575段 (图6.1.1) 为例开展研究，渠坡挖深39~45m。9+077—9+157的断面布置见图3.3.2，为六级边坡，渠道设计、加大水深分别为8m、8.77m，过水断面坡比1:3，一级马道宽5m，一级马道以上每隔6m设一级马道，除四级马道宽50m外，其余均为2m宽，一至四级马道间渠坡坡比均为1:2.5，四级马道以上渠坡坡比为1:3。渠道全断面换填水泥改性土，过水断面、一级马道以上换填厚度分别为1.5m和1.0m。护坡采用混凝土拱圈和拱内植草方式，各级马道均设纵向排水沟，坡面设横向排水沟。该段渠坡于2013年3月完成开挖，同年12月衬砌板完工，2014年10月建成通水。

(a) 卫星图

(b) 现场图片

图 6.1.1　研究渠段卫星图和图片

6.1.2　水文地质和工程地质

　　渠段地处湿润性大陆气候区，四季分明，夏季炎热多雨，冬季气候干燥。多年平均降水量为 815mm，年降水多集中在 6~9 月份，占全年降水量超 60%。根据地质勘察资料，该段膨胀土土体的大气影响带、过渡带和非影响带埋深分别为 0~3m、3~7m 和 7m 以下。

　　渠坡主要由第四系中更新统 (al-plQ$_2$) 粉质黏土、黏土以及钙质结核粉质黏土组成，多具中等膨胀性，部分中偏强膨胀性，整体从上到下膨胀性逐步增强。土体具有较强结构性，第四系中更新统 (al-plQ$_2$) 分 3 个亚层 (图 3.3.2)。第①层为粉质黏土，呈褐黄、棕黄色，弱偏中等膨胀，微裂隙、小裂隙及大裂隙较发育。第②层为黏土，中等膨胀，微裂隙及小裂隙较发育，大裂隙及长大裂隙不甚发育。

第③层为钙质结核粉质黏土，中等膨胀，裂隙不发育。

渠段地下水位埋深 2~4m，属上层滞水。上层滞水处于大气影响带下部，该区域少量张开裂隙相互贯通，受雨水入渗补给，以蒸发排泄为主，随季节变化。在长时间降水期，地下水位略低于地表，久旱不雨时也可能干枯。

6.1.3 渠坡变形及采取的处理措施

渠段的主要工程地质问题为土体胀缩和滑坡失稳，施工期支护以提高一级边坡即过水断面稳定性为主。一级马道以上根据施工揭露的裂隙情况进行局部支护，在 9+077—9+157 左岸二级马道 (三级边坡坡脚)、9+450—9+575 左岸二级马道 (二级边坡坡顶) 设置了抗滑桩。

2016 年 6 月即开挖完成 3 年后，8+000—12+000 渠段渐出现了包括该段在内的 8 处变形体。外观病害多表现为三、四级边坡坡中拱圈拉裂，二级边坡坡脚拱圈大范围断裂、翘起，过水断面混凝土衬砌板局部开裂、塌陷、错缝，表现为剪切变形的特征 [1]。9+077—9+575 段左岸变形体外观病害主要表现为二级边坡坡脚隆起、拱圈断裂，过水断面衬砌板开裂、错缝，同时，二级边坡排水管长期渗水，具体如图 6.1.2。从该段渠坡外观病害分布看，该渠段存在剪切变形，但还处于初始变形阶段。重点分析 9+077—9+575 段左岸。

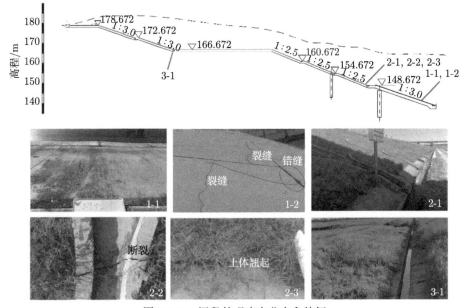

图 6.1.2　渠段外观病害分布和特征

2017 年 4~6 月，在该渠段增设了变形和地下水位等观测设施。为降低地下水位，2018 年 8 月在二级边坡的中部进一步增加了集水槽、排水管排水设施，集水槽距离二级边坡坡脚 8m。

6.1.4　渠坡安全监测布置

在 2017 年增设完成后，渠段共布置 6 个监测断面，即 9+120、9+180、9+300、9+363、9+470 和 9+575 断面，如图 6.1.1(b)。各断面的环境量与位移的变化规律相似，考虑到环境量监测设施的完备性和资料连续性，重点关注 9+120 断面，其安全监测设施布置见图 6.1.3，垂直位移、地下水位测点信息列于表 6.1.1、表 6.1.2。该部位共布置垂直位移测点 12 个、测压管 2 孔及渗压计 7 支。此外，还布置有渠道水位、气温和降水量等环境量观测项目。环境量每日观测，垂直位移每月观测 1~4 次，地下水位每月观测 4 次。根据设计资料，一级马道测点表面垂直位移的设计警戒值为 ±50mm。

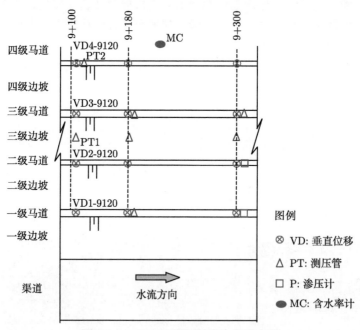

图 6.1.3　9+120 断面的安全监测布置

表 6.1.1　表面垂直位移观测设施信息

测点编号	安装位置部位或桩号	安装日期	测点编号	安装位置部位或桩号	安装日期
VD1-9120	9+120 一级马道	2017-5-4	VD3-9120	9+120 三级马道	2017-6-26
VD2-9120	9+120 二级马道	2017-6-26	VD4-9120	9+120 四级马道	2017-7-28

表 6.1.2   测压管设施信息

测压管编号	位置	管口高程/m	孔深/m	埋设日期
PT1	9+120 三级边坡	158.316	19	2017-6-11
PT2	9+120 四级马道	167.374	27	2017-6-11

6.2   渠坡变形与影响因素分析

6.2.1   时间序列分析

对外部环境因素进行分析。2016 年 1 月至 2021 年 6 月气温、渠道水位和降水量过程线见图 6.2.1(a)，其中降水量从 2017 年 7 月即新增安全监测设施后才开始收集。

气温呈年周期性变化，一年中最高温度主要分布在 7~8 月，最低温度主要分布在 12 月至翌年 1 月。年降水主要集中在 6~9 月，冬春季降水较少。以 2020 年为例，总降水为 824mm，略高于多年平均降水量。其中 2020 年 6、7、8 月降水量分别为 174.5mm、181.5mm 和 141.5mm，分别占全年降水量的 21.2%、22.0% 和 17.2%，占全年降水量 60.4%。可见，渠段所在区域夏季炎热多雨、冬季寒冷干燥，为膨胀土边坡干湿循环提供了条件，从而为变形和破坏提供了条件。

渠道水位的年变幅不大，一般在 1m 以内。2020 年 4 月 29 日加大流量输水，5 月 9 日渠道水位达 148.1m，该时段变幅为 0.61m，6 月 21 日之后逐步调减，恢复到平均值 147.6m 附近。

以 VD1-9120 测点为例，累计位移与地下水位、降水量和渠道水位的过程线如图 6.2.1(b)。累计位移呈现增大趋势，每年 6~9 月，降水量较多、地下水位上升，累计位移增大较快；10 月到翌年 5 月，降水较小、地下水位下降，位移会有所收敛。地下水位受降水影响较大，年最大值出现在 6~9 月。2018 年新增的排水措施短期内降低了地下水位，但此后地下水位重新上升。如 2020 年 6 月降水较多，地下水位明显升高，上升了 4m。

9+120 断面的累计垂直位移过程线见图 6.2.2，一至四级马道垂直位移均呈上抬变形，截至 2021 年年底，分别为 69.16mm、21.24mm、14.51mm 和 8.59mm，一级马道上抬变形最大，相应垂直位移已经超过了设计警戒值 (50mm)，越往上上抬变形越小。垂直位移具有明显的季节性和间歇性，雨季发展快。经过干湿循环后，翌年雨季又会产生新的变形。此外，位移还存在着年际间的波动。

由前述分析可知，渠坡位移可分为趋势性、周期性和波动性成分。趋势性、周期性位移分别表现为随时间的近似单调增长和季节性变化；波动性位移则表现为局部的大幅度波动。为此，渠坡位移的时间序列分析模型可表示为

$$\delta = \delta_c(\theta) + \delta_p(\theta) + \varepsilon(\theta) \tag{6.2.1}$$

式中，δ、$\delta_c(\theta)$、$\delta_p(\theta)$、$\varepsilon(\theta)$ 分别为时间 θ 时的累计、趋势性、周期性，以及波动位移。

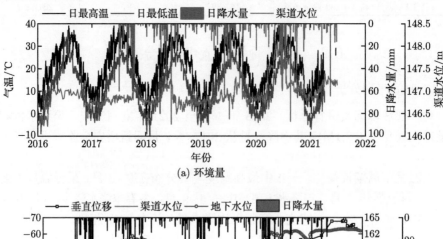

(a) 环境量

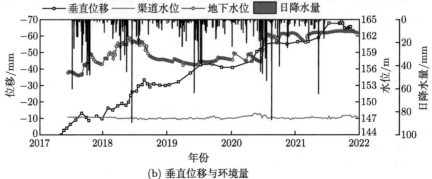

(b) 垂直位移与环境量

图 6.2.1　渠道环境量与位移关系过程线

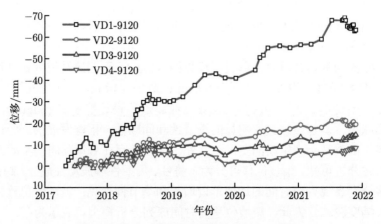

图 6.2.2　9+120 断面垂直位移变化过程线

6.2.2 影响因素分析

降水、蒸发以及温度、地下水和渠道水位变化均会引起土体含水率变化,统称为环境因素[2]。

降水是影响渠坡变形的最直接气候因素,也是诱发边坡失稳的重要因素。为掌握换填土隔断大气降水与内部水汽交换的效果,2019 年 7 月在该段四级马道布置了 3 支土壤水分传感器,埋深分别为 30cm、60cm 和 80cm,记为 MC_u、MC_m 和 MC_b,2019 年 8 月至 2021 年 4 月的测值过程线见图 6.2.3。

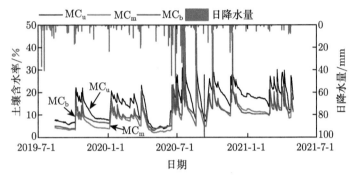

图 6.2.3　降水量与渠道表层土体含水率关系

地下水是影响渠坡变形的另一重要因素,可加快结构面软化,使抗滑力降低。在初始蠕变、稳定变形及加速变形阶段,地下水均会产生很大影响。该渠段在大气影响带下部的粉质黏土和黏土中裂隙密集带中还存在上层滞水。上层滞水埋藏较浅,9+120 断面地下水位同降水量、渠道水位的关系见图 6.2.4。渠坡地下水位较高,且与降水量存在一定的相关性,与渠道水位关系不大。2018 年、2020 年、2021 年夏季和秋季降水频次较密且降水量较大,地下水位明显升高。2018 年 6~8 月累计降水量 497.5mm,PT2 测点的地下水位上升到 161.5m。

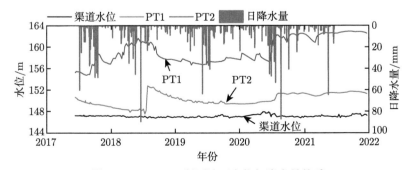

图 6.2.4　9+120 断面地下水位与降水量关系

大气蒸发引起土体裂隙，是渠坡变形和破坏的重要前提，蒸发可取单位时间蒸发量。大气温度变化会引起土体温度变化，进而引起渠顶在垂直方向的变形，一般大气温度可取单位时间的平均气温或者滞后的平均气温，这里取日平均气温。

6.2.3　统计模型构建

6.2.3.1　降水分量

降水入渗具有一定的滞后性，且由于地表径流、水分蒸发等原因，入渗量要小于降水量。为此，采用有效降水量，基于当天及前几天的降水量，进入岩土体的有效降水量的经验公式可表示为 [3]

$$r = ar_1 + a^2r_2 + \cdots + a^nr_n \tag{6.2.2}$$

式中，r 为有效降水量；a 为有效降水系数，一般取 0.84；n 为前第 n 天，一般为 15d。

6.2.3.2　时效分量

膨胀土渠坡运行初期变形的趋势性成因复杂。根据图 6.2.2，并参考其他水利工程边坡，趋势性时效分量 δ_θ 表示为时间的单调递增函数 [4]：

$$\delta_\theta = c_1\theta + c_2\ln\theta \tag{6.2.3}$$

式中，θ 为时间，$\theta = T/100$，T 为观测日至始测日累计天数；c_1，c_2 为时效因子系数。

6.2.3.3　周期性分量

考虑可能还存在其他周期性因素，这里还考虑周期项时效 δ'_θ：

$$\delta'_\theta = d_1\cos\frac{2\pi T}{365} + d_2\sin\frac{2\pi T}{365} \tag{6.2.4}$$

式中，d_1、d_2 为周期项时效的因子系数。

基于上述考虑，渠坡垂直位移 δ 的统计模型为

$$\delta = \delta_r(\theta) + \delta_{gw}(\theta) + \delta_{cw}(\theta) + \delta_\alpha(\theta) + \delta_\theta + \delta'_\theta + \in(\theta) \tag{6.2.5}$$

式中，$\delta_r(\theta)$、$\delta_{gw}(\theta)$、$\delta_{cw}(\theta)$、$\delta_\alpha(\theta)$、δ_θ、δ'_θ 分别对应有效降水量、地下水位、渠道水位、气温、趋势性时效以及周期性时效分量；$\in(\theta)$ 为残差。

6.2.4 渠坡变形主要影响因素分析

6.2.4.1 变形与环境和时效的相关性

对 805-3-m 测点 2018~2019 年的表面最大位移与平均气温、有效降水量、渠道水位、时效、地下水位等进行相关性分析，Pearson 相关系数见表 6.2.1。由表 6.2.1 可知，表面位移与时效、平均气温相关性最大，相关性在 0.4~0.6 范围内，为中等程度相关；其次为地下水位，相关性在 0.2~0.4 范围内，为弱相关；与渠道水位相关性小于 0.2，为极弱相关；同时，与有效降水量呈中等程度负相关。

表 6.2.1 805-3-m 测点表面位移与影响因子间相关性

影响因素	805-3-m 测点表面位移	影响因素	805-3-m 测点表面位移
平均气温	0.422	时效	0.488
有效降水量	−0.408	地下水位	0.373
渠道水位	0.065		

6.2.4.2 统计模型分析

进一步建立 2017 年 7 月 31 日至 2019 年 12 月 31 日期间 805-3-m 测点表面最大位移时间序列的多元非线性回归模型。根据 6.2.4.1 节相关性分析，选取了有效降水量、地下水位、渠道水位、平均气温、时效等影响因素，其中有效降水量、时效分别采用式 (6.2.2)、式 (6.2.3) 和式 (6.2.4)。

模型复相关系数 $R^2 = 0.908$，训练阶段、预测阶段的 MAE、MAPE 分别为 0.923mm、2.83mm 和 1.022mm、3.15mm。模型通过了 10 阶交叉验证，拟合预测精度较高，具有稳健性。拟合和预测值与实测值对比见图 6.2.5，各因素对变形的相对

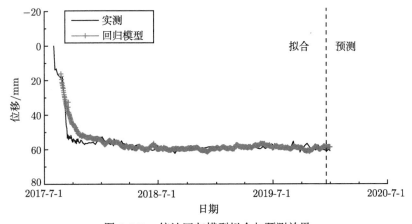

图 6.2.5 统计回归模型拟合与预测效果

影响见图 6.2.6。可知，时效在伞形锚加固处理后为主导因素，地下水位、降水量和平均气温也是主要影响因素，渠道水位影响较小，这与该调水工程渠道水位平稳、变化小有关。为此，在实测降水量、温度、地下水位的基础上，构建渠坡变形与多因素之间的函数关系，可以建立符合膨胀土渠坡变形的经验性预测模型。

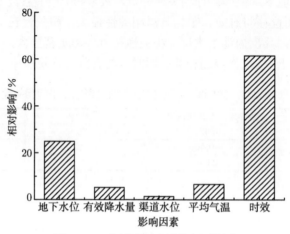

图 6.2.6　各因素对变形的相对影响

从以上对比分析可知，统计回归模型可预测膨胀土渠坡变形，且构建的回归模型还能分析各因素对变形的影响，指导运行管理。

一般地，膨胀土开挖渠坡在经历 2~3 轮以上干湿循环后易发生破坏。该段渠道 2014 年 12 月通水运行，在 2016 年发生了较为严重变形。2017 年 6 月二次伞形锚加固处理后，渠坡变形经历了 2 个月左右的加速变形到稳定发展的调整过程，之后群锚效果显现，变形趋于稳定，但受降水、地下水位及气温等因素影响，存在一定的波动。因此仍应加强雨季的巡查和安全监测。

6.3　基于机器学习算法的渠坡变形预测模型

6.3.1　LSSVM 基本原理

SVM 将实际问题转化为带不等式约束的二次凸规划问题，而 LSSVM 将实际问题转化为求解一组线性方程组的问题[5]，提高了收敛速度。

对于给定的训练数据集 $\{x,y\}, i=1,2,\cdots,N$，利用高维特征空间的线性函数拟合样本集[6]：

$$y = \boldsymbol{W}^{\mathrm{T}}\phi(x) + b \tag{6.3.1}$$

式中，$\phi(x)$ 为从输入空间到高维特征空间的非线性映射；$\boldsymbol{W}$ 为特征空间权系数向量；b 为偏置。根据风险最小化原理，LSSVM 回归问题可以表示为如下约束优

化问题:

$$C = \frac{1}{2}\boldsymbol{W}^{\mathrm{T}}\boldsymbol{W} + \frac{1}{2}\gamma\sum_{i=1}^{N}e_i^2 \tag{6.3.2}$$

$$\boldsymbol{W}^{\mathrm{T}}\phi(x) + b = 1 - e_i \tag{6.3.3}$$

式中,e_i 是在 i 时刻的误差变量。

为求解上述优化问题,将约束优化问题变为无约束优化问题。引入拉格朗日函数,将式 (6.3.3) 的优化问题变换到对偶空间,则

$$L(\boldsymbol{W}, b, e, a) = \frac{1}{2}\|w\|^2 + \gamma\sum_{i=1}^{N}e_i^2 - \sum_{i=1}^{N}\alpha_i(\boldsymbol{W}^{\mathrm{T}}\phi(x) + b - y_i + e_i) \tag{6.3.4}$$

式中,α_i 为拉格朗日乘子。

根据 Karush-Kuhn-Tucker 条件,对 $\boldsymbol{W}$、b、α_i 和 e_i 进行偏微分,得到:

$$y = \sum_{i=1}^{N}a_i\left[\phi(x_i)\phi(x)\right] + b \tag{6.3.5}$$

用核函数表示 D 维特征空间中的内积:

$$K(x, y) = \sum_{i=1}^{D}\phi_i(x)\phi_i(y) = [\phi(x)\phi(y)] \tag{6.3.6}$$

将式 (6.3.11) 代入式 (6.3.10),得到 LSSVM 回归函数:

$$y = \sum_{i=1}^{N}\alpha_i K(x_i, x) + b \tag{6.3.7}$$

6.3.2 渠坡变形的 VMD-LSSVM 预测模型

基于 VMD-LSSVM 渠坡的垂直位移预测的流程如图 6.3.1。具体如下:① 依据时间序列分析法,采用 VMD 将累计位移分解为趋势性、周期性和波动性位移,同时将影响因素也分解为周期性与波动性成分[7];② 构造出位移和影响因素的趋势性、周期性和波动性数据集,采用 Box-Ljung 检验判别波动性位移是否为白噪声,如不是白噪声,则对周期性和波动性数据集进行归一化处理,并划分出训练集和预测集;③ 将各训练集代入 LSSVM 模型中,通过不断迭代计算建立模型,通过 k 阶交叉验证模型的可靠性,进行预测集的预测分析;④ 对周期性和波动性位移进行去标准化处理,叠加得到累计位移的预测值,验证最终结果。

采用 MSE、均方根误差 (root mean square error，RMSE)、MAE 以及判定系数 R^2 评价模型的预测精度。判定系数 R^2 值越高，精度越高；其余 3 项值越低，模型性能越好。

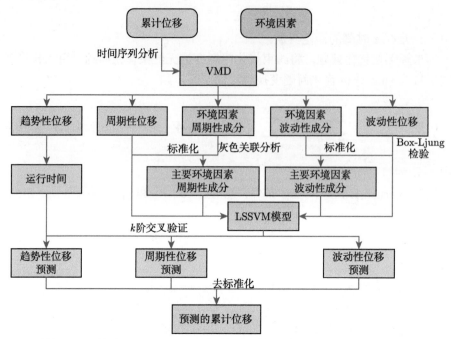

图 6.3.1　基于 VMD-LSSVM 模型的膨胀土渠道边坡垂直位移预测流程

时间序列为 2017 年 7 月至 2021 年 6 月，覆盖了 4 个完整的干湿循环周期。2017 年 7 月至 2020 年 12 月的时间序列为训练集，2021 年以后为预测集。

采用 VMD 对累计位移进行自适应分解，根据式 (6.2.1)，$K =3$。为保证分解后位移时间序列的保真度，以位移分解残余项的分解效果为目标，通过多次试算，确定 $\alpha = 0.5$，$\tau = 0.1$。VD1-9120 测点的趋势性、周期性和波动性位移分解结果见图 6.3.2。对分解后的波动性位移进行 Box-Ljung 检验，结果为非白噪声序列，表示其蕴含一定的统计规律。趋势性位移是累计位移的主要成分，其次是周期性位移，波动性位移在初期有一定占比，2019 年以后较小。

依据 6.2.3 节，选取地下水位、降水量、气温和渠道水位为影响因素，缺乏蒸发量数据，不予考虑。利用式 (6.2.2) 计算有效降水量，选择有效降水量、地下水位、渠道水位、平均气温等 4 项作为影响因素。根据 6.2.1 节分析，设定 $K =2$，利用 VMD 分解，分解出影响因素的高、低频成分，分别作为波动性和周期性成分。以低频因子的分解效果为目标，确定 $\alpha = 30$，$\tau = 0.2$。各影响因素的分解结果见图 6.3.3。VMD 分解能较好地刻画环境因素的周期性波动，同时也能识别出局部的大幅度波动，如 2020 年 4 月 29 日至 6 月底，加大流量输水，波动性成分很好地反映了该期间渠道水位的较大波动 (图 6.3.3(a))。降水量周期性相对较好，6~8 月降水量较大、波动较大 (图 6.3.3(b))；地下水位表现出与降水量相同的规律，主要为年周期性变化，但同时，在降水量较大的季节，波动较为显著，如 2020 年 6~8 月地下水位波动显著 (图 6.3.3(c))。日均气温表现出较好的年周期性，但部分时段受寒潮、高温等影响，导致局部存在偏大的气温波动。

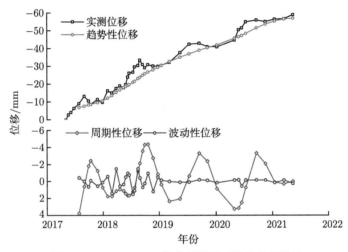

图 6.3.2 VD1-9120 测点累计垂直位移分解结果

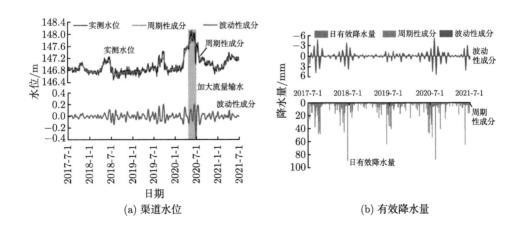

(a) 渠道水位

(b) 有效降水量

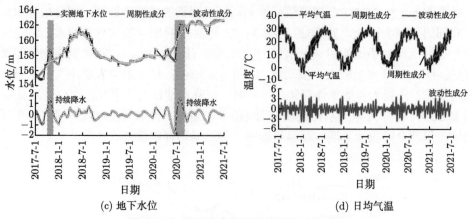

(c) 地下水位　　　　　　　　　　　(d) 日均气温

图 6.3.3　影响因素的周期性和波动性成分

　　为了验证影响因子选择的合理性，采用灰色关联度 (grey relational grade, GRG) 评价两者的关联性[8]。当分辨系数取 0.5 进行 GRG 分析时，若关联度大于 0.6，则可认为两者密切相关。位移与影响因素的周期性成分的灰色关联度结果见图 6.3.4，关联度均大于 0.6，相关性良好。其中，渠坡垂直位移与地下水位、有效降水量、平均气温的 GRG 分别为 −0.666、−0.680、−0.697，呈负相关关系；与渠道水位为 0.661，呈正相关关系。

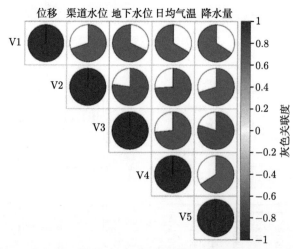

图 6.3.4　影响因素与位移的周期性成分之间的灰色关联度

　　选择时间作为影响因素，采用 LSSVM 对趋势性位移进行拟合和预测，结果见图 6.3.5(a)。以有效降水量、地下水位、渠道水位、前期气温等影响因素的周期性成分为输入因子，利用 LSSVM 进行周期性位移的拟合和预测，结果见图 6.3.5(b)。

采用影响因素的波动性成分作输入因子，利用 LSSVM 进行波动性位移的拟合和预测，结果见图 6.3.5(c)。波动性位移在初期的拟合精度较低，这与观测初期累计位移较小，误差较大有关，后期拟合精度提高。将趋势性、周期性和波动性位移的拟合和预测值叠加得到累计位移的拟合值和预测值。

将模型的拟合和预测值与实测值、式 (6.2.5) 表示的统计模型值进行比较，验证有效性。同时，还构建了直接以未分离影响因素作为输入因子的 LSSVM 模型，记为 S-LSSVM 模型。各模型的训练集和预测集均相同。VD1-9120 测点 VMD-LSSVM 值与统计模型值、S-LSSVM 模型值的拟合效果对比见图 6.3.6，9+120 断面的拟合结果列于表 6.3.1。VMD-LSSVM 模型的 R^2 值最高，MAE、MSE、RMSE 最低，S-LSSVM 模型性能介于 VMD-LSSVM 和统计模型之间，这里 S-LSSVM 结果未列出。9+120 断面各测点 VMD-LSSVM 模型的拟合效果见图 6.3.7。

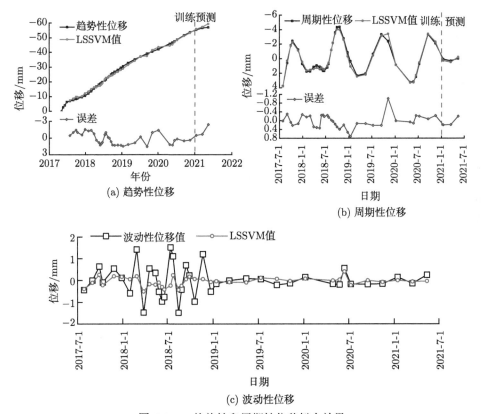

图 6.3.5　趋势性和周期性位移拟合效果

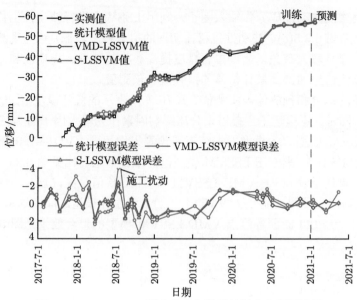

图 6.3.6 VD1-9120 测点位移各模型的拟合和预测效果

表 6.3.1 9+120 断面测点的拟合效果对比

阶段	测点	VMD-LSSVM				统计模型			
		R^2	MAE/mm	MSE/mm	RMSE/mm	R^2	MAE/mm	MSE/mm	RMSE/mm
训练	VD1-9120	0.995	0.981	1.223	1.106	0.991	1.157	2.266	1.513
	VD2-9120	0.989	0.423	0.284	0.533	0.957	0.866	1.107	1.052
	VD3-9120	0.961	0.499	0.470	0.686	0.856	1.203	1.751	1.500
	VD4-9120	0.906	0.463	0.419	0.647	0.613	1.106	1.717	1.311
预测	VD1-9120	0.785	0.410	0.206	0.453	0.652	2.277	6.194	2.488
	VD2-9120	0.732	0.914	1.322	1.150	0.637	1.455	1.863	1.504
	VD3-9120	0.724	1.389	2.151	1.845	0.629	1.542	2.248	1.973
	VD4-9120	0.707	1.487	2.350	1.784	0.578	1.677	2.321	2.005

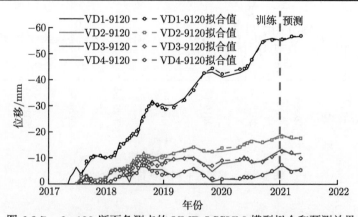

图 6.3.7 9+120 断面各测点的 VMD-LSSVM 模型拟合和预测效果

6.3.3 变形机理讨论

土体含水率监测表明，尽管深挖方膨胀土渠坡坡表采用了水泥改性土换填，多雨季节雨水入渗导致表层土体含水率升高；旱季干燥少雨土体含水率下降，气候敏感区土体仍受干湿循环影响。除气候敏感区外，其下部的滞水区内的土体雨季受雨水补给地下水位升高，旱季地下水位持续下降，滞水区膨胀土土体也反复遭受干湿循环影响，导致胀缩变形。

深挖方膨胀土渠坡的垂直位移表现出空间不均衡性，一级马道上抬变形最大，超过了设计警戒值，相应地，受一级边坡支护影响，二级边坡坡脚隆起、拱圈断裂；越往上，边坡的上抬变形越小。

渠坡开挖结束后，渠道垂直位移的趋势性变化十分显著，且经过表层排水处理后仍未收敛。趋势性位移表现为随时间的近似单调增长，其中时效是影响渠道运行初期变形的最主要因素。各级边坡的垂直位移具有明显的季节性和间歇性特征：雨季发展快，旱季收敛；经过干湿循环后，来年雨季又产生新的变形。周期性位移由降水、气温、渠道水位调度以及地下水位等的季节性变化引起，表现为随时间的近似周期性变化。波动性位移由渠道的临时调度 (如加大流量)、非季节性降水、排水处理措施等引起，表现为局部的、大幅度的波动。

深挖方膨胀土渠坡的严重变形既有内因也有外因。渠段的地下水位较高，软化作用使土体力学强度降低；土体具中等膨胀性，气温变化、降水及地下水位波动等引起的反复干湿循环可能使气候敏感区和地下水位波动区产生蠕变变形，这些导致了显著的趋势性位移。同时，平均气温、渠道水位和有效降水量等的季节性变化引起位移的周期性变化。

以有效降水量、地下水位、渠道水位和平均气温为影响因素，采用提出的VDM-LSSVM 模型可实现深挖方膨胀土渠坡垂直位移的有效预测。利用 VDM 分解出的趋势性和周期性位移具有较好规律性，且具有明确的物理含义，能更好地被预测模型识别。地下水位、渠道水位以及降水等对渠坡变形的影响是非线性的，统计模型不能很好地反映这种非线性关系。因此，提出的模型性能优于 S-LSSVM和统计模型。

6.4 基于多变量局部异常系数的渠坡失稳预警方法

6.4.1 滑坡时空演化特征识别与预警方法

6.4.1.1 边坡变形破坏的时间演化规律

大量蠕变形滑坡变形监测结果表明，从开始出现变形到最终失稳破坏一般会经历如图 6.4.1 所示的初始、匀速和加速变形 3 个阶段。在滑坡 3 阶段基础上，部分研究将加速变形阶段细分为初加速 (CD 段)、急剧加剧 (临滑阶段，DF 段) 阶段。部分研究更是将急剧加速阶段再细分为中加速 (DE 段)、急剧加速 (EF 段) 阶段。准确捕捉进入临滑阶段的预警参数特征，判定滑坡变形阶段尤其是进入加速变形阶段的时间，是滑坡预警的基础 [9-13]。

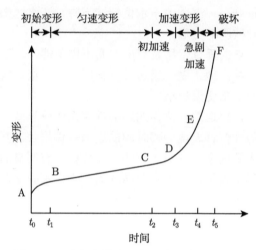

图 6.4.1　边坡滑坡变形的三阶段演化示意图

滑坡预警须选取反映内在机理的指标作为预警参数。初始变形阶段变形速率会随外界因素减弱逐渐降低，加速度为负值；匀速变形阶段变形速率基本维持恒定，加速度基本为 0；加速变形阶段变形速率不断增加，加速度为正值且呈逐渐增大趋势。进入临滑阶段后，累计变形、变形速率及加速度均急剧增长，这一显著前兆特征可作为滑坡临滑预警的重要依据。

累计变形、变形速率和加速度等参数作为滑坡最直观指标，受内在机理影响，各阶段指标值各不相同，不同滑坡在相同阶段指标值可能相差数倍甚至数十倍，同一边坡内部与表层、不同位置的变形也具有不协调性，这些都导致变形指标值大不相同。虽然精确地确定滑坡变形指标值作为预警判据相当困难，但依据蠕变特点的阶段性演化特征，可探索采用数据挖掘方法划分滑坡演化阶段、识别多测点多变量的不协调性。

6.4.1.2　边坡变形破坏的空间演化规律

蠕变形滑坡破坏具有时空双重特征。斜坡岩土体承受压力，就会在体积、形状或宏观连续性等方面发生变化，宏观连续性无显著变化者称为变形，否则称为破坏。空间上，滑坡破坏不是整体同时发生的，而是经历了局部变形、应力转移、变形破坏扩展、破裂面贯通整体失稳的空间过程 [9,14,15]。

在滑坡预警中，每一个阶跃都可能被认为进入临滑阶段的前兆，从而做出错误预警。实践表明，减少这种误判应将时间、空间演化特性有机结合、综合分析。结合空间演化规律判断所处变形阶段，以牵引式蠕变形滑坡为例，变形起始于坡体前缘，滑移由滑坡体下部逐步向上部发展，根据滑坡体由下而上变形的特性，并结合宏观特征 (如裂缝) 判定其滑坡可能性。同时，滑坡破坏受降水、水位升降 (库岸滑坡)、地震等多种诱发因素影响，将诱发因素包含到滑坡变形阶段进行分析十分必要。

6.4.1.3 滑坡预警方法

滑坡安全监测变量主要可分为两类：一类是自变量 (预测因子)，如降水、水位升降 (库岸、渠道边坡滑坡)、地下水位、地震等；另一类是因变量 (预变量)，如变形、应力应变等，因变量则是多种外界影响因素作用的结果。一般地，只有自变量、因变量均为异常值才能作为异常即阶段演化的判据。

安全监测主要任务是根据监测时间序列识别异常和评估结构状态。结构状态评估首先应在不确定情况下，检测结构状态中的异常，回答 "结构是否按照预期运行" 的问题，如未得到验证，则表示在类似荷载条件下，因变量响应发生了变化。

LOF 算法从安全监测时间序列中检测出异常 (见 3.5.3 节)，步骤为：对时间序列进行 LOF 计算；从统计值中选择控制限值作为阈值；计算多变量的 LOF 值，比较 LOF 值及其分布，在小时间尺度 (如滑动时间窗口) 下发现多变量异常。

采用 LOF 时间曲线对初始、匀速和加速变形阶段进行划分，基于统计学原理，选取不同置信水平下的阈值作为相应预警等级划分标准。

滑坡时空演化特征识别和预警方法包括 5 步：① 数据预处理，时间序列平滑和归一化处理；② 寻找 S-C 带最佳弯曲窗口，采用 DTW 度量变形测点间相似性 (见 3.5.2 节)；③ 确定主要的外界影响因素；④ 采用 LOF 识别外界影响因素、测点变形多变量 LOF 分布特征；⑤ 利用 LOF 分析识别多变量异常值，辨识滑坡演化阶段。

6.4.2 验证算例

6.4.2.1 卧龙寺滑坡

卧龙寺滑坡属于塬边黄土滑坡，是自然滑坡的典型实例。1971 年 3 月 11 日开始观测，5 月 5 日发生滑坡破坏。以 5# 测点位移观测数据为例 [16-18] (图 6.4.2)，累计位移、变形速率的 LOF 值见图 6.4.3。

置信度为 95%、99% 时，累计位移 LOF 阈值分别为 1.63、2.58，变形速率的 LOF 阈值分别为 13.65、41.78。5 月 3 日，累计位移、变形速率的 LOF 值均已超过置信度为 95% 时的阈值，5 月 4 日的 LOF 值仍超过置信度为 99% 时阈值。这与已有文献 [16,17] 中判断 5 月 3 日为加速变形阶段的临界点一致。

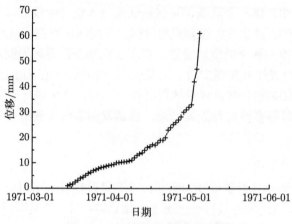

图 6.4.2 卧龙寺滑坡变形过程

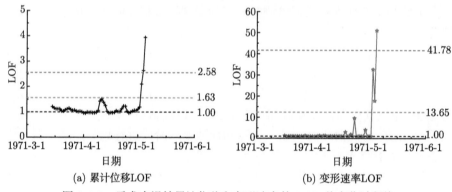

(a) 累计位移LOF   (b) 变形速率LOF

图 6.4.3 卧龙寺滑坡累计位移和变形速率的 LOF 值变化过程线

6.4.2.2 新滩滑坡

7 年多的位移观测资料 (图 6.4.4) 和实地观察结果均表明，新滩滑坡经历了初始、匀速、加速和急剧变形 4 阶段，最终在 1985 年 6 月 12 日发生滑坡[16-18]。

1979 年 8 月以前为初始变形阶段，主滑区开始产生变形，坡体有向下蠕动趋势，变形速率小于 10mm/月；1979 年 8 月至 1982 年 7 月为匀速变形阶段，变形缓慢、平稳，累计变形逐渐增大，变形速率为 10~50mm/月；1982 年 7 月至 1985 年 5 月为加速变形阶段，主滑区变形速率加快，累计位移曲线持续上升；1985 年 5 月中旬至 6 月 11 日为急剧变形阶段，变形剧烈，临滑前兆明显。

以 A3、B3 测点进行分析，其位移变化过程见图 6.4.4，将两时间序列标准化后采用 DTW 计算相似度 (欧氏距离值为 294)，DTW 曲线见图 6.4.5，两测点具有极高相似性。A3、B3 累计位移、变化速率、加速度的 LOF 值分别见图 6.4.6(a)~(c)，图中标出置信度为 95%、99% 时 LOF 阈值。

以 B3 为例分析，匀速变形阶段每年雨季累计位移 LOF 值都会有一个增大的过程。1982 年 5 月，累计位移的 LOF 值达到 2.83，超过了置信度为 95% 时的阈值为 2.40，之后 LOF 值持续升高直到 8 月达到 3.86，接近置信度为 99% 时的阈值为 4.17。相应地，已有文献 [16,17] 指出，1982 年 7 月进行加速变形阶段，1982 年 8 月雨期后，边坡变形明显加剧。LOF 值较早地识别加速变形阶段。

对于变形速率，1982 年 4 月变形速率开始增大，5 月达 4.95，8 月则达 8.09，超过了置信度为 95% 时的阈值为 7.29。与累计位移不同，之后变形速率 LOF 值处于较高值，1984 年 7 月开始多次超过 7.29，甚至超过置信度为 99% 时的阈值为 10.62；1985 年 5 月急剧上升超过 10.62。加速度 LOF 值表现出与变形速率相似的规律。

尽管 LOF 值波动幅度不一，但是 A3 点表现出与 B3 点类似的规律。

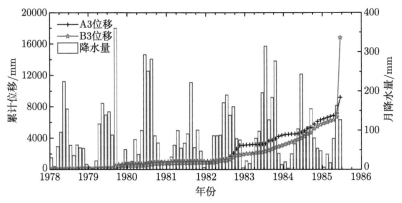

图 6.4.4　新滩滑坡累计位移和月降水量过程线

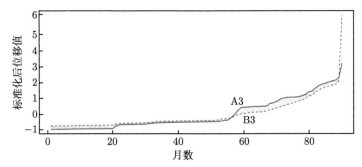

图 6.4.5　新滩滑坡 A3、B3 相似性度量

可见，LOF 值对累计位移、变形速率、加速度更敏感，比人为判断时效性更

好。同时，变形速率、加速度 LOF 值表现出与累计位移变化不完全相同的特点。累计位移的 LOF 值相对比较平稳，而变形速率、加速度 LOF 值相对更为敏感，波动较大。一旦进入临滑阶段，累计位移的 LOF 值骤然剧增，呈现出突变特征。而变形速率、加速度则会处于阈值附近波动，之后急剧上升。

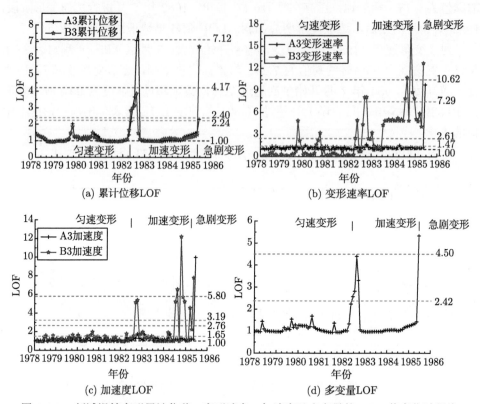

图 6.4.6　新滩滑坡变形累计位移、变形速率、加速度及多变量的 LOF 值变化过程线

对此，可综合累计位移、变形速率、加速度，以及外界诱发因素如降水量等，提出多变量、多测点临滑预警方法和预警指标。这里，以降水量及 A3、B3 测点变形为例，计算多变量 LOF 值 (图 6.4.6(d))，可见，多变量预警也较为稳健。

6.4.3　工程实例分析与讨论

6.4.3.1　工程和安全监测概况

某重大引调水工程桩号 X+740—X+860 为深挖方膨胀土渠段，断面结构示意图如图 6.4.7。左岸渠坡挖深 34~39m，渠道底宽 13.5m；过水断面坡比 1:3.0；一级马道宽度 5m，以上每 6m 设一级马道，一级至四级马道间比为 1:2.5，四级马道以上坡比为 1:3。

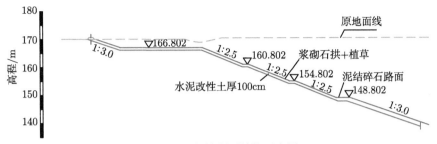

图 6.4.7　渠坡断面结构示意图

2017 年 6 月，渠坡采取了加固措施，并安装了测斜管、渗压计等监测设施 (图 6.4.8)，测斜管埋深 21.5~31.5m，测斜管表面测点累计位移过程线见图 6.4.9。以 805-3、805-3-m 两个测点为例说明图 6.4.8 中测点的表示含义，805-3 表示桩号 805 断面上三级马道上的测点，805-3-m 表示桩号 805 断面上三级边坡上的测点。

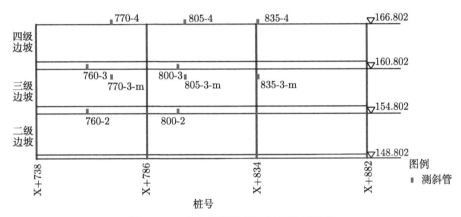

图 6.4.8　安全监测设施平面布置示意图

6.4.3.2　边坡变形时空演变规律分析

在 DTW 度量的基础上，采用层次聚类法对图 6.4.8 中 2017 年 7 月 31 日至 2020 年 6 月 30 日间的变形测点数据进行聚类分析。典型测点相似性度量见图 6.4.10，分组结果见图 6.4.11。结合图 6.4.9、图 6.4.11 可知加固处理后渠坡变形有以下特点：渠坡向渠道内变形量逐渐增大；二级与四级马道间渠坡变形同时发生，具有相似变形过程曲线和良好同步响应性；各处变形量并不相同，具有较明显空间不均一性，在干湿循环条件下，二级与三级边坡间变形量最大；渠坡经历了从变形到逐步稳定的过程，加固处理调整 2 个月左右，相应地，渠坡经历了加速变形到稳定发展的阶段，2017 年 11 月后，变形趋于稳定，但存在一定的周期性波动。

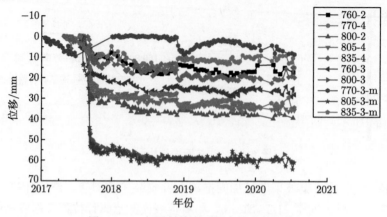

图 6.4.9　各测斜管表面测点位移过程线

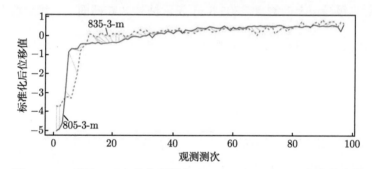

图 6.4.10　基于 DTW 的典型测点 (805-3-m、835-3-m) 相似性度量

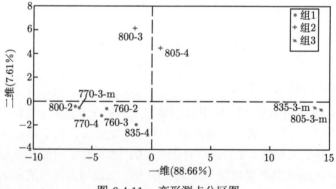

图 6.4.11　变形测点分区图

6.4.3.3　基于多变量 LOF 的滑坡预警

采用 Pearson 相关性分析度量外界环境因素与渠道变形相关性。在有效降水量、渠道水位、地下水位等外界环境影响因素中，渠道变形与降水量关系最为密

切,相关系数为 −0.41,相关性在 0.4~0.6 范围内,为中等程度相关,这与已有成果相符[19]。

以变形较大的组 3 的 805-3-m、835-3-m 两测点为例,对有效降水量、两个测点变形进行多变量 LOF 计算,805-3-m 测点的累计位移、变形速率、加速度,以及 805-3-m、835-3-m 两个测点累计位移的 LOF 值结果分别如图 6.4.6(a)、图 6.4.6(b) 所示,图中标注了置信度为 95%、99% 时 LOF 阈值。

由图 6.4.12(a) 可知,在加固处理后,渠坡经历了两个月的初始变形阶段。在这两个月,内测点的累计位移、变形速率和加速度的 LOF 值波动相对较大,之后进入稳定发展阶段,LOF 值主要受降水、地下水位等因素影响,在汛期有波动,但幅度小。805-3-m、835-3-m 两个测点的 LOF 值均未超过 95% 置信度的阈值,即 3.73、2.02(图 6.4.12(b))。

考虑降水量及 805-3-m、835-3-m 两测点的累计位移 3 个变量,得到的多变量 LOF 值见图 6.4.12(c)。由图 6.4.12(c) 可知,多变量 LOF 相对较稳健,即使

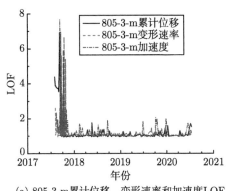

(a) 805-3-m累计位移、变形速率和加速度LOF

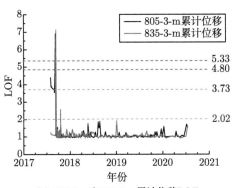

(b) 805-3-m和835-3-m累计位移LOF

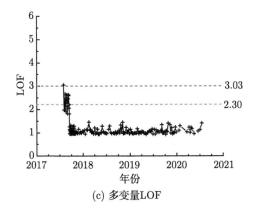

(c) 多变量LOF

图 6.4.12 测点累计位移、变形速率、加速度及多变量 LOF 值变化过程线

是初始变形阶段,多变量 LOF 值波动幅度也不大。进入稳定发展阶段后,多变量 LOF 值波动幅度较小,且远小于置信度为 95% 时的阈值 (2.30)。

基于 DTW 的相似性度量能较好反映边坡变形测点的位移时间序列间的相关性,在此基础上的边坡变形测点聚类方法能较合理地对测点进行分区,从而可以较好地反映边坡变形测点的空间相似性和异质性,便于识别边坡变形的剪切特征。

变形 LOF 的时间过程线在初始、加速变形阶段都具有显著突变特征,在此基础上,基于统计学方法拟定的滑坡预警 LOF 阈值,能克服人为判断划分变形及其演化阶段的限制,且 LOF 值对时间较敏感,比人为判断时效性更强。因此,使得提出的基于多变量 LOF 的滑坡预警方法效果较好、可靠性较高,可为采取应急处置措施争取到更多时间。

多测点变形和主要影响因素构成的多变量的 LOF 值具有较高的自我调整适应能力和较好的稳健性。多变量 LOF 值的时间过程线能定量地反映滑坡变形所处阶段,避免因偶然因素引起变形波动而造成的误判。

滑坡受到降水、地下水位、库水位或渠道水位等多因素的影响 [20],下一步可采用相似性度量方法确定外界主要影响因素,从内、外因上综合判别和预报滑坡,建立更准确的滑坡预警方法,进一步提高预警水平。

6.5　本 章 小 结

本章以某重大引调水工程中的深挖方膨胀土渠段为例,分析了渠坡的变形特征及其影响因素,建立了针对深挖方膨胀土渠坡运行初期垂直位移的时间序列分析模型和统计模型。在此基础上,提出了一种基于 VMD-LSSVM 的渠坡位移预测模型,以及基于多变量时间序列局部离群因子 (LOF) 的滑坡预警方法。主要结论如下:

(1) 深挖方膨胀土渠坡的变形受到降水、气温、地下水、渠道水位波动等环境因素的影响,呈现出明显的季节性变化。持续强降水、地下水位上升以及相应的处置措施会导致变形的局部的、显著的波动。

(2) 通过 VMD 分解得到的趋势性和周期性位移具有良好的规律性和明确的物理含义,有助于识别边坡的变形机理。LSSVM 的计算简便,VMD-LSSVM 模型适用于深挖方膨胀土渠坡的位移预测。

(3) 变形 LOF 时间过程线在初始和加速变形阶段均表现出显著的突变特征,基于统计学方法拟定的滑坡预警 LOF 阈值能够克服人为判断在变形及其演化阶段划分中的局限性。LOF 值对时间的敏感性较强,预警的时效性优于人工判断,从而使得基于多变量 LOF 的膨胀土边坡滑坡预警方法具有更好的效果和更高的可靠性,为采取应急处置措施争取更多时间。

(4) 膨胀土边坡变形具有较强的气候和环境敏感性，多测点变形和主要影响因素构成的多变量 LOF 值表现出较高的自我调整和适应能力，且具有良好的稳健性。多变量 LOF 值的时间过程线可以定量反映滑坡变形所处的阶段，避免因偶然因素导致的变形波动引发误判。

参 考 文 献

[1] 胡江, 杨宏伟, 李星, 等. 高地下水位深挖方膨胀土渠坡运行期变形特征及其影响因素 [J]. 水利水电科技进展, 2022, 42(5):94-101.

[2] 刘祖强, 罗红明, 郑敏, 等. 南水北调渠坡膨胀土胀缩特性及变形模型研究 [J]. 岩土力学, 2019, 40(A01):409-414.

[3] 胡江, 张吉康, 余梦雪, 等. 深挖方膨胀土渠道边坡变形特征分析与预测 [J]. 水利水运工程学报, 2021, (4):1-9.

[4] Chen S S, Zheng C F, Wang G L. 2007. Researches on long-term strength deformation characteristics and stability of expansive soil slopes[J]. Chinese Journal of Geotechnical Engineering, 29(6):795-799.

[5] Deng D M, Liang Y, Wang L Q, et al. Displacement prediction method based on ensemble empirical mode decomposition and support vector machine regression—a case of landslides in Three Gorges Reservoir area[J]. Rock and Soil Mechanics, 2017, 38(12):3660-3669.

[6] Li X, Chen X, Jivkov A P, et al. Assessment of damage in hydraulic concrete by gray wolf optimization—support vector machine model and hierarchical clustering analysis of acoustic emission[J]. Structural Control and Health Monitoring, 2022, 29(4): e2909.

[7] Dragomiretskiy K, Zosso D. Variational mode decomposition[J]. IEEE Transactions on Signal Processing, 2013, 62(3):531-544.

[8] Kuo Y, Yang T, Huang G W. The use of grey relational analysis in solving multiple attribute decision-making problems[J]. Computers & Industrial Engineering, 2008, 55(1): 80-93.

[9] 许强, 汤明高, 徐开祥, 等. 滑坡时空演化规律及预警预报研究 [J]. 岩石力学与工程学报, 2008, 27(6):1104-1112.

[10] 许强. 滑坡的变形破坏行为与内在机理 [J]. 工程地质学报, 2012, 20(2):145-151.

[11] 李聪, 朱杰兵, 汪斌, 等. 滑坡不同变形阶段演化规律与变形速率预警判据研究 [J]. 岩石力学与工程学报, 2016, 35(7):1407-1414.

[12] 王珣, 李刚, 刘勇, 等. 基于滑坡等速变形速率的临滑预报判据研究 [J]. 岩土力学, 2017, 38(12):3670-3679.

[13] 卢书强, 张国栋, 易庆林, 等. 三峡库区白家包阶跃型滑坡动态变形特征与机理 [J]. 南水北调与水利科技, 2016, 14(3):144-149.

[14] Qin S, Jiao J, Wang S. A nonlinear dynamical model of landslide evolution[J]. Geomorphology, 2002, 43(1-2):77-85.

[15] Reichenbach P, Rossi M, Malamud B, et al. A review of statistically-based landslide susceptibility models[J]. Earth-Science Reviews, 2018, 180:60-91.

[16] 贺小黑, 王思敬, 肖锐铧, 等. 协同滑坡预测预报模型的改进及其应用 [J]. 岩土工程学报, 2013, 35(10):80-89.

[17] 贺可强, 陈为公, 张朋. 蠕滑型边坡动态稳定性系数实时监测及其位移预警判据研究 [J]. 岩石力学与工程学报, 2016, 35(7):1377-1385.

[18] 郭璐, 贺可强, 贾玉跃. 水库型堆积层滑坡位移方向协调性参数及其失稳判据研究 [J]. 水利学报, 2018, 49(12):98-106.

[19] Hu J, Ma F, Wu S. Anomaly identification of foundation uplift pressures of gravity dams based on DTW and LOF[J]. Structural Control and Health Monitoring, 2018, 25(5): e2153.

[20] 陈建斌. 大气作用下膨胀土边坡的响应试验与灾变机理研究 [D]. 武汉: 中国科学院武汉岩土力学研究所, 2006.